JN302749

ポイントスタディ方式による

改訂2版 **第一種電気工事士**
筆記試験パーフェクトブック

電気工事士問題研究会　編

電気書院

[本書の正誤に関するお問い合せ方法は，最終ページをご覧ください]

本書の学び方

　ポイントスタディ学習法とは，重点学習のことで，広い学習範囲のなかで出題されるポイントに絞り，自然に合格できる実力がアップしていくように工夫した内容による学習法ということで名付けた名称です．

(1) 何のために学ぶのか，学べば合格できるという自信を持とう

　第一種電気工事士の問題は，法に定められた出題範囲の中から出題されています．したがって，その範囲にあることは一通り学習し，理解しなくては合格できません．いったん受験を決意したら，合格を目標に常に意欲をもって学習を進め，着実に実力を積み重ねることです．

　それには本書のスタディポイントを順次読み進めていくことが効果的です．1日1テーマのペースで学習を進めれば2ヶ月余で無理なく合格できる実力が身に付くことになります．第一種電気工事士試験が難関というのは，幅広い知識が求められているからです．本書を学べば，学習範囲をせまい範囲に絞り込むことができ，さらに，最近の問題がどんな傾向になっているかまでわかるようにまとめられています．合格が困難であると尻込みせず自分からぶつかっていくファイトをもつことが肝心です．

(2) 学ぶ目標をつかみ，理解のレベルを確かめながら学習しよう

　合格するためにはどの内容も60点以上取らなくてはなりません．これが一つの目標になります．本書にむかったら，各ページのテーマに眼を通し，次いでその下にある質問（Q）に何が書いてあるかを見てスタディポイントがすぐ頭に浮かぶように学習します．

　目次の欄に1回〜3回の○印が付けてあります．目次下の［スタディガイダンス］にそって，学習の進み具合を●印で管理していきます．すべての○印が●になれば受験準備完了です．

(3) 技能試験への準備──受験準備は早い者勝ち

　筆記試験の合格者は，合格した年とその翌年の2回「技能試験」を受けることができますが，筆記試験合格の勢いに乗ってその年に「技能試験」にも合格することが大切です．このためには，筆記合格の発表を待って技能試験の準備を始めるのでは遅すぎます．というのは，筆記試験合格発表から技能試験まで1ヶ月弱しかなく，学ぶことが多いため，学習が間に合わないためです．したがって，筆記試験の答は解答速報等によって早めに確認し，合格の可能性があれば，すぐに技能試験の準備を始めましょう．

目　次

ポイントスタディ方式による
第一種電気工事士 筆記試験 パーフェクトブック

	ページ	テーマ	1回	2回	3回
電気理論	2	オームの法則・抵抗の接続	○	○	○
	4	電気抵抗の性質を知ろう	○	○	○
	6	直流回路の計算	○	○	○
	9	交流回路を構成するエレメント	○	○	○
	12	交流波形の性質	○	○	○
	16	単相交流回路の計算（1）	○	○	○
	18	単相交流回路の計算（2）	○	○	○
	22	電力・無効電力と力率	○	○	○
	27	三相交流回路（1）	○	○	○
	31	三相交流回路（2）	○	○	○
	35	電気計測（1）	○	○	○
	37	電気計測（2）	○	○	○
	39	電気計測（3）	○	○	○
配電理論	44	負荷の変動と設備容量	○	○	○
	46	配電方式	○	○	○
	48	単相3線式配電	○	○	○
	53	配電線の電圧降下計算	○	○	○
	58	配電線の電力損失計算	○	○	○
	62	配電線の力率改善	○	○	○
	67	短絡電流と遮断容量	○	○	○
配電施設	72	架空配電線の施設	○	○	○
	75	配電用ケーブル	○	○	○
	78	配電線の電圧調整	○	○	○
	80	配電設備の保護	○	○	○
電気機器・材料	84	変圧器の結線と出力	○	○	○
	88	変圧器の損失と効率	○	○	○
	92	誘導電動機の特性	○	○	○
	95	三相誘導電動機の始動	○	○	○
	98	電気材料	○	○	○
応用	102	照明と照明の計算	○	○	○
	105	蛍光灯と点灯回路	○	○	○
	107	電気加熱	○	○	○
	109	電池の種類と特徴	○	○	○

[スタディガイダンス]

1テーマを学び練習問題を80％以上正解できたら○印を●のように塗りつぶしてください．できなかったテーマは○のまま残しておきます．これを3回繰返して下さい．

	ページ	テーマ	1回	2回	3回
	112	電動力応用	○	○	○
発変送配電	114	水力・風力・太陽光発電	○	○	○
	117	火力発電・ディーゼル発電・コジェネ	○	○	○
	121	送電・配電	○	○	○
変電所の施設	126	変電所の種類と機能	○	○	○
	128	受電設備の構成	○	○	○
	131	高圧受電設備の機器	○	○	○
	135	保護継電器と保護協調	○	○	○
	141	電気工事と継電器の試験	○	○	○
検査方法	146	自家用電気工作物の検査	○	○	○
	149	絶縁抵抗と接地抵抗	○	○	○
	152	接地工事と接地抵抗	○	○	○
	156	地絡事故と遮断装置の設置	○	○	○
	158	絶縁耐力試験	○	○	○
電気工事の施工法	162	施設場所と工事の種別	○	○	○
	166	幹線と分岐回路	○	○	○
	168	屋内配線の離隔距離	○	○	○
	170	高圧屋内配線	○	○	○
	172	管工事の施設	○	○	○
	175	ダクト工事	○	○	○
	178	ケーブル工事・地中電線路	○	○	○
	181	電熱装置の施設	○	○	○
保安に関する法令	186	電気事業法	○	○	○
	190	電気工事業法	○	○	○
	192	電気工事士法	○	○	○
	196	電気用品安全法	○	○	○
配線図	200	高圧受電設備の構成	○	○	○
	203	受電設備の図記号	○	○	○
	206	負荷設備の結線	○	○	○
	209	負荷設備の図記号	○	○	○
	210	計器・保護継電器の接続	○	○	○
制御回路図	220	制御回路の基本	○	○	○
	221	シーケンス制御の基本	○	○	○
施工方法等	230	引込線から各種電線路	○	○	○
	237	受変電設備	○	○	○
	244	ケーブルの端末処理	○	○	○
鑑別	247	名称と用途	○	○	○
練習問題の答と解き方	263				

電気理論

オームの法則・抵抗の接続
電気抵抗の性質を知ろう
直流回路の計算
交流回路を構成するエレメント
交流波形の性質
単相交流回路の計算1
単相交流回路の計算2
電力・無効電力と力率
三相交流回路1
三相交流回路2
電気計測1
電気計測2
電気計測3

オームの法則・抵抗の接続　　電気理論　1

Q
1. 電圧・電流・抵抗の関係はオームの法則でつながれる．
2. 抵抗の接続で合成抵抗はどうなる．

スタディポイント　オームの法則

図1のように，抵抗 R〔Ω〕の両端に電圧 V〔V〕を加えると電流 I〔A〕が流れる．電圧 V と電流 I は比例関係にあり，この比例定数が抵抗 R である．式で表現すると次式となる．

$V = IR$ 〔V〕

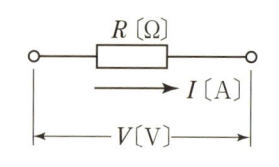

電流を計算する場合は　　$I = \dfrac{V}{R}$ 〔A〕

抵抗を計算する場合は　　$R = \dfrac{V}{I}$ 〔Ω〕

図　1　オームの法則

ドリル
- 計算の単位は，〔V〕: ボルト，〔A〕: アンペア，〔Ω〕: オーム　である．
- 電圧と電流が比例関係にあるということは，電圧が2倍になれば電流も2倍になるということである．
- 電圧の大きさ1〔V：ボルト〕と電流1〔A：アンペア〕，抵抗1〔Ω：オーム〕の間は，
  1〔V〕＝1〔A〕×1〔Ω〕

スタディポイント　合成抵抗の計算

直列や並列に接続されているいくつかの抵抗を，まとめて一つの抵抗で表すことを抵抗の合成といい，一つにした抵抗を合成抵抗という．

直列接続

図2のような接続を直列接続といい，合成抵抗 R は

$R = R_1 + R_2 + R_3 + R_4$

で，接続された抵抗の和になる．

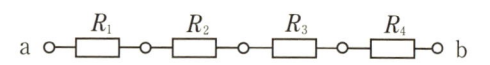

図　2　抵抗の直列接続

並列接続

図3のような接続が並列接続で，合成抵抗 R は

$\dfrac{1}{R} = \dfrac{1}{R_1} + \dfrac{1}{R_2} + \dfrac{1}{R_3} + \dfrac{1}{R_4}$

で接続抵抗の逆数の和の逆数となる．また，

$I = GV$

のような関係もあり，$G = \dfrac{1}{R}$ で G をコンダクタンスといい，単位は〔S：ジーメンス〕である．

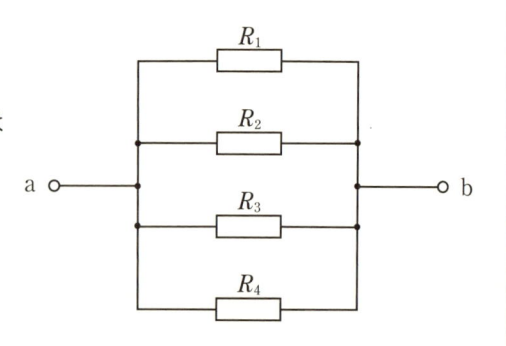

図　3　抵抗の並列接続

ドリル　並列抵抗が R_1，R_2 の二つの場合，$R = \dfrac{R_1 R_2}{R_1 + R_2}$ となり，合成抵抗は「和分の積」になる．

スタディポイント　抵抗の直並列接続の合成抵抗

図4のようにいくつかの抵抗が複雑に接続されている場合は内側の回路から合成して行く．

3Ωと6Ω並列の合成(2Ω)→4Ωと直列合成(6Ω)→外側の3Ωと並列合成(2Ω)

のような順で合成を進める．

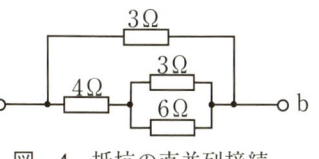

図4　抵抗の直並列接続

[練習問題]

	問　い	答　え
1	図のような直流回路において，回路の電流 I〔A〕は．	イ．1　ロ．2　ハ．3　ニ．4
2	図aと図bでは，電流 I〔A〕の値は同じであった．図bの抵抗r_0の値〔Ω〕は．	イ．2　ロ．5　ハ．10　ニ．20
3	図の回路において，電圧計の指示値は，スイッチSを開いているとき6〔V〕で，スイッチSを閉じると5〔V〕であった．電池の内部抵抗の値〔Ω〕は．	イ．0.1　ロ．0.2　ハ．0.3　ニ．0.4

— 3 —

電気抵抗の性質を知ろう　　電気理論 2

Q
1. 導体の抵抗率と抵抗の関係は．
2. 導体の長さや断面積と抵抗の関係を計算する．

スタディポイント　抵抗率とは

図1のように断面積1 $[m^2]$，長さ1 $[m]$ の導体の抵抗を，その導体の抵抗率といいギリシャ文字の ρ（ロー）で表し，単位は〔$\Omega\cdot m$：オーム・メータ〕である．

抵抗率 ρ の逆数を「導電率 σ：シグマ」といい単位は $\left[\dfrac{S}{m}\right]$，電線などは標準軟銅の導電率を100％としてその比率で表す場合が多く，その値を「パーセント導電率」という．

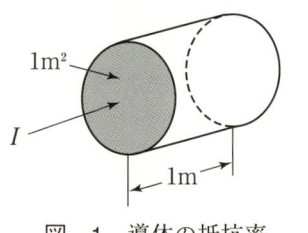

図 1　導体の抵抗率

ドリル　抵抗率の値は非常に小さく，銅：1.69×10^{-8}，銀：1.62×10^{-8}，アルミ：2.62×10^{-8} などである．このため，電線などで断面積が〔mm^2〕，長さが〔m〕で表されるものには，断面積1〔mm^2〕・長さ1〔m〕の抵抗値（単位〔$\Omega\cdot mm^2/m$〕）が用いられる．この値は銅の場合 $1/58$〔$\Omega\cdot mm^2/m$〕程度である．

スタディポイント　電気抵抗の大きさは

図2のような断面積 S〔m^2〕，長さ l〔m〕の導体の抵抗は次の式で計算する．

$$R = \rho \frac{l}{S} [\Omega]$$

式のように，導体の抵抗 R は長さ l〔m〕に比例し，断面積 S〔m^2〕に反比例する．この式の比例係数が抵抗率（ρ）である．

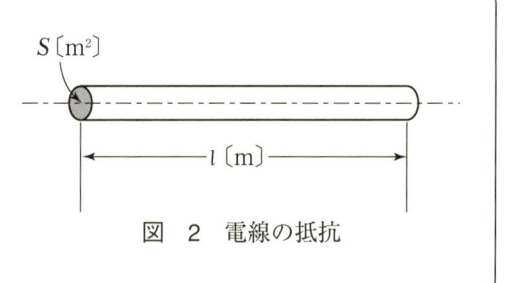

図 2　電線の抵抗

ドリル　抵抗値は，長さが2倍になると2倍になり，断面積が3倍になると1/3倍になる．試験問題では，断面積でなく線の直径で示されることがあるので，断面積は直径または半径の2乗に比例することに注意せねばならない．

スタディポイント　抵抗は温度でどう変化するか

金属の抵抗値は，温度が上昇するとそれに比例して増加する．温度 t_0〔℃〕のときの抵抗を R_0〔Ω〕，t_1〔℃〕のときの抵抗を R_1〔Ω〕とすると次の式のようになる．

$$R_1 = R_0 \{1 + \alpha_0 (t_1 - t_0)\} [\Omega]$$

α_0 は抵抗の温度係数である．

ドリル
・0がついている記号は標準状態を示すもので，R_0，α_0，t_0 ともに20℃での値である．
・抵抗値が温度とともに増加するのは金属導体で，半導体はある温度範囲では温度上昇により抵抗値は減少，電池の電解液なども同じ傾向を示す．

[練習問題]

	問 い	答 え
1	温度が上昇すると抵抗値が減少するものは.	イ．ニクロム線 ロ．銅導体 ハ．アルミニウム導体 ニ．シリコン半導体
2	導体について，導電率の大きい順に並べたものは.	イ．銅，銀，アルミニウム ロ．銅，アルミニウム，銀 ハ．銀，アルミニウム，銅 ニ．銀，銅，アルミニウム

直流回路の計算

電気理論 3

Q
1. キルヒホッフの法則の意味と適用テクニック
2. 電圧分担や電流分布はどう計算するか．
3. ブリッジ回路でバランスしていることは．

スタディポイント　キルヒホッフの法則

電流の法則

図1のように回路中の一つの点について，流入する電流の総和と流出する電流の総和は等しい．流入する電流を＋，流出する電流を－とすると次の式で表される．

$$+I_1 + I_2 - I_3 - I_4 = 0$$

$I_1\ I_2$：A点へ流入
$I_3\ I_4$：A点より流出

図 1　電流の法則

電圧の法則

回路のある点からスタートして回路を一巡してもとの点にもどると，一巡中の電圧上昇や低下の合計は0になる．図2で基準点（電圧0V）からスタートすると電池E_1で電圧上昇，R_1で低下，R_2で上昇，E_2で低下し基準点にもどると電圧の変化は0となる．式で表現すると次のようになる．

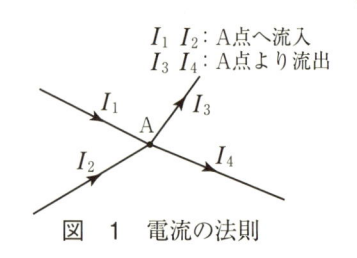

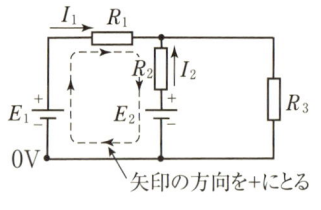

$$+E_1 - I_1R_1 + I_2R_2 - E_2 = 0$$

矢印の方向を＋にとる

図 2　電圧の法則

ドリル　電流は電圧の高い点から低い点へ流れる．だから，電流の流れる方向に電圧は低下する．電流の方向に逆行すれば電圧は上昇すると考える．
　E_1は電池で－極から＋極に向って電圧上昇（＋），R_1では電流は電圧の高い点から低い点に流れるので電圧低下（－），R_2では順路の正方向と逆に電流が流れているので電圧上昇（＋），E_2は＋極から－極に向っているので（－）と考える．

スタディポイント　電圧分担と電流分布

直列回路の電圧分担

図3のように直列に接続された抵抗は全電圧 V を次のように分担する．

$$V_1 = \frac{R_1}{R_1 + R_2 + R_3} V$$

$$V_2 = \frac{R_2}{R_1 + R_2 + R_3} V$$

$$V_3 = \frac{R_3}{R_1 + R_2 + R_3} V$$

上の式のように，大きな抵抗が大きな電圧を分担し，小さな抵抗の分担する電圧は小さい．

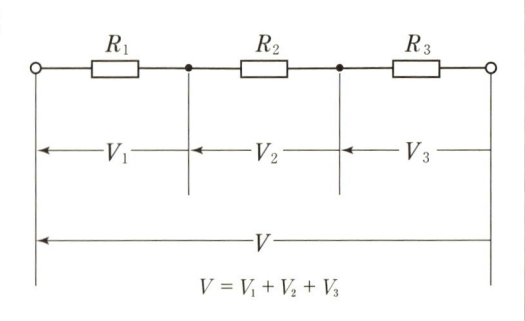

$V = V_1 + V_2 + V_3$

図 3　直列回路の電圧分担

並列回路の電流分布

図4のように並列に接続された抵抗には全体

－6－

を流れる電流 I は次のように分流する．

$$I_1 = \frac{R_2}{R_1+R_2} I$$

$$I_2 = \frac{R_1}{R_1+R_2} I$$

上の式のように，大きな抵抗には小さな電流が，小さな抵抗には大きな電流が分流する．

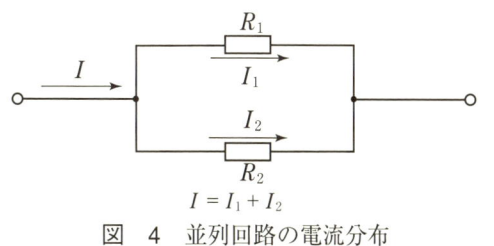

$I = I_1 + I_2$

図 4　並列回路の電流分布

スタディポイント　ブリッジ回路の計算

図5のような回路は，直列回路や並列回路の方法では一つの抵抗にまとめることはできない．

$$R_1 \cdot R_4 = R_2 \cdot R_3$$

の関係にあるとき，「回路はバランスしている」といいまん中の抵抗 R_5 は 0（短絡している）としてもよいし，また，∞（回路が開かれている）として計算してもよい．

この間の合成抵抗を求める

図 5　ブリッジ回路

R_5 を 0 とした場合，回路は図6のようになり，合成抵抗 R_0 は，次のようになる．

$$R_0 = \frac{R_1 R_3}{R_1+R_3} + \frac{R_2 R_4}{R_2+R_4}$$

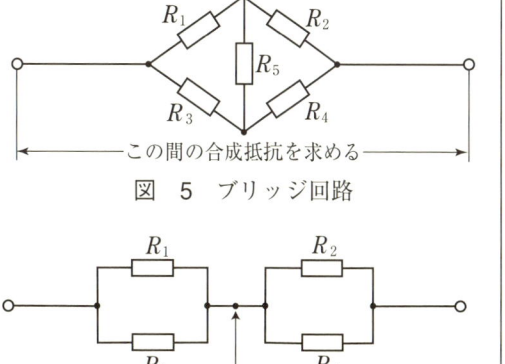

R_5 は 0 とする．

図 6　R_5 を 0 とした回路

ドリル　ブリッジ回路を直並列回路に変換するには，Y△変換という方法を利用する．図5の回路の右または左の△回路をY接続に変換し，直並列回路に書き換えて計算する．この方法は，バランスしていないブリッジ回路の計算に適用する．

スタディポイント　2電源回路の計算

図7のように一つの抵抗に二つの電池から電流を供給している回路である．二つの電池の起電力と内部抵抗が等しければ二つの電池は図8のように並列に接続されているものとして計算できる．

内部抵抗は $\frac{1}{2}$ に

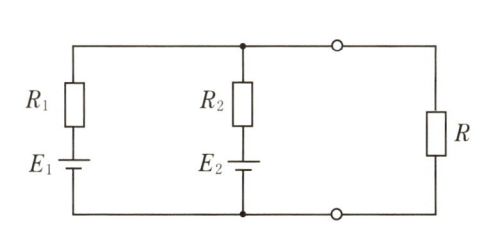

起電力は同じ

図 7　2電源回路

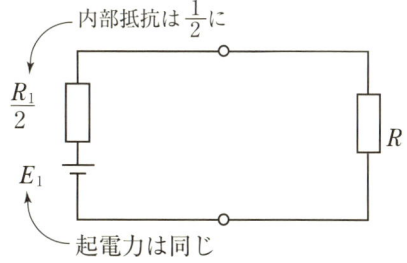

図 8　一つの電池にまとめた回路

ドリル　二つの電池の起電力や内部抵抗が等しくない場合は，電池から流れ出る電流を未知数とし，キルヒホッフの法則を使用して電圧の関係式を二つ作り，二つの電流の連立方程式として解き，抵抗を流れる電流を求めることになる．

[練習問題]

	問い	答え
1	図のような回路で，抵抗 R_1 の値〔Ω〕は． 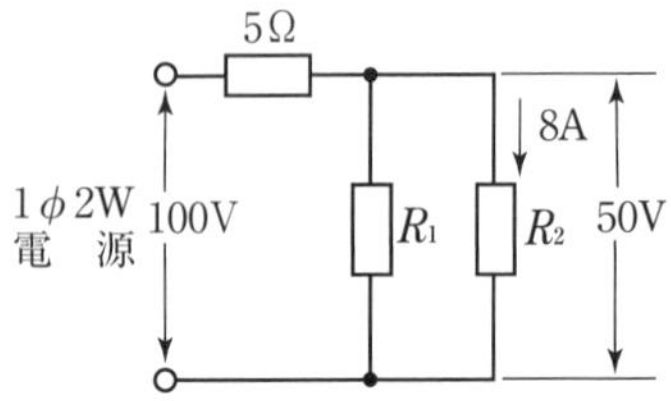	イ．10　ロ．15　ハ．20　ニ．25
2	図のような直流回路において，抵抗 R の値〔Ω〕は． 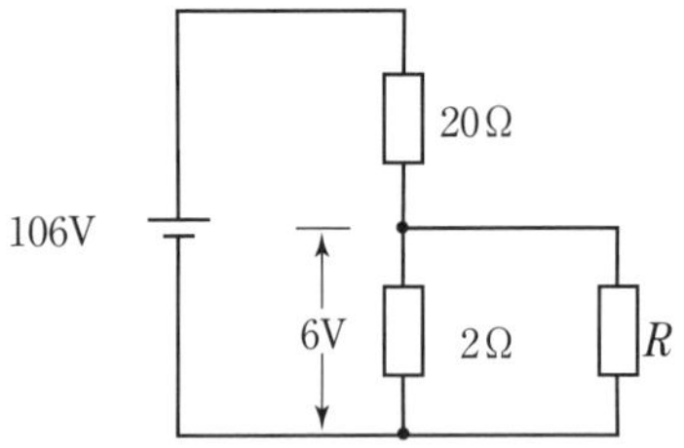	イ．1　ロ．2　ハ．3　ニ．4
3	図のような直流回路において，電流計Ⓐに流れる電流〔A〕は． 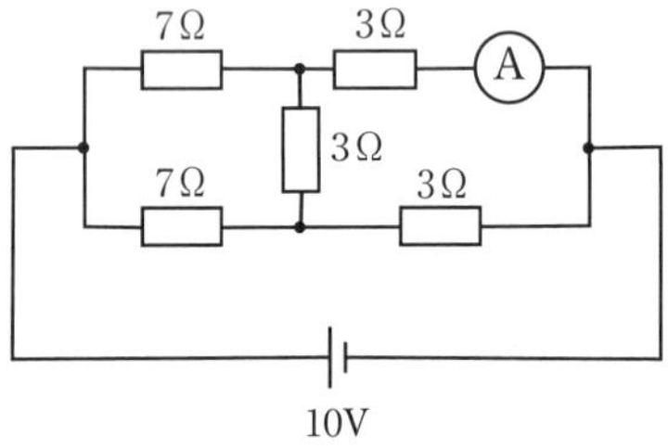	イ．0.1　ロ．0.5　ハ．1.0　ニ．2.0
4	図のような直流回路において，抵抗 R の値〔Ω〕は． 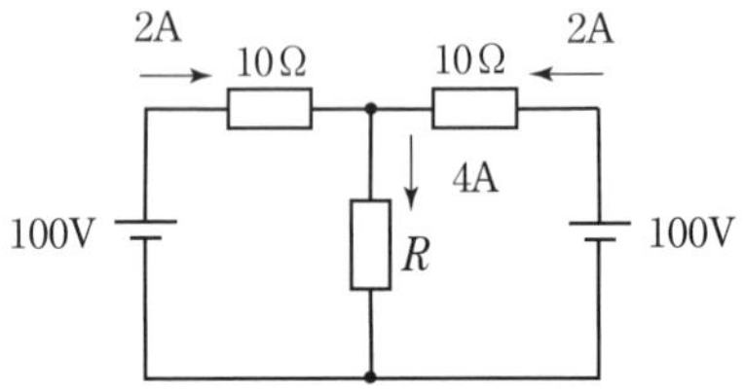	イ．10　ロ．20　ハ．30　ニ．40
5	図のような直流回路の電源の電圧 E の値〔V〕は． 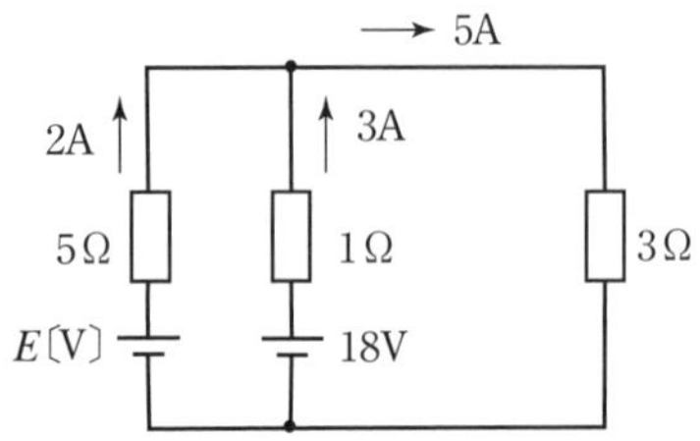	イ．5　ロ．10　ハ．15　ニ．25

交流回路を構成するエレメント　　電気理論 4

Q
1 交流回路はどんな素子でつくられているか．
2 抵抗 R，インダクタンス L，コンデンサ C の働きは．
3 接続で変わるコンデンサの静電容量
4 コンデンサに蓄えられるエネルギー

スタディポイント　交流回路三つの素子

交流回路は図1に示す三つの素子で構成される．

「抵抗」は前に説明した通りで，単位は「オーム（Ω）」．

「インダクタンス」は導体をリング状に巻いたコイルである．電流により磁束を発生し，磁束が電流の変化を制限する．単位は，「ヘンリー（H）」．

「コンデンサ」は二つの金属板を向かい合わせて置いたもので，電荷を蓄える機能があり，極板間の電圧の変化を抑制し電流を制限する．単位は「ファラッド（F）」．

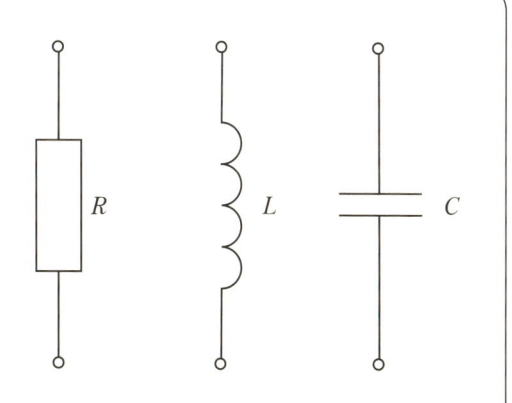

(a)抵抗　(b)インダクタンス　(c)コンデンサ

図 1　三つの素子

ドリル

抵抗：抵抗両端の電圧が1Vのとき1Aの電流が流れる抵抗値が1Ω

インダクタンス：インダクタンスを流れる電流が1秒間に1Aの変化をするとき両端の電圧が1Vとなるインダクタンス値が1ヘンリー〔H〕．この値は実用的に大きすぎるのでミリヘンリー〔mH〕（＝ 10^{-3}H）が使われる．

コンデンサ：コンデンサ両端の電圧が1秒間に1Vの変化をしたときに1Aの電流が流れるコンデンサの値が1ファラッド〔F〕．この値は実用的に大きすぎるのでマイクロファラッド〔μF〕（＝ 10^{-6}F）が使われることが多い．

スタディポイント　$R，L，C$ の働き

・抵抗：抵抗に電流が流れると熱を発生する．この熱を「ジュール熱」という．
・インダクタンス：インダクタンスに電流が流れると磁束が生ずる．この関係は次の通り．
　　磁束 ϕ〔ウェーバ：Wb〕＝ L〔H〕・I〔A〕
・コンデンサ：コンデンサに電圧が加えられると電荷が蓄積される．これらの間には
　　電荷 Q〔クーロン：C〕＝ C〔F〕・V〔V〕
　の関係がある．

スタディポイント　コンデンサの接続と静電容量

コンデンサの直列接続

図2がコンデンサの直列接続で，全体の静電容量（合成静電容量）C_0 は

$$C_0 = \frac{C_1 C_2}{C_1 + C_2}$$

図 2　コンデンサの直列接続

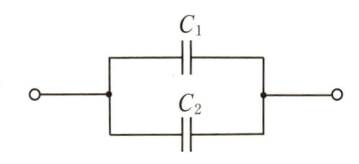

コンデンサの並列接続

図3がコンデンサの並列接続で，合成静電容量 C_0 は下式のようになる．

$$C_0 = C_1 + C_2$$

図 3　コンデンサの並列接続

コンデンサの直並列接続

抵抗と同じようにコンデンサにも直並列接続があり，上記の方法を組み合わせて合成容量を求める．

図4の回路では C_2，C_3 並列回路の合成容量をまず求めて，C_1 の直列接続として全合成容量 C_0 を計算する．

$$C_0 = \frac{C_1(C_2 + C_3)}{C_1 + C_2 + C_3}$$

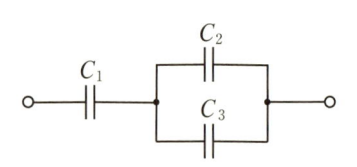

図 4　コンデンサの直並列接続

ドリル　コンデンサを直列接続すると静電容量は小さくなり，並列接続すると静電容量は大きくなる．このことは，並列接続することにより蓄えられる電荷の量が増えることから理解できる．

スタディポイント　コンデンサに蓄えられるエネルギー

コンデンサは電荷を保持することができるので，電池と同じようにエネルギーを貯えることができる．このエネルギーの大きさは次の式で計算する．

エネルギー　　$E = \frac{1}{2}CV^2 = \frac{1}{2}VQ$ 〔J〕

E の単位はジュール〔J〕，C の単位は〔F〕，V の単位は〔V〕，Q の単位はクーロン〔C〕

ドリル　コンデンサが直並列接続されている場合は，上記の方法で合成静電容量を求めてから，エネルギーを計算する．

[練習問題]

	問　　　い	答　　え
1	図のような回路において，b-c間の電圧を50〔V〕とするには，コンデンサC_1の静電容量〔μF〕は． 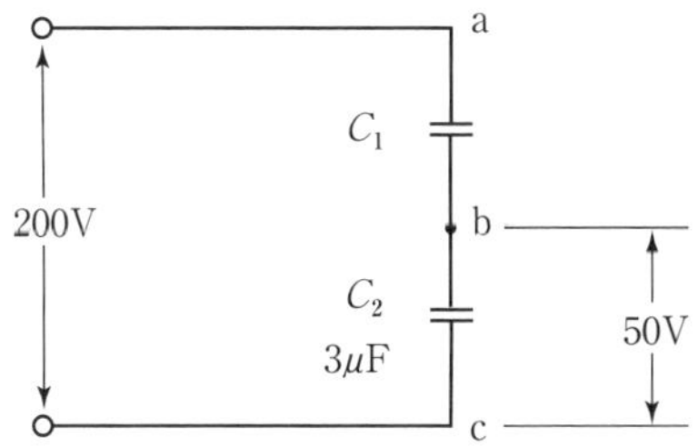	イ．0.5　ロ．1　ハ．1.5　ニ．2
2	図のような回路において，スイッチSをa側に入れたとき，電圧V_Cは0〔V〕であった．次にスイッチSをb側に入れた場合，電圧V_Cの値〔V〕は． 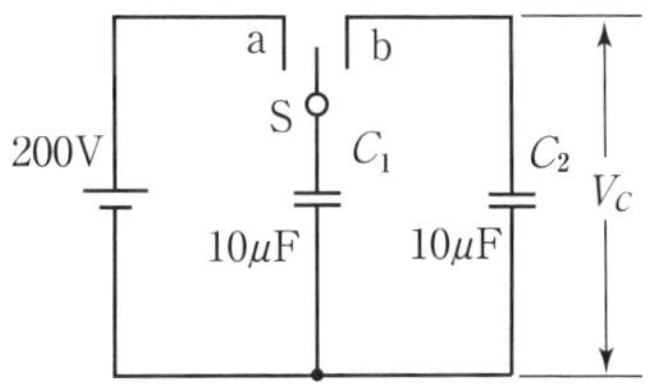	イ．25　ロ．50　ハ．100　ニ．200
3	静電容量2〔μF〕のコンデンサを直流電圧6000〔V〕で充電したとき，コンデンサに蓄えられる静電エネルギー〔J〕は．	イ．0.0060　ロ．0.012　ハ．36　ニ．72
4	図のように，コンデンサ3個を接続して直流電圧3000〔V〕を加えたとき，コンデンサに蓄えられる全静電エネルギー〔J〕は． 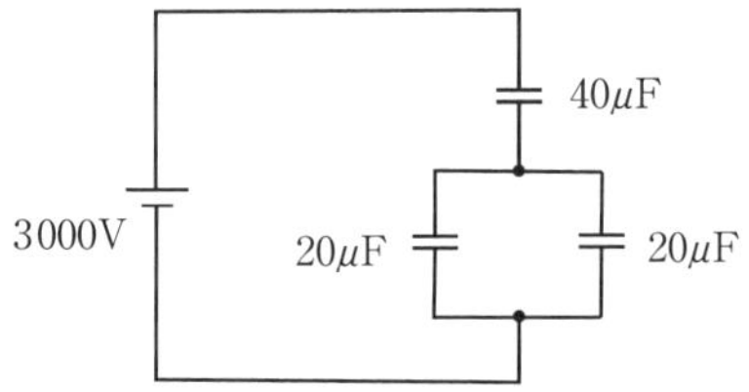	イ．36　ロ．72　ハ．90　ニ．180

交流波形の性質

電気理論 5

Q
1 瞬時値，最大値，実効値，平均値とは．
2 電流が進んでいる，遅れている，の意味は．
3 整流と整流回路・整流波形はどうなるか．

スタディポイント　最大値，実効値，平均値の計算

同期発電機で発生される交流電圧は，図1のような正弦波形（サイン波）をしている．この波の時々刻々の値を「瞬時値」という．式で示すと次のようになる．

$$v = V_m \sin \omega t \qquad \omega = 2\pi f$$

式と図1より

最大値：V_m　振幅の最大値

実効値：$V = \dfrac{V_m}{\sqrt{2}}$　同じ発熱をする直流の値．

この値は非常に重要で，交流回路の計算は，電圧も電流もすべてこの値で計算する．

平均値：$V_a = \dfrac{2V_m}{\pi}$　電圧の正の半サイクルの平均値

f は周波数で単位はヘルツ〔Hz〕，1秒間に正弦波形を1回行えば1ヘルツ，関東地区で周波数が50Hzということは，正弦波形を1秒間に50回繰り返していることになる．

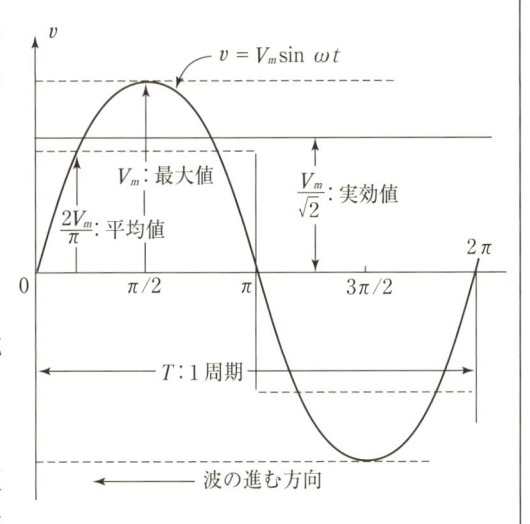

図1　正弦波 $v = V_m \sin \omega t$ の波形

ドリル　実効値も平均値も正弦波であることが前提になっている．正弦波以外の三角波や矩形波では，この値は当然変わってくる．平均値は，1サイクルについて平均すると正負が打ち消し合って0になる．
周波数の逆数が周期で単位は〔秒〕，50ヘルツの交流の1周期は 1/50 ＝ 0.02秒である．

スタディポイント　電流の進み・遅れとは

図2は電圧と電流の波形を描いたものである．この図では波形は右から左に進んでいる．図で電圧0の点が通過してからいくらか遅れて電流0の点が来る．時間的にいくらか電流が遅れていることになる．これを「電圧より電流が遅れている」という．この差が「位相差」で，単位は〔度〕またはラジアン〔rad〕である．

逆に，電流の0点が電圧より先に来る回路もありこの場合は「電圧より電流が進んでいる」ことになる．

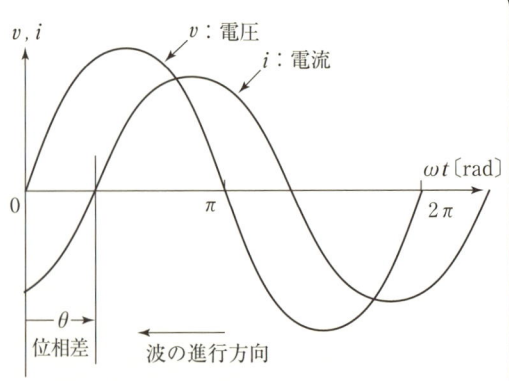

図2　位相差：電流が電圧より遅れている

ドリル 電流が電圧より遅れる回路を「誘導的」といい，RLC直列回路の場合，L分の方がC分より大きいことを示している．電流が電圧より進む回路は「容量的」でC分がL分より大きいことになる．

スタディポイント　整流回路とその働き

交流を直流に変換することを「整流」という．整流には交流の正波形のみを直流にする「半波整流」と正負両波を使用する「全波整流」がある．

最も単純な回路は図3(a)に示す「単相半波整流回路」である．—▷|—はダイオードの記号で，ダイオードは図の矢印の方向のみに電流を流し，逆方向の電流は阻止するスイッチング機能をもっている．電流が正方向のみに流れるため，抵抗には図3(c)のような電流が流れる．

整流回路には，この単相半波のほかに，単相全波，三相半波，三相全波などがある．これらの回路と直流側の電流波形を図4に示す．

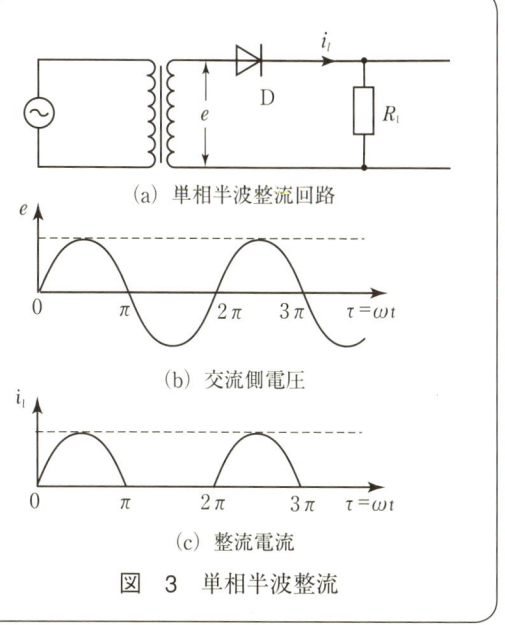

(a) 単相半波整流回路
(b) 交流側電圧
(c) 整流電流

図　3　単相半波整流

ドリル 図3(c)のような波形を，電池から流れる変化のない一様な直流電流と比較すると直流と呼ぶのに抵抗を感じるが，流れが正方向のみであるから，まぎれもない直流である．このような波形の凸凹が「リプル」で，単相全波，三相全波となるにつれてリプルも小さくなり，理想的な直流に近付いて行く．

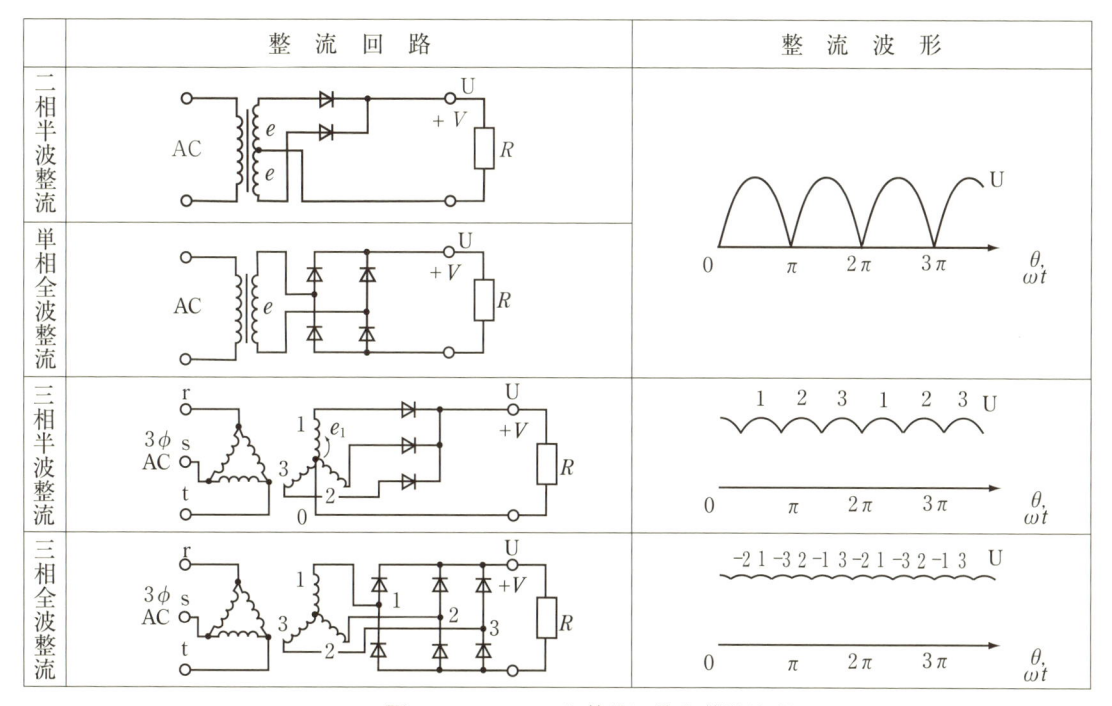

整流回路	整流波形
二相半波整流	
単相全波整流	
三相半波整流	
三相全波整流	

図　4　いろいろな整流回路と整流波形

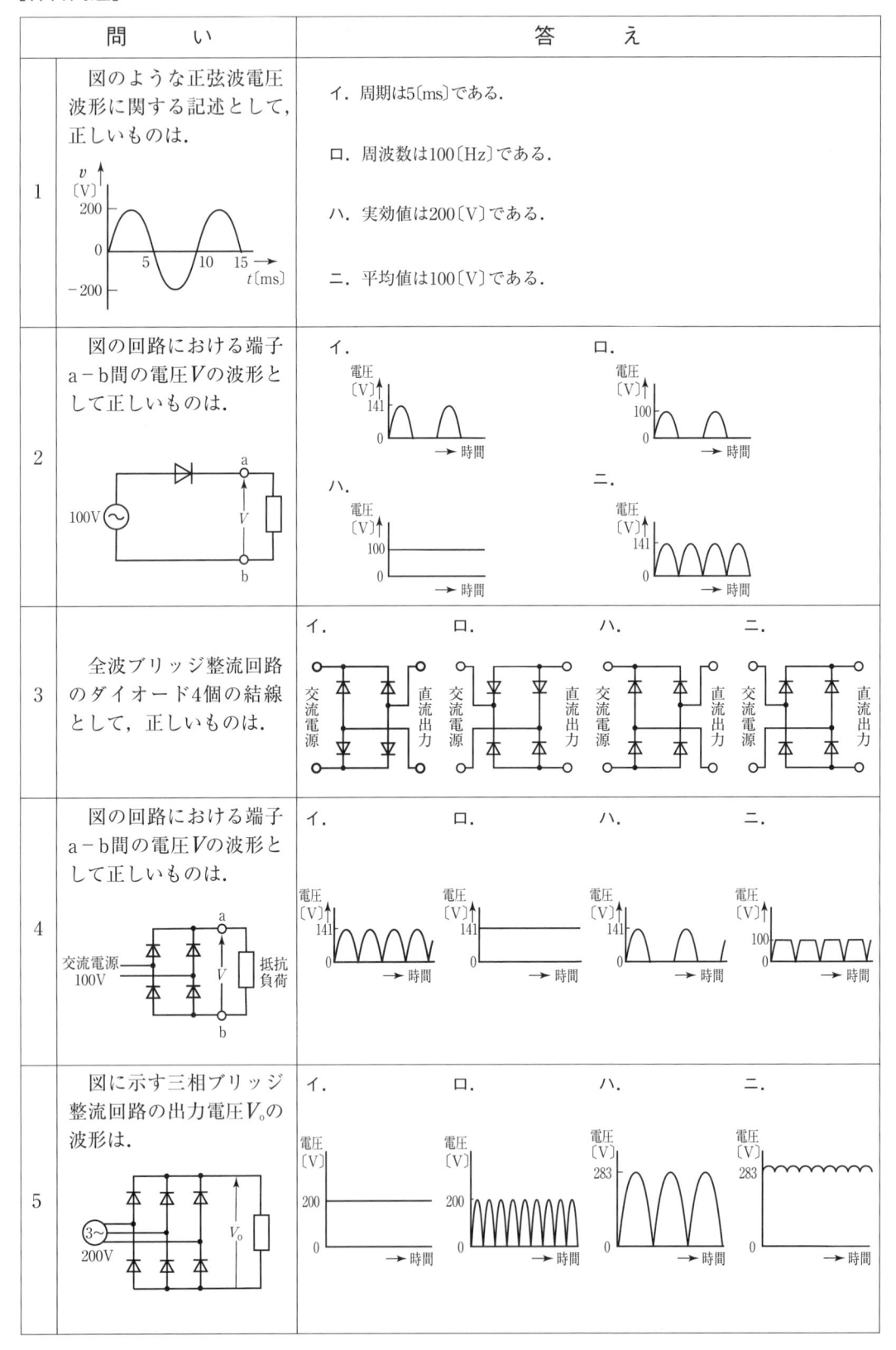

[練習問題]

	問い	答え
1	図のような正弦波電圧波形に関する記述として，正しいものは．	イ．周期は5〔ms〕である． ロ．周波数は100〔Hz〕である． ハ．実効値は200〔V〕である． ニ．平均値は100〔V〕である．
2	図の回路における端子a−b間の電圧Vの波形として正しいものは．	イ．／ロ．／ハ．／ニ．
3	全波ブリッジ整流回路のダイオード4個の結線として，正しいものは．	イ．／ロ．／ハ．／ニ．
4	図の回路における端子a−b間の電圧Vの波形として正しいものは．	イ．／ロ．／ハ．／ニ．
5	図に示す三相ブリッジ整流回路の出力電圧V_oの波形は．	イ．／ロ．／ハ．／ニ．

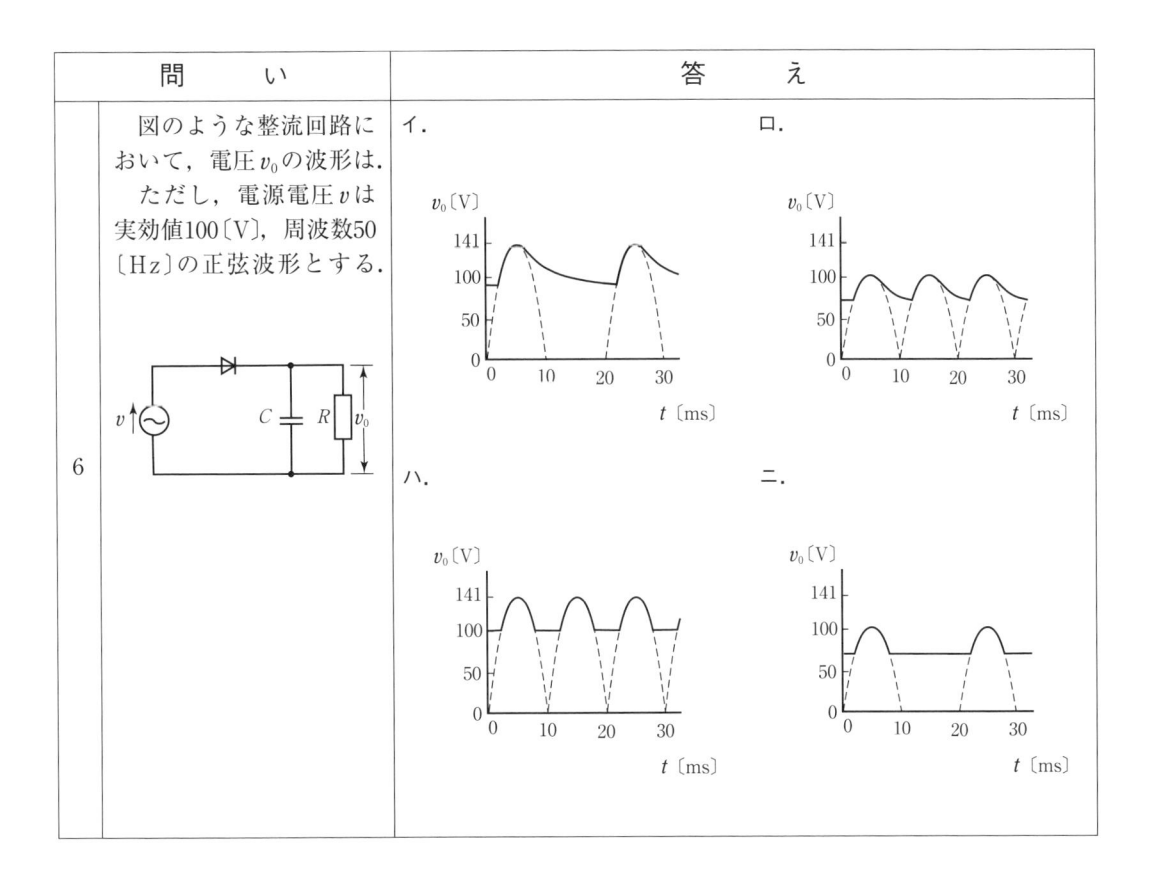

問い	答え
6　図のような整流回路において，電圧 v_0 の波形は．ただし，電源電圧 v は実効値100〔V〕，周波数50〔Hz〕の正弦波形とする．	イ．ロ．ハ．ニ．

単相交流回路の計算 1   電気理論 6

Q 1 交流計算で R, L, C をどう取扱うか.
2 R のみ, L のみ, C のみの回路の電圧と電流

スタディポイント R, L, C と回路の計算

単相交流回路の計算は電源の電圧が与えられて, 回路の指定された部分を流れる電流を求める問題が多い. このとき L [H] や C [F] を [Ω] の単位に換算する必要がある. このとき重要なのが「角周波数 ω」である. 電源の周波数を f [Hz] とすると

$$\omega = 2\pi f \text{ [rad]}$$

で, 1秒間に進む電気角である. この ω を使用して L や C を [Ω] に換算する.

・抵抗 R は直流回路と全く同じで, 単位は [Ω]
・インダクタンス L [H] は, ωL として単位は [Ω]　この値をリアクタンス値という.
・コンデンサ C [F] は, $(1/\omega C)$ として単位は [Ω]　この値もリアクタンス値という.
このようにすべて [Ω] に換算して計算を行う.

ドリル

電源の周波数が高くなると, インダクタンスのリアクタンス値は大きくなり, コンデンサのリアクタンス値は小さくなる. 通信の伝送路として絶縁電線を使用すると周波数が高くなるほど大地とのインピーダンスが小さくなって漏れ電流が増える. このため, 使用できる周波数の上限値は低くなる.
コイルやコンデンサには抵抗分が含まれている. 抵抗とリアクタンスをまとめて一つのものと考え, これを「インピーダンス」と呼んでいる.

スタディポイント R のみ, L のみ, C のみの回路

交流回路の計算では, 電源が正弦波であることを条件に, 実効値を使って計算する. このテキストでは, 実効値を V, I などの大文字で表し, 瞬時値は小文字 v, i などで示す.

R のみの回路

R のみの回路に流れる電流 i_R は, 電圧 v と位相は同じで（同相という）, 大きさは

$$i_R = \frac{v}{R} \text{ [A]}$$

この場合は, i, v を実効値 I, V で計算してもよい. 電圧と電流の波形やベクトルは図1のようになる.

L のみの回路

L のみの回路に流れる電流 i_L は, 電圧 v より 90° 位相が遅れる. 上の説明と合わせて式で示すと

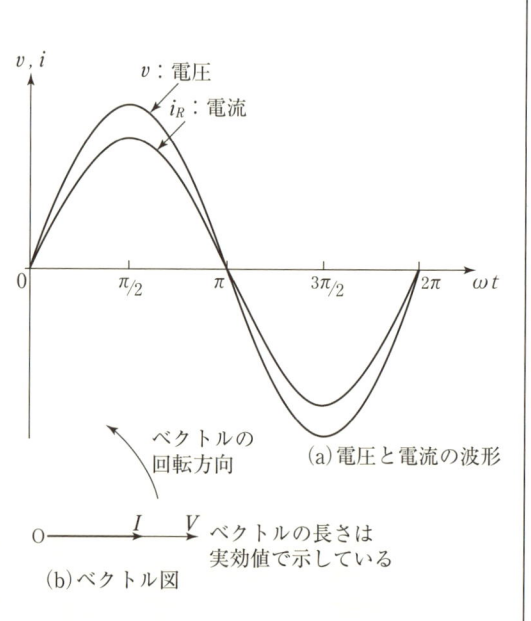

(a) 電圧と電流の波形

(b) ベクトル図　ベクトルの長さは実効値で示している

図 1　R を流れる電流 i_R と電圧 v の関係

$$i_L = \frac{v}{j\omega L} = -j\frac{v}{\omega L} \qquad \because +j \text{ に注意}$$

実効値で示せば

$$I_L = -j\frac{V}{\omega L}$$

ここで j は複素単位で

$$j = \sqrt{-1}, \quad j^2 = -1, \quad \frac{1}{j} = -j$$

の関係がある．

電圧と電流の波形やベクトルは図2に示す．

C のみの回路

この回路に流れる電流 i_C は，電圧より $90°$ 位相が進む．

式で表すと，

$$i_C = v(j\omega C)$$

実効値で示すと

$$I_C = V(j\omega C) = j\omega CV \qquad \because +j \text{ に注意}$$

電圧と電流の波形とベクトルは図3のようになる．

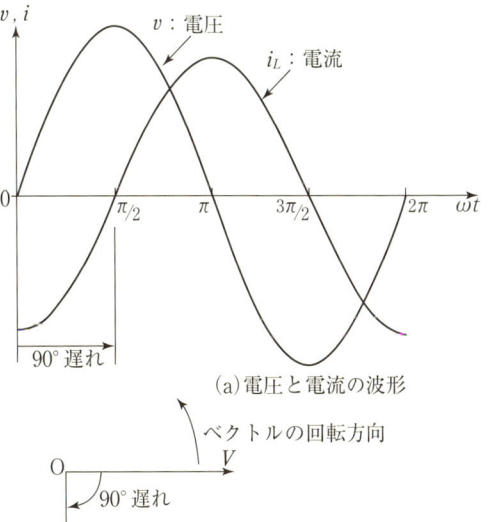

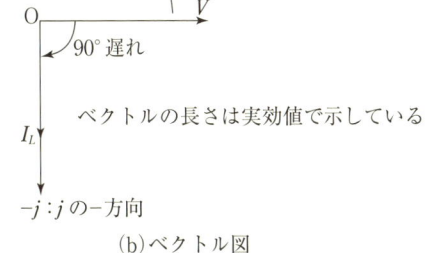

(a)電圧と電流の波形

(b)ベクトル図

図 2　L を流れる電流 i_L と電圧 v の関係

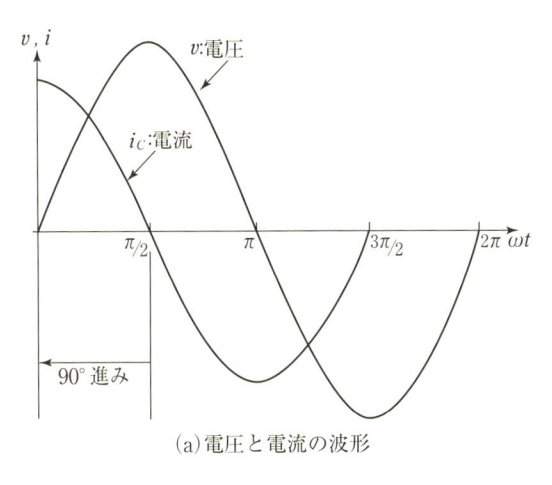

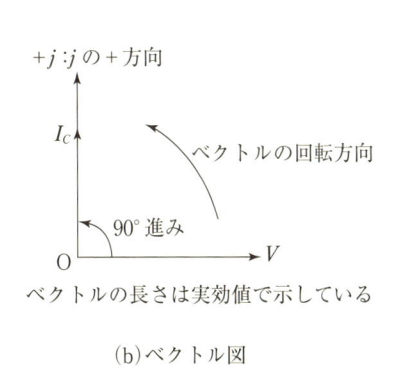

(a)電圧と電流の波形

(b)ベクトル図

図 3　C を流れる電流 i_C と電圧 v の関係

ドリル　図1および図2，図3に示している矢印の図はベクトル図である．電圧や電流の位相関係を表すのに便利で，複雑な回路の計算によく利用されるが，図2で I が V より $90°$ 下向きに示されているのは電流の位相が電圧より $90°$ 遅れていることを示し，図3のように $90°$ 上向きになっているのは電流 I の位相が電圧より進んでいることを示している．

単相交流回路の計算2　　電気理論 7

Q
1. インピーダンスとは何か．
2. RX 回路の電圧と電流は．
3. RX 回路の力率の意味と計算
4. RLC 回路の電圧・電流を計算する．

スタディポイント　インピーダンスとは

　直流回路では電流を制限するものは「抵抗」のみであったが，交流回路では L や C も同じ機能があり，抵抗とともに「インピーダンス」といい，単位はオーム〔Ω〕である．

　交流回路はまとめると図1のような R と X の直列回路で表される．このインピーダンス Z は次のようになる．

　　複素形式　$Z = R + jX$
　　絶対値　　$Z = \sqrt{R^2 + X^2}$ 〔Ω〕

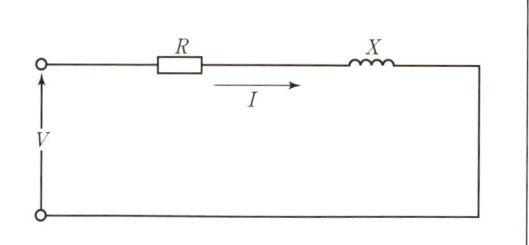

図 1　RとXの直列回路

ドリル　X は C や L を〔Ω〕値に換算したもので，L と C の直列回路で $\omega L > 1/\omega C$ ならば $+jX$ で「誘導的」といい，$\omega L < 1/\omega C$ ならば $-jX$ で「容量的」という．
　電流の大きさのみを求める場合は，電圧をインピーダンスの絶対値で割算すればよい．

スタディポイント　RX 回路の電圧と電流

　図1のような R と X の直列回路に電圧 V をかけると電流 I が流れる．電流の大きさや位相は

$$I = \frac{V}{R + jX} = \frac{R}{R^2 + X^2} V - j\frac{X}{R^2 + X^2} V$$

となり，電流は電圧より位相角 θ °遅れて流れる．ベクトル図で示すと図2のようになる．この角度 θ を力率角といい「$\cos\theta$」を「**力率**」という．

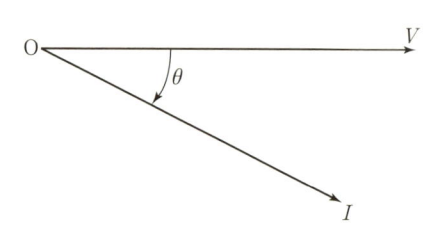

　抵抗にかかる電圧 V_R，リアクタンスにかかる電圧 V_X は

電圧Vより θ °遅れた電流Iが流れる．
θ：力率角

図 2　RX 直列回路の電圧と電流の関係

　　$V_R = I \cdot R = RI$　：I と同相
　　$V_X = I \cdot jX = jXI$　：I より 90°位相が進む．（j がついているから）

-18-

ベクトル図は図3に示す.

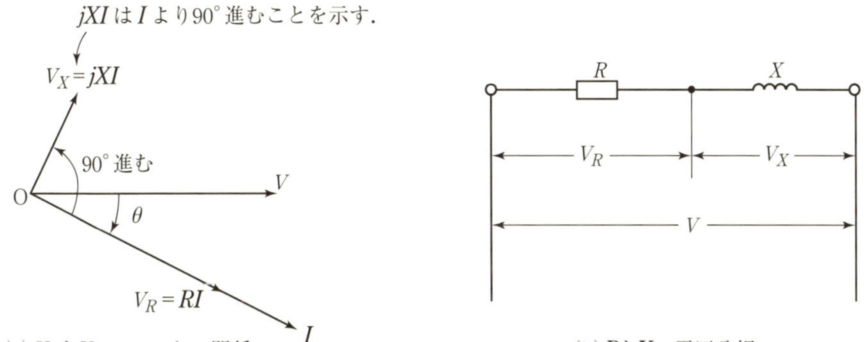

(a) V_R と V_X のベクトル関係

(b) R と X の電圧分担

図 3　RX 直列回路の電圧ベクトル

ドリル　「力率」についてはよく出題されていて，電圧と電流の関係，回路の R と X の関係，電力と無効電力などの関係から計算できる．くわしくは，それぞれの項目で解説する．

スタディポイント　RX 回路の力率

RX 直列回路の力率　　　　力率　$\cos\theta = \dfrac{R}{\sqrt{R^2+X^2}}$

RX 並列回路の力率　　　　力率　$\cos\theta = \dfrac{X}{\sqrt{R^2+X^2}}$

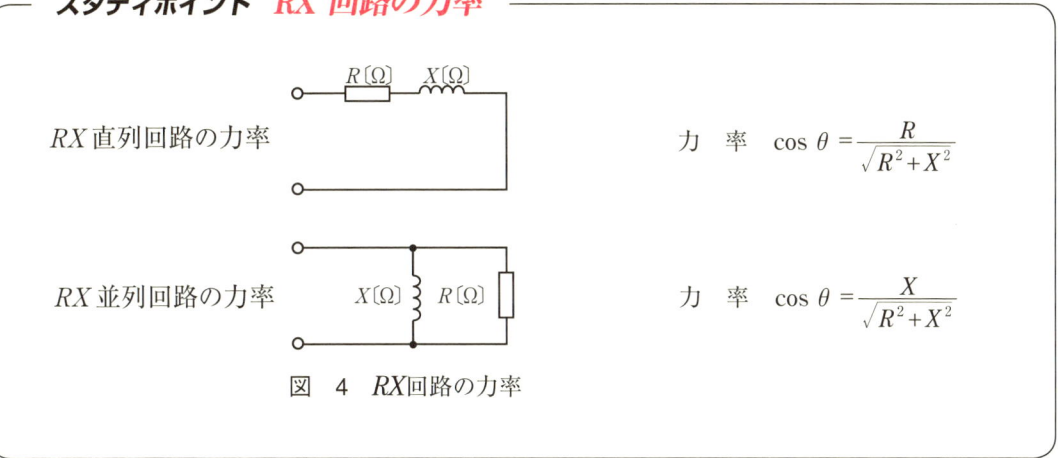

図 4　RX 回路の力率

スタディポイント　RLC 直列回路の電圧は

図5(a)のような RLC 直列回路の各部の電圧を計算する手順は次のとおりである.

1　インピーダンス Z の絶対値を求める.

$$Z = R + j\omega L + \dfrac{1}{j\omega C}$$
$$= R + j\left(\omega L - \dfrac{1}{\omega C}\right) \ [\Omega]$$

$$Z = \sqrt{R^2 + \left(\omega L - \dfrac{1}{\omega C}\right)^2} \ [\Omega]$$

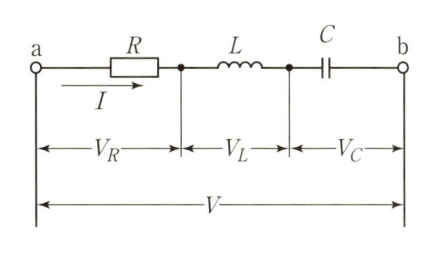

(a) RLC 直列回路

図 5　RLC 直列回路の電圧

2　電流の絶対値を計算する．
$$I = \frac{V}{Z} \text{[A]}$$

3　電流の絶対値を使って各部の電圧を計算する．
$$V = IZ = I\left(R + j\omega L - j\frac{1}{\omega C}\right)$$
$$= IR + j\omega LI - j\frac{1}{\omega C}I$$
$$= V_R + j(V_L - V_C)$$

$V_R = IR$ [V]　$V_L = \omega LI$ [V]　$V_C = (I/\omega C)$ [V]

jV_L：j は基準ベクトル I より 90°位相が進むことを示す．

$-jV_C$：$-j$ は基準ベクトル I より 90°位相が遅れることを示す．

$V_L = V_C$ のとき直列共振

(b) I を基準とした電圧のベクトル図

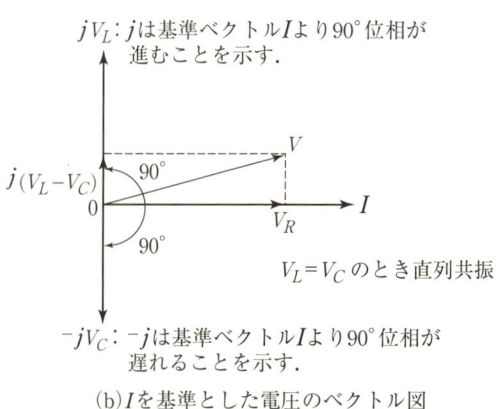

図 5　RLC 直列回路の電圧

ドリル　**直列共振**　$V_L = V_C$ のとき ab 間の電圧は 0 になり $V = V_R$ になる．このとき ab 間のインピーダンスは 0 で，最大の電流が流れる．この状態を「直列共振」という．

スタディポイント　RLC 並列回路の電流は

図6(a)のような RLC 並列回路の全電流 I [A] は次のようにして求める．

1　各部の電流を次のように計算する．

$I_R = \dfrac{V}{R}$ [A]　電源電圧と同相

$I_L = \dfrac{V}{j\omega L} = -j\dfrac{V}{\omega L}$　電源電圧より 90°遅れる．

$I_C = j\omega CV$　電源電圧より 90°進む．

2　I_R, I_L, I_C のベクトル図を画く．これは図6(b)のようになり I_L と I_C は互いに逆方向で打ち消し合いその差の電流と I_R の和が全電流になる．

(a) RLC 並列回路

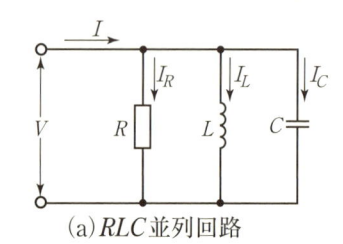

jI_C：j は基準ベクトル V より 90°位相が進むことを示す．

I：全電流

$I_L = I_C$ のとき並列共振

$-jI_L$：$-j$ は基準ベクトル V より 90°位相が遅れることを示す．

(b) V を基準とした電流のベクトル図

図 6　RLC 並列回路の電流

ドリル　**並列共振**　$I_L = I_C$ の場合は，L, C 回路に流れる電流の和は 0 になる．電源から見たこの部分のインピーダンスは∞となり全電流は最小になる．この状態を「並列共振」という．
　$I_L = I_C$ の場合は，$I_L - I_C$ は 0 になるので電流は電圧の同相分 I_R のみになる．つまり，力率 1 になる．これが後に説明する力率改善の原理である．また，I_L と I_C の大きさの関係により，全電流が進み位相になったり，遅れ位相になったりする．

[練習問題]

	問い	答え
1	図のような交流回路の電源の電圧 E の値〔V〕は.	イ. 30　　ロ. 40　　ハ. 50　　ニ. 60
2	図のような交流回路において回路の合成インピーダンス Z〔Ω〕, 電流 I〔A〕, 電圧 V_R〔V〕, 回路の消費電力 P〔W〕のうち, 正しいものは.	イ. $Z=10$〔Ω〕　　ロ. $I=10\sqrt{2}$〔A〕 ハ. $V_R=50$〔V〕　　ニ. $P=500$〔W〕
3	図のような交流回路において, 抵抗に加わる電圧 V_R〔V〕は.	イ. 40　　ロ. 60　　ハ. 80　　ニ. 100
4	図のような交流回路において, コンデンサの両端の電圧 V_C の値〔V〕は.	イ. 100　　ロ. 150　　ハ. 200　　ニ. 250
5	図のような交流回路において, 電源に流れる電流 I の値〔A〕は.	イ. 5　　ロ. 10　　ハ. 20　　ニ. 22
6	図のような交流回路に流れる電流 I の値〔A〕は.	イ. 2　　ロ. 10　　ハ. 14　　ニ. 22
7	図に示す交流回路において, 電流 I の値〔A〕が最も小さいものは.	イ. 8A, 9A, 3A　　ロ. 8A, 2A, 8A ハ. 8A, 10A, 10A　　ニ. 8A, 10A, 2A

電力・無効電力と力率

電気理論 8

Q
1. 直流電力・交流電力はどう計算するか．
2. 皮相電力・電力・無効電力・力率の関係と求め方は．
3. 電力と電力量，発熱量の関係は．

スタディポイント　電力の計算

直流電力の計算

図1のような抵抗回路について，電力 P（抵抗の消費電力）は，

$$P = VI = I^2R \text{ [W]}$$

電圧 V の単位は〔V〕，電流 I の単位は〔A〕で電力 P の単位はワット〔W〕

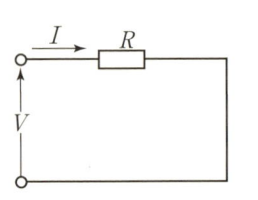

図 1　抵抗 R のみの回路

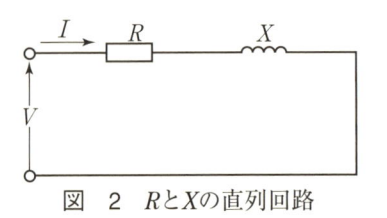

交流電力の計算

図2のような RX 直列回路で交流の電力 P〔W〕は，

$$P = VI\cos\theta \text{ [W]} = I^2R \text{ [W]}$$

電圧 V・電流 I ともに実効値で，単位は〔V〕，〔A〕，$\cos\theta$ は力率．電力の単位はワット〔W〕

図 2　R と X の直列回路

ドリル　ここで電力といっているのは，抵抗で消費される電力のことで，このように単に「電力」，または「消費電力」ともいわれ，無効電力と対比して「有効電力」と呼ばれる．

スタディポイント　皮相電力・電力・無効電力・力率

電圧 V〔V〕，電流 I〔A〕ともに実効値．力率は $\cos\theta$ とすると，

皮相電力 W（単位はボルトアンペア〔V・A〕）

$$W = VI \text{ [V·A]}$$

電　力 P（単位はワット〔W〕）

$$P = VI\cos\theta \text{ [W]} \quad \cos\theta \text{ は力率}$$

無効電力 Q（単位はバール〔var〕）

$$Q = VI\sin\theta \text{ [var]} \quad \sin\theta \text{ は無効率}$$

力　率 $\cos\theta$

$$\cos\theta = \frac{P}{W} = \frac{P}{\sqrt{P^2+Q^2}}$$

これらの関係は図3のようなベクトル図で表される．

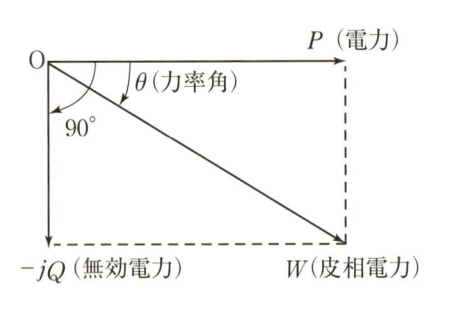

図 3　W, P, Q のベクトル図

ドリル　皮相電力, 電力, 無効電力ともに($\times 10^3$)の値であるキロボルトアンペア〔kV·A〕, キロワット〔kW〕, キロバール〔kvar〕を使用することが多い.

スタディポイント　*RX 直列回路の電力は*

R で消費される電力 P〔W〕は

$$P = I^2 R$$
$$= VI\cos\theta = VI \frac{R}{\sqrt{R^2 + (\omega L)^2}} \text{〔W〕}$$

スタディポイント　*電力・電力量・熱量の関係は*

電力 P〔W〕を t 秒間, または h 時間使用したときの電力量 W は

$$W = Pt \text{〔ジュール:J〕}$$
$$W = Ph \text{〔ワットアワー:W·h〕}$$

熱量〔cal〕との関係は,

$$1 \text{〔W·s〕} = 1 \text{〔J〕}$$
$$1 \text{〔kW·h〕} = 3600 \text{〔kJ〕}$$

R〔Ω〕の抵抗に I〔A〕の電流が t 秒間流れたときの発熱量 H〔J〕は

$$H = I^2 R t \text{〔J〕}$$

となる. これを「ジュールの法則」という.

ドリル　SI 単位について

　1W の電力を 1 時間使用すると 1 ワットアワー〔W·h〕, これが現在取引用に使用されている「電力量」の単位である. 1000W の電力であると 1 キロワットアワー〔kW·h〕になる.

　国際標準である SI 単位系では 1W の電力を 1 秒間使用する 1W·s を単位とし, 1W·s = 1〔ジュール:J〕としている.

　1〔kW·h〕は $1 \times 1000 \times 60 \times 60 = 3.6 \times 10^6$〔W·s〕$= 3.6 \times 10^6$〔J〕$= 3.6$〔MJ（メガジュール）〕.

　1〔J〕は非常に小さい単位であるから, 実用的には〔MJ〕が使われることが多い.

[練習問題]

	問　い	答　え
1	図のような交流回路において，消費電力〔W〕は． 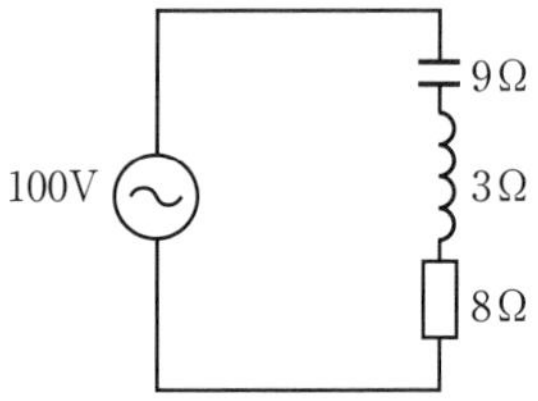	イ．200　　ロ．400　　ハ．800　　ニ．1200
2	図のような交流回路において，消費電力は 1600〔W〕であった．リアクタンス X の値〔Ω〕は． 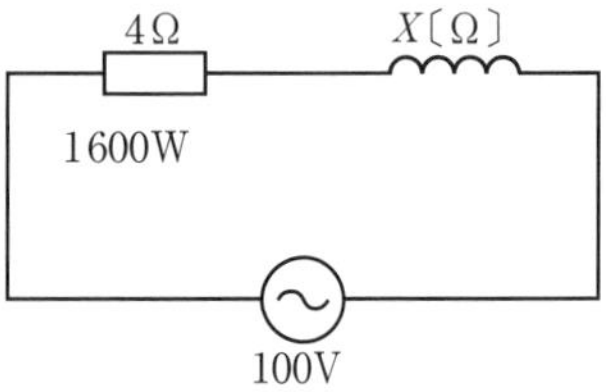	イ．3　　ロ．4　　ハ．5　　ニ．6
3	図のような抵抗 R〔Ω〕とリアクタンス X〔Ω〕の回路に交流電圧 100〔V〕を印加したとき，電流計は10〔A〕，電力計は 800〔W〕を示した．リアクタンス X〔Ω〕の値は． 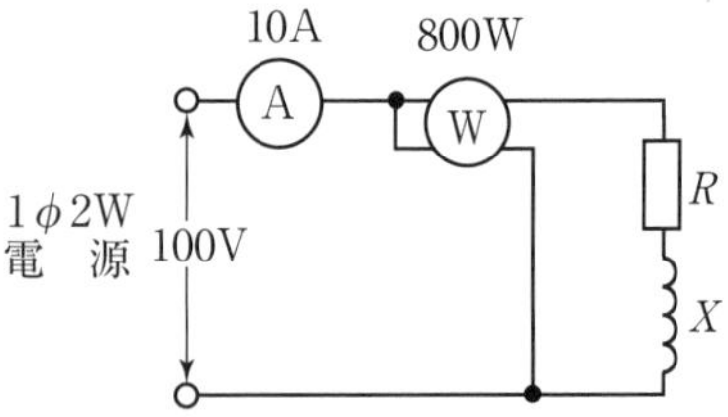	イ．4　　ロ．6　　ハ．8　　ニ．10
4	遅れ力率 80〔%〕，有効電力 100〔kW〕の負荷の無効電力〔kvar〕は．	イ．55　　ロ．75　　ハ．85　　ニ．105
5	図のような交流回路において，回路に流れる電流が 10〔A〕であるとき，回路の無効電力〔var〕は． 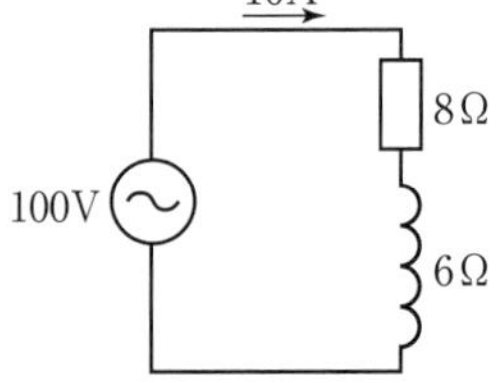	イ．300　　ロ．600　　ハ．900　　ニ．1200

	問　い	答　え			
6	図のような交流回路の力率〔%〕は． 1φ2W電源 60V, 5A, 15Ω, X〔Ω〕	イ．70	ロ．75	ハ．80	ニ．85
7	図のような交流回路の力率〔%〕は． 120V, 5A, R〔Ω〕, 40Ω	イ．60	ロ．70	ハ．80	ニ．90
8	図のような交流回路の力率〔%〕は． 3A, X, 4A, R	イ．60	ロ．70	ハ．80	ニ．90
9	図のような回路で抵抗 R〔Ω〕の端子電圧は 80〔V〕，回路に流れる電流は 5〔A〕であった．この回路の力率〔%〕は． 1φ2W電源 100V, 5A, X, R, 80V	イ．60	ロ．70	ハ．80	ニ．90
10	抵抗 R〔Ω〕と誘導リアクタンス X〔Ω〕が直列に接続された負荷に，直流電圧 100〔V〕を加えたとき，5〔A〕の電流が流れた．また，交流電圧 100〔V〕を加えたとき，2〔A〕の電流が流れた．このときの負荷の力率〔%〕は．	イ．40	ロ．50	ハ．60	ニ．80

	問 い	答 え
11	ある期間における有効電力量が4000〔kW·h〕，平均力率が0.8であった．この場合の無効電力量〔kvar·h〕は．	イ．1000　　ロ．3000　　ハ．3200　　ニ．3600
12	平均力率を測定するのに必要な計器の組合せは．	イ．電力計　　電力量計　　ロ．電力計　　最大需要電力計　　ハ．電力量計　　無効電力量計　　ニ．最大需要電力計　　無効電力量計

三相交流回路 1　　電気理論 9

Q
1. Y, △結線の電圧と電流
2. △結線をY結線に書き換える.
3. 三相回路の電圧や電流を計算する.

スタディポイント　Y(スター)結線の電圧・電流

図1の回路をY(スター)結線または星形結線という.

Y結線の電圧・電流

線間電圧$(V) = \sqrt{3} \times$相電圧(E)〔V〕

線電流$(I) =$相電流$(I') = \dfrac{V}{\sqrt{3}Z}$〔A〕

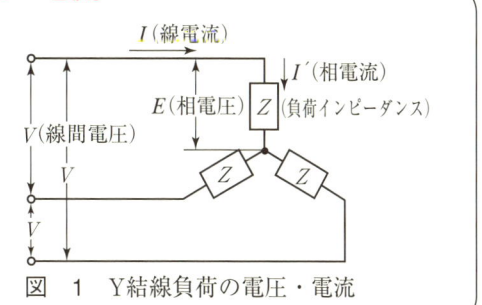

図1　Y結線負荷の電圧・電流

ドリル　三相交流の電圧はふつう「線間電圧」で表す. 負荷がY結線の場合, 一つの負荷に加わる電圧を「相電圧」といい, 三相電源の電圧が200Vであれば, 相電圧は$200/\sqrt{3} = 115.5$Vになる. 相電圧がわかれば, その相を流れる電流は(相電圧/相インピーダンス)で計算でき単相回路と同じになる.

スタディポイント　△(デルタ)結線の電圧・電流

図2の回路を△(デルタ)結線または三角結線という.

△結線の電圧・電流は,

線間電圧$(V) =$相電圧(E)〔V〕

線電流$(I) = \sqrt{3} \times$相電流$(I') = \dfrac{\sqrt{3}V}{Z}$〔A〕

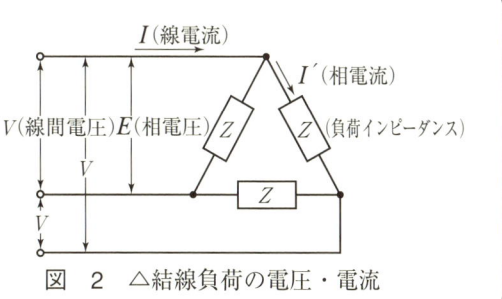

図2　△結線負荷の電圧・電流

ドリル　△結線では相電流の$\sqrt{3}$倍が線電流になる. 相電流が10Aであると線電流は$\sqrt{3} \times 10 = 17.3$Aとなる.

スタディポイント　△回路→Y回路への変換

図3(a)の△回路は同(b)図のY回路に変換できる.
Y回路で

$Z_a = \dfrac{Z_1 Z_2}{Z_1 + Z_2 + Z_3}$

$Z_b = \dfrac{Z_2 Z_3}{Z_1 + Z_2 + Z_3}$

$Z_c = \dfrac{Z_3 Z_1}{Z_1 + Z_2 + Z_3}$

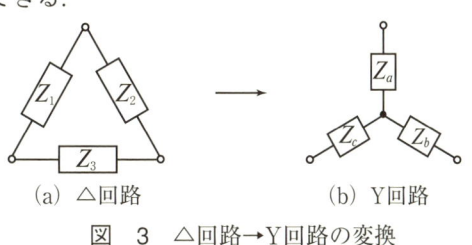

(a) △回路　　(b) Y回路

図3　△回路→Y回路の変換

$Z_1 = Z_2 = Z_3$ の場合は
$$Z_a = Z_b = Z_c = \frac{Z_1}{3}$$

ドリル Δ回路をY回路に書き換えると，三相のうち一相を取り出して単相回路として計算することができる．電力の場合にはこのようにして計算した結果を3倍すれば，三相の電力となる．

スタディポイント　三相回路の計算

Y 結線の場合

図1のY結線で線間電圧Vを相電圧$\frac{V}{\sqrt{3}}$にすると図4のような単相回路になる．線電流Iは，
$$I = \frac{V}{\sqrt{3}\,Z} \text{〔A〕}$$

図　4　Y結線の1相分回路

Δ 結線の場合

図2のΔ回路で一つの相のみに注目すると図5のような単相回路になる．相電流I'は，線間電圧＝相電圧 になるので
$$I' = \frac{V}{Z} \text{〔A〕}$$

線電流Iは
$$I = \sqrt{3}\,I' = \frac{\sqrt{3}\,V}{Z} \text{〔A〕}$$

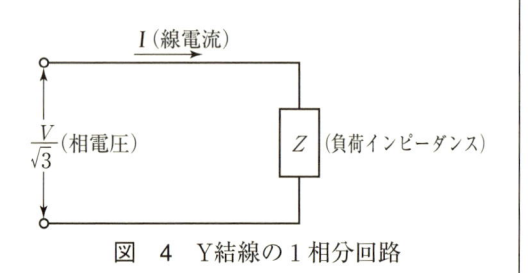

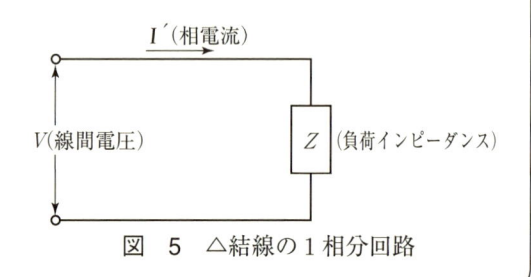

図　5　△結線の1相分回路

ドリル この方法は，三相各相のZが等しい場合にのみ適用できる．このような場合を三相負荷が平衡しているといい，各相や各線の電流の大きさは等しくなる．

Zはインピーダンスで，単相回路と同じく$Z = R + jX$として計算する．計算した電流値は三相回路での値そのもので，力率も三相回路の力率となる．また，電力はこの方法で求めた値の3倍が三相電力になる．

[練習問題]

	問 い	答 え
1	図のような三相交流回路に流れる電流 I の値〔A〕は. $3\phi3W$ 電源 6600V, 9Ω, 150Ω	イ. 24　　ロ. 27　　ハ. 42　　ニ. 47
2	図のように定格電圧 V〔kV〕, 定格容量 Q〔kvar〕の高圧進相コンデンサに三相交流電圧 V〔kV〕を加えたとき, 流れる電流 I〔A〕を示す式は.	イ. $\dfrac{Q}{3V}$　　ロ. $\dfrac{Q}{\sqrt{3}V}$　　ハ. $\dfrac{Q}{V}$　　ニ. $\dfrac{\sqrt{3}Q}{V}$
3	図のような線間電圧 V〔V〕, 周波数 f〔Hz〕の三相地中電線路がある. この電路の無負荷時における充電電流 I_C〔A〕は. ただし, C はケーブルの心線1線当たりの静電容量〔F〕である.	イ. $\dfrac{2\pi fC^2V}{\sqrt{3}}$　　ロ. $\dfrac{2\pi f^2CV}{\sqrt{3}}$　　ハ. $\dfrac{2\pi fCV^2}{\sqrt{3}}$　　ニ. $\dfrac{2\pi fCV}{\sqrt{3}}$
4	図のような三相交流回路の線電流 I の値〔A〕は. $3\phi3W$ 電源 200V, 6Ω, 8Ω	イ. 20　　ロ. 25　　ハ. 30　　ニ. 35
5	図のような三相交流回路に流れる電流 I の値〔A〕は. $3\phi3W$ 電源 200V, 12Ω, 16Ω	イ. 7.1　　ロ. 10.0　　ハ. 12.4　　ニ. 17.3

問い	答え
6　R〔Ω〕の抵抗3個をY結線して，三相交流電圧 200〔V〕を加えた場合，線電流は 10〔A〕であった．同じ抵抗 R〔Ω〕を Δ 結線にして，同じ三相交流電圧を加えた場合の線電流〔A〕は．	イ．10　　ロ．20　　ハ．30　　ニ．40
7　図のような三相交流回路の全消費電力が 3600〔W〕であった．線電流 I の値〔A〕は．	イ．5.8　　ロ．10.0　　ハ．17.3　　ニ．20.0
8　図Aの等価回路が図Bであるとき，図Bの抵抗 R〔Ω〕，リアクタンス X〔Ω〕の値は．	イ．$R=2$, $X=4$　　ロ．$R=3.5$, $X=6.9$　　ハ．$R=18$, $X=4$　　ニ．$R=18$, $X=36$
9　図のような Δ 結線の三相交流回路と等価なY結線の回路は．	イ．6Ω　　ロ．9Ω　　ハ．18Ω　　ニ．36Ω
10　図のような三相交流回路において，電流 I の値〔A〕は．	イ．$\dfrac{2V}{17\sqrt{3}}$　　ロ．$\dfrac{V}{5\sqrt{3}}$　　ハ．$\dfrac{V}{5}$　　ニ．$\dfrac{\sqrt{3}V}{5}$

三相交流回路 2 　電気理論 10

Q 1 三相回路の電力・電力量を計算する．
　　2 三相の1線が断線するとどうなるか．

スタディポイント　三相回路の電力・電力量

三相電力

V〔V〕を線間電圧，I〔A〕を線電流，$\cos\theta$ を力率とすると，三相電力 P〔W〕は

$$P = \sqrt{3} VI\cos\theta \text{〔W〕}$$

この計算式は，Y結線・Δ結線どちらにも成り立つ．
また，相電流を I'〔A〕とすると

$$P = 3I'^2 R \text{〔W〕}$$

で計算することもできる．

三相回路の電力量

単相回路とまったく同じ方法（電力×時間）で計算する．t を〔秒〕，h を〔時間〕とすると，

$$Pt = \sqrt{3} VI\cos\theta \cdot t \text{〔J〕}$$
$$Ph = \sqrt{3} VI\cos\theta \cdot h \text{〔W·h〕}$$

$P = 3I^2R$ の場合も t〔s〕，h〔h〕をかければ同じである．

ドリル　　相電圧を V'〔V〕，相電流を I'〔A〕，力率を $\cos\theta$ とすると，三相電力 P は

$$P = 3V'I'\cos\theta \text{〔W〕}$$

Y結線では，相電圧 $V'=$ 線間電圧 $V/\sqrt{3}$，相電流 $I'=$ 線電流 I であるから，

$$P = 3 \times \left(\frac{V}{\sqrt{3}}\right) \times I \times \cos\theta = \sqrt{3} VI\cos\theta \text{〔W〕}$$

Δ結線では，相電圧 $V'=$ 線間電圧 V，相電流 $I'=$ 線電流 $I/\sqrt{3}$ であるから，

$$P = 3 \times V \times \frac{I}{\sqrt{3}} \times \cos\theta = \sqrt{3} VI\cos\theta \text{〔W〕}$$

と同じ形になることがわかる．

スタディポイント　1線が断線すると

Y結線の1線断線

図1のY結線で1線が断線すると，
断線時の線電流 I は

$$I = \frac{V}{R+R} = \frac{V}{2R} \text{〔A〕}$$

断線時の消費電力 P は

$$P = I^2 \times (2R) = \frac{V^2}{2R} \text{〔W〕}$$

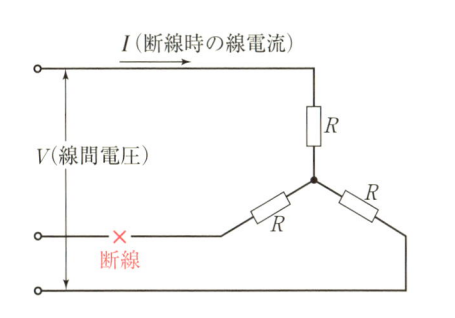

図 1　1線断線したY結線負荷

Δ 結線の 1 線断線

図 2 の Δ 結線で 1 線が断線すると

断線時の ab 端子間の合成抵抗は $\frac{2}{3}R$ であるから

断線時の線電流 I は

$$I = \frac{V}{\frac{2}{3}R} = \frac{3V}{2R} \ \text{[A]}$$

断線時の消費電力 P は

$$P = I^2\left(\frac{2}{3}R\right) = \frac{3V^2}{2R} \ \text{[W]}$$

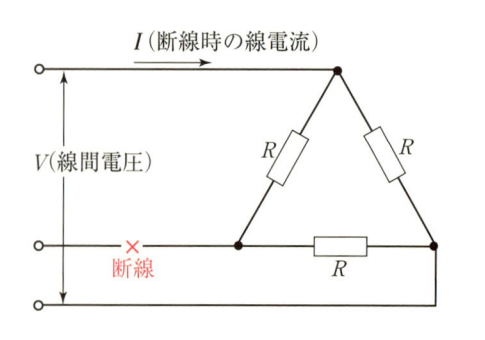

図 2　1 線断線した△結線負荷

ドリル　電源からの線が 1 線断線することは, 三相電源が単相電源になることである. 単相電源の 2 本の線の間につながれている抵抗の接続がどう変わるかが理解できれば, 解答は簡単である.

[練習問題]

	問 い	答 え
1	図のような三相交流回路の全消費電力〔W〕は． 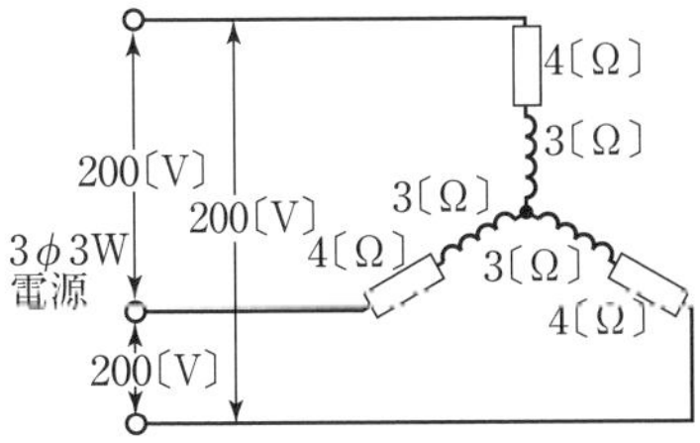	イ．3 700 ロ．4 800 ハ．6 400 ニ．8 000
2	図のような三相交流回路において，三相負荷の消費電力〔kW〕は． 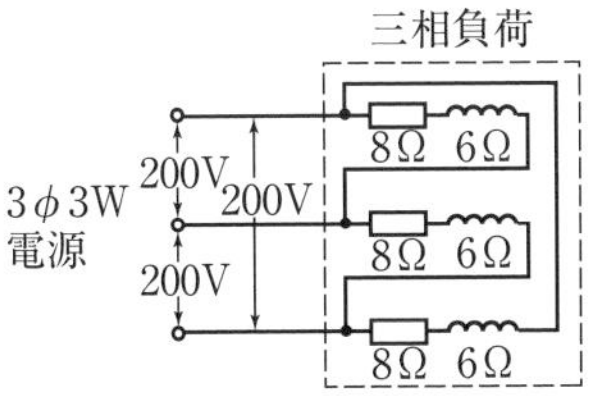	イ．3.2 ロ．7.2 ハ．9.6 ニ．12
3	図は電源電圧 V〔V〕，電源周波数 f〔Hz〕，三相コンデンサの1相当たりの静電容量 C〔F〕の三相交流回路である．三相コンデンサの進相容量（進相無効電力）〔var〕を示す式は． 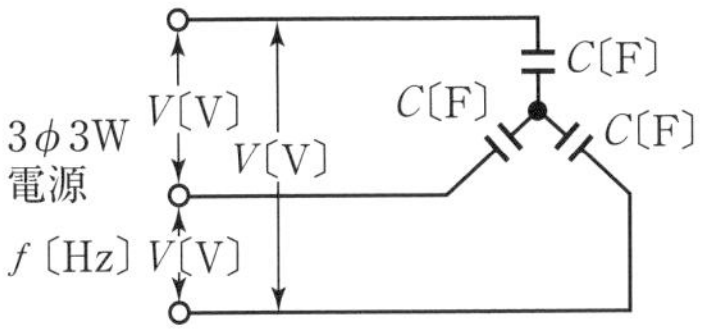	イ．$2\pi fCV^2$ ロ．$3\pi fC^2V$ ハ．$4\pi fCV$ ニ．$5\pi fCV$
4	図のような三相交流回路において，図中の×点において断線した場合，電流 I_c は，断線前の何倍になるか． 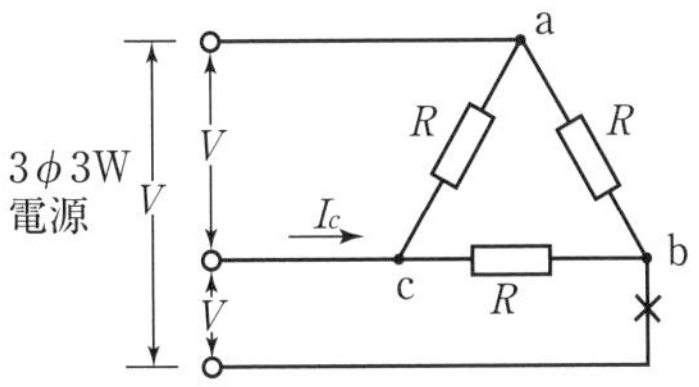	イ．$\dfrac{1}{3}$ ロ．$\dfrac{1}{2}$ ハ．$\dfrac{1}{\sqrt{3}}$ ニ．$\dfrac{\sqrt{3}}{2}$

	問 い	答 え
5	三相交流電源に図のような負荷を接続したときの電流計の指示を I_1、C相のヒューズが溶断した状態での電流計の指示を I_2 とするとき、I_2/I_1 の値は。ただし、負荷の抵抗値及び電源電圧は変わらないものとする。 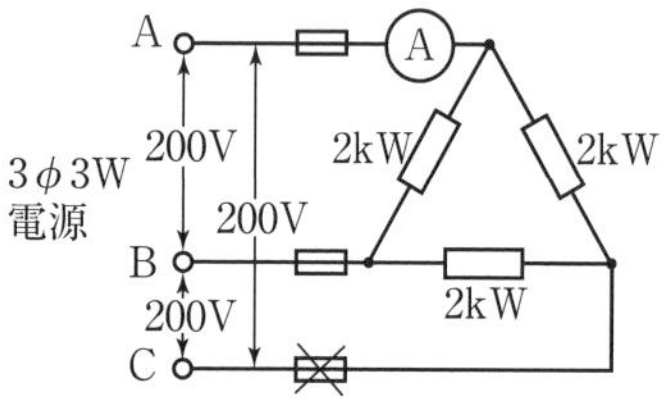 3φ3W電源 200V A-B-C, 200V, 2kW×3 Δ結線	イ. 0.87　　ロ. 0.95　　ハ. 1.0　　ニ. 1.25
6	図のような三相交流回路において、三相抵抗負荷の消費電力は30〔kW〕である。図中の×印点で断線した場合の負荷の消費電力〔kW〕は。 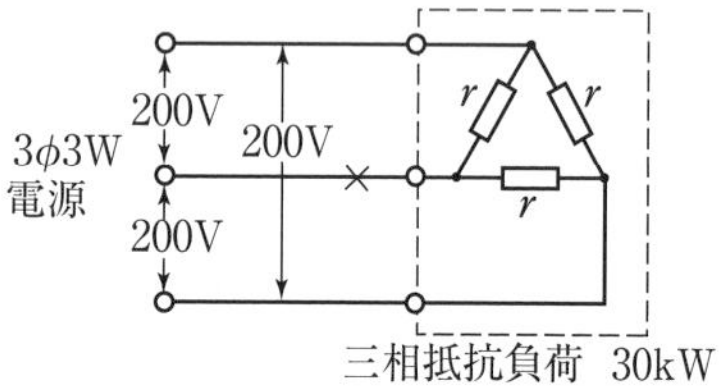 3φ3W電源 200V　三相抵抗負荷 30kW	イ. 5　　ロ. 10　　ハ. 15　　ニ. 20

電気計測 1　　電気理論 11

Q
1. 電気計器の種類と記号を読む．
2. 計器の誤差と補正
3. 電気計器はどう接続するか．

スタディポイント　計器の種類と記号

計器の目盛板には次のような記号が示されていて，その計器の特性や使い方がわかる．

表 1　動作原理の記号

種　類	記　号	回　路	動　作　原　理
永久磁石可動コイル形計器	⌒	直	固定永久磁石の磁界と，可動コイルに流れる直流電流との間に生じる力により，可動コイルを駆動させる方式．
可動鉄片形計器	≢	交(直)	固定コイルに流れる電流の磁界と，その磁界によって磁化された可動鉄片との間に生じる力により，可動鉄片を駆動させる方式．
電流力計形計器　空心	╬	交直	固定コイルに流れる電流の磁界と，可動コイルに流れる電流との間に生じる力により，可動コイルを駆動させる方式．
電流力計形計器　鉄心入	⊕		
静電形計器	⊥	交直	固定電極と可動電極との間に生じる静電力によって可動電極を駆動させる方式．
誘導形計器	⊙	交	交流電磁石による回転磁界または移動磁界と，その磁界によって可動導体中に誘導される渦電流との間に生じる力により，可動導体を駆動させる方式．
振動片形計器	⊻	交	固定コイルに流れる交流電極の電磁力により，振動片を共振させる方式．
整流形	▶︎	交	交流電流または電圧を測定するために，整流器，ダイオードなどを用いて交流電流を直流に変換し，可動コイル形計器に指示させる方式．
熱電対　非絶縁	⋋	交直	ヒータに流れる電流によって熱せられた熱電対に生じる起電力を可動コイル形計器で指示させる方式．
熱電対　絶縁	⋎		

※ 整流器，熱電対は計器に使用されているデバイスを表す．

表 2　階級と許容差

階級	許容差 (最大目盛値に対する%)
0.2 級	±0.2
0.5 級	±0.5
1.0 級	±1.0
1.5 級	±1.5
2.5 級	±2.5

表 3　適用回路と計器の置き方の記号

種　類	記　号	種　類	記　号
直流用	───	鉛直形	⊥
交流用	∿	水平形	⊓
交直両用	≈	傾斜形	∠60°
平衡三相用	3～†		

スタディポイント　誤差と補正

計器の指示値：M, 真の値：T とすると

誤差　$\varepsilon = M - T$

%誤差　$\varepsilon_0 = \dfrac{M-T}{T} \times 100$ 〔%〕

補正　$a = T - M$

%補正　$\alpha_0 = \dfrac{T-M}{M} \times 100$ 〔%〕

スタディポイント　電気計器の接続

電圧計　負荷に並列に接続
電流計　負荷に直列に接続
電力計　電圧コイルは負荷に並列
　　　　電流コイルは負荷に直列
接続の例は図1に示す.

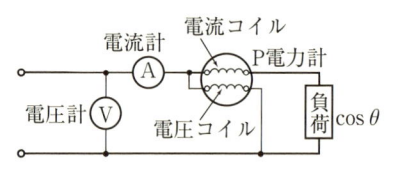

図　1　電気計器の接続

ドリル　力率は, 力率計によるか, 図1の接続で $\cos\theta = \dfrac{P}{V \times A}$ として求める.

[練習問題]

	問　い	答　え
1	誘導形電力量計の動作原理を示すJIS記号として, 正しいものは.	イ. ロ. ハ. ニ.
2	指示電気計器の動作原理を示す記号のうち, 交流回路に使用できないものは.	イ.（可動コイル形）　ロ.（整流形）　ハ.（可動鉄片形）　ニ.（誘導形）

電気計測2 電気理論 12

Q 1 電圧計の測定範囲を拡大するには．
2 電流計の測定範囲を拡大するには．

スタディポイント　直流電圧計（倍率器）

図1のように計器に直列に抵抗をつないで，電圧計にかかる電圧を低下させる．

計器の内部抵抗を r_v，外部につなぐ抵抗を R とすると，電圧計にかかる電圧 v は

$$v = V \times \frac{r_v}{r_v + R}$$

計器の指示値が v のとき，測定電圧 V は

$$V = v \times \frac{r_v + R}{r_v}$$

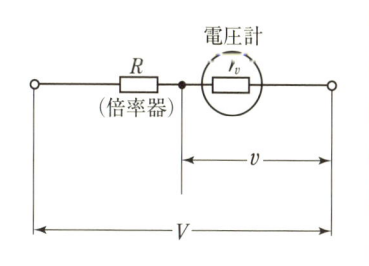

図 1　倍率器の接続

ドリル　測定範囲を拡大するために外部につなぐ抵抗を「倍率器」という．
　計器の測定範囲の100倍の電圧を測るために接続する抵抗は，内部抵抗の（倍率－1）＝100－1＝99倍にする．
　計器の内部抵抗が10〔kΩ〕とすると，$R = 10 \times (100 - 1) = 990$〔kΩ〕となる．

スタディポイント　直流電流計（分流器）

図2のように計器に並列に抵抗をつないで，そちらに多くの電流を流し電流計に流れる電流を測定範囲に入るようにする．

計器の内部抵抗を r_a，並列につなぐ抵抗を R とすると，電流計に流れる電流 i は

$$i = I \times \frac{R}{R + r_a}$$

計器の指示値が i のとき，回路を流れる電流 I は

$$I = i \times \frac{r_a + R}{R}$$

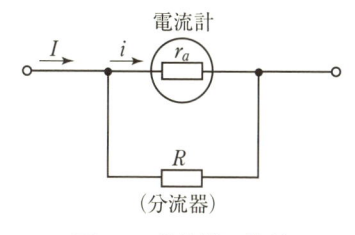

図 2　分流器の接続

ドリル　並列に接続する外部抵抗を「分流器」という．この抵抗値は，r_a の1/(倍率－1)倍のものになる．
　1Aの電流計で100Aの電流を測定するには，r_a を1Ωとすると外部に接続する抵抗は r_a の1/(100－1)＝1/99倍の 1×(1/99)≒0.01Ω となる．

[練習問題]

	問い	答え
1	最大目盛が 3〔V〕，内部抵抗が 30〔kΩ〕の電圧計の測定範囲を最大 300〔V〕に拡大したい．必要な倍率器の抵抗値〔kΩ〕は．	イ．2970　　ロ．3000　　ハ．3030　　ニ．3060
2	図のように，最大目盛 20〔mA〕，内部抵抗 9〔Ω〕の電流計に 1〔Ω〕の抵抗を分流器として接続した場合，測定できる電流の最大値〔mA〕は．	イ．100　　ロ．200　　ハ．300　　ニ．400
3	図のように，最大目盛 50〔mA〕，内部抵抗 3〔Ω〕の電流計と分流器を用いて，線路電流を測定する．線路電流 2〔A〕が流れたときに電流計の指示値が 50〔mA〕を示すための分流器の抵抗値〔Ω〕は．	イ．0.074　　ロ．0.075　　ハ．0.077　　ニ．0.080
4	図のような回路において，回路電流 I_0 が流れたとき，電流計は I〔A〕を指示した．分流器の抵抗 R〔Ω〕は．ただし，電流計の内部抵抗は r〔Ω〕とする．	イ．$\dfrac{I}{I_0-I}\cdot r$　　ロ．$\dfrac{I_0}{I_0-I}\cdot r$ ハ．$\dfrac{I_0-I}{I}\cdot r$　　ニ．$\dfrac{I_0-I}{I_0}\cdot r$

電気計測3　　電気理論 13

Q
1. VT，CT はどう使用するか．
2. 三相電力を二つの電力計で測定する．
3. 電力量計の計器定数とは．

スタディポイント　*VT, CT の使用*

VT は高電圧の測定に，CT は大電流の測定に使用される．それぞれの回路への接続は図1，図2 に示す．

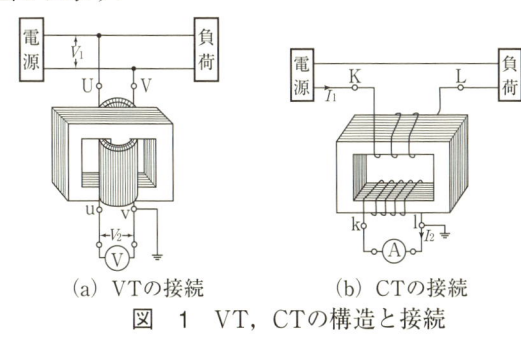

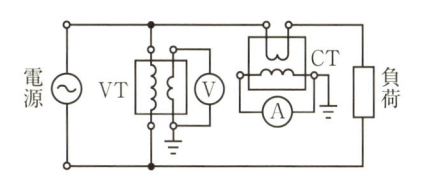

(a) VT の接続　　(b) CT の接続

図 1　VT，CT の構造と接続

図 2　VT，CT の回路への接続

表 1　VT と CT の使い方のちがい

	VT	CT
一次側	主回路に並列	主回路に直列
二次接続負荷	電圧計	電流計（5A，1A）
二次誘起電圧	定格電圧（110V，100V）	低電圧
使用上の注意	二次側は短絡しないこと	二次側は開放しないこと

ドリル　VT は二次に電圧計など高インピーダンスの負荷を，CT は電流計など低インピーダンスの負荷を接続する．とくに CT 二次の取扱いには注意し，計器の取付けや取外しは，必ず二次側を短絡してから行う．CT 二次に接続される負荷を「負担」という．

VT や CT の「変成比」は，二次側が 100V または 5A となるように一次のタップを選ぶ．

VT と CT を一つにまとめた VCT があり，高圧受電設備の電力会社との分界点に設置される．これは「MOF」と呼ばれ，取引用の受電電力や電力量を測定するのに用いられる．

スタディポイント　三相電力の測定—2電力計法

2個の単相電力計により三相電力を測定する方法で，接続は図3に示す．

W_1 と W_2 の指示の和が三相電力となる．

$$W = W_1 + W_2$$
$$= VI_1 \cos(\theta + 30°) + VI_3 \cos(\theta - 30°)$$
$$= \sqrt{3}\, VI \cos\theta$$

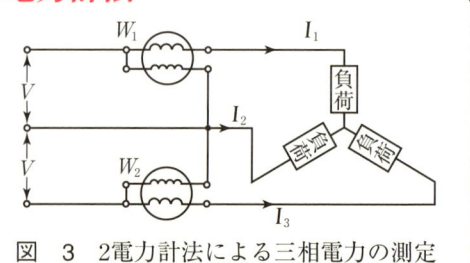

図 3　2電力計法による三相電力の測定

ドリル　この場合は電圧も負荷も平衡しているもの，$V_1 = V_2 = V_3 = V$，$I_1 = I_2 = I_3 = I$ として計算したが，負荷が不平衡の場合でもこの測定法は利用できる．

負荷力率角が30°より小さくなると，W_2 の指示はマイナスになる．

スタディポイント　電力量計の計器定数

電力量計は使用電力を時間的に積算して指示する計器で，指示は〔kW·h〕である．負荷電流により移動磁界を発生させてアルミニウムなどで作られた円板を回転させ，その回転数を積算して電力量とする．

計器定数　計器の性能を表す定数で，円板が何回転すると計量装置が 1kW·h を指示するかの値〔$kW^{-1} \cdot h^{-1}$〕を示す．単相2線式100V，30Aの普通計器で1000または1200〔$kW^{-1} \cdot h^{-1}$〕である．なお，以前は〔$kW^{-1} \cdot h^{-1}$〕は〔rev/kW·h〕で表されていた．

[練習問題]

	問　　　い	答　　　え
1	図のような三相交流回路において，電力計 W_1 は 0 〔W〕，電力計 W_2 は 1000 〔W〕を指示した．この三相負荷の消費電力の値〔W〕は．	イ．500　　　ロ．1000　　　ハ．2000　　　ニ．3000
2	計器定数（1〔kW·h〕当たりの円板の回転数）が 1500〔rev/kW·h〕の電力量計を用いて負荷の電力量を測定している．円板が 10 回転するのに 12〔s〕かかった．このときの負荷の平均消費電力〔kW〕は．	イ．1　　　ロ．2　　　ハ．3　　　ニ．4
3	交流回路に接続された誘導形電力量計の回転子円板の速度を測ったところ，10 回転するのに 36〔s〕を要した．電力量計の計器定数（1〔kW·h〕当たりの円板の回転数を表す定数）の表示が $1000\,\text{rev/kW·h}$ であるときの負荷電力〔kW〕は．	イ．1　　　ロ．2　　　ハ．3　　　ニ．4

配電理論

2

- 負荷の変動と設備容量
- 配電方式
- 単相3線式配電
- 配電線の電圧降下計算
- 配電線の電力損失計算
- 配電線の力率改善
- 短絡電流と遮断容量

負荷の変動と設備容量

配電理論 1

Q 1 需要率，不等率，負荷率とは．
2 損失係数，設備利用率とは．

スタディポイント　需要率とは

$$需要率 = \frac{最大需要電力}{設備容量} \times 100 \; [\%]$$

この値はふつう 1.0 以下である．

ある期間の需要率がわかると，設備容量から最大需要電力が計算でき，受電設備の所要容量が求められる．

スタディポイント　不等率とは

$$不等率 = \frac{各負荷の最大需要電力の和}{合成した負荷の最大需要電力}$$

この値は 1.0 より大きくなり，1.2，1.4 のように数値で表す．

受電変圧器の最大負荷を求めるには，各幹線の最大需要電力の和を，幹線間の不等率で割ればよい．この値が大きいほど，変圧器が能率よく使用されていることになる．

スタディポイント　負荷率とは

$$負荷率 = \frac{負荷の平均電力}{負荷の最大電力} \times 100 \; [\%]$$

平均値を求める期間のとり方に，1 日，1 ケ月，1 年などがあり，それぞれ，日負荷率，月負荷率，年負荷率という．また，この値の大きいほど，その負荷に対する供給設備は有効に利用されていることになる．

スタディポイント　損失係数とは

$$損失係数 = \frac{平均損失電力}{最大負荷時の損失電力} \times 100 \; [\%]$$

損失電力は，変圧器と線路の抵抗損が大部分で，最大負荷時の損失電力と損失係数がわかれば，平均損失電力がわかり，ある期間の損失電力量が計算できる．

スタディポイント　設備利用率とは

$$設備利用率 = \frac{合成最大電力}{設備容量} \times 100 \; [\%]$$

設備がどの程度有効に利用されているかを示す数値である．この値が 100% であれば，設備はまったくむだなく利用されていることになる．

[練習問題]

	問 い	答 え
1	ある需要家の設備容量が A〔kW〕，最大需要電力が B〔kW〕，平均電力が C〔kW〕であるとき，需要率〔％〕を示す式は．	イ．$\dfrac{C}{A}\times100$　　ロ．$\dfrac{B}{A}\times100$　　ハ．$\dfrac{C}{B}\times100$　　ニ．$\dfrac{A}{B}\times100$
2	負荷設備の合計容量が 150〔kV・A〕，平均力率が 80〔％〕，需要率が 40〔％〕の工場がある．この工場の最大需要電力〔kW〕として適当なものは．	イ．48　　ロ．75　　ハ．120　　ニ．150
3	最大需要電力 160〔kW〕の A 工場と，最大需要電力 100〔kW〕の B 工場に電力を供給している配電線がある．A 工場と B 工場間の不等率を 1.3 とすると，この配電線が供給する最大電力〔kW〕は．	イ．180　　ロ．200　　ハ．260　　ニ．290
4	設備容量 4〔kW〕の需要家が 10 軒，5〔kW〕の需要家が 2 軒ある．各需要家の需要率が 50〔％〕，力率が 100〔％〕であり，需要家間の不等率が 1.25 であるとき，これらの需要家の負荷を総合したときの最大需要電力〔kW〕は．	イ．20　　ロ．25　　ハ．30　　ニ．35
5	最大需要電力 A〔kW〕，設備容量 B〔kW〕，平均電力 C〔kW〕であるとき，負荷率〔％〕を示す式は．	イ．$\dfrac{B}{A}\times100$　　ロ．$\dfrac{C}{A}\times100$　　ハ．$\dfrac{A}{B}\times100$　　ニ．$\dfrac{C}{B}\times100$
6	図のような日負荷曲線を有する負荷に電力を供給している受電設備における日負荷率〔％〕は．	イ．40　　ロ．50　　ハ．60　　ニ．70
7	最大需要電力 400〔kW〕，1 カ月（30 日）の使用電力量 72 000〔kW・h〕の需要設備の月負荷率〔％〕は．	イ．20　　ロ．25　　ハ．30　　ニ．35
8	負荷設備の合計が 500〔kW〕の工場がある．ある月の需要率が 40〔％〕，負荷率が 50〔％〕であった．この工場のその月の平均需要電力〔kW〕は．	イ．100　　ロ．200　　ハ．300　　ニ．400

配電方式

配電理論 2

Q 1 配電方式とその特徴は.
2 いろいろな配電方式を比較する.

スタディポイント　配電方式と特徴

工場やビル，一般家庭などで使用されている低圧配電の方式を比較説明する.

1　単相2線式配電

電灯や電熱器などの単相負荷に供給する基本方式である.

図1のような簡単な構成で，工事や保守が容易に行えるが，単相3線式に比べ，同じ電力を送る場合，電力損失や電圧降下が大きく，電力損失や電圧降下を同じにすると太い電線が必要になるので，減少の傾向にある．

図　1　単相2線式配電

2　単相3線式配電

電灯や空調機に供給する方式としてもっとも広く採用されている．図2のような単相2線式を二つ組み合わせた形で，100/200〔V〕が標準で中性線は変圧器の箇所で接地されている．対地電圧は単相2線式と同じ100Vであるが，負荷が平衡している場合，電力損失は 1/4，電圧降下も 1/4 になり，200V負荷にも供給できる利点がある．

負荷の不平衡により両側の電圧が不平衡になるのを防止するために，線路の末端にバランサが設置されている．

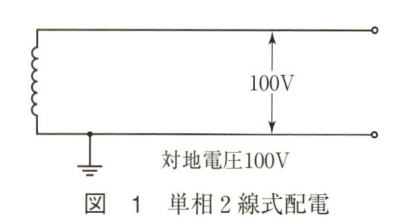

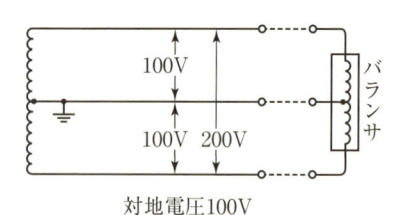

図　2　単相3線式配電

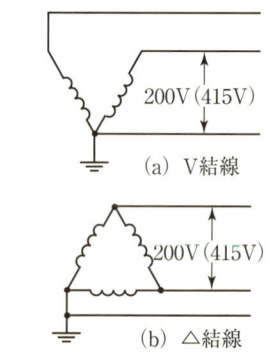

3　三相3線式配電

図3のような方式で，主として動力用に使用される．電圧は200Vまたは415Vで，415Vは400V機器用である．ふつうは図(a)のV結線が使用されるが，負荷容量が大きい場合は図(b)のΔ結線が使用される．

図　3　三相3線式配電

4　三相4線式配電

図4のような方式で，電圧は 240/415〔V〕である．単相負荷と三相負荷が混在する場合に適当な方式で，負荷機器の定格電圧は，230V および 400V である．

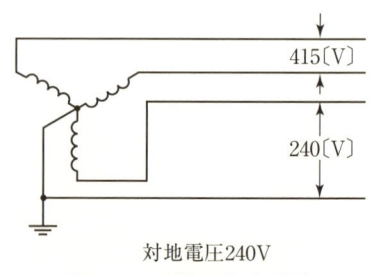

図　4　三相4線式配電

スタディポイント　配電方式を比較する

　上記の配電方式を，同じ太さ・長さの電線を使用するとして比較すると**表1**のようになる．
　電圧上昇とともに電圧降下・電力損失ともに減少するのは当然であるが，単相2線式と単相3線式を比較すると，同じ電圧で電圧降下・電力損失とも1/4に減少し，単相3線式のすぐれていることがよく分かる．

表　1　配電方式の比較

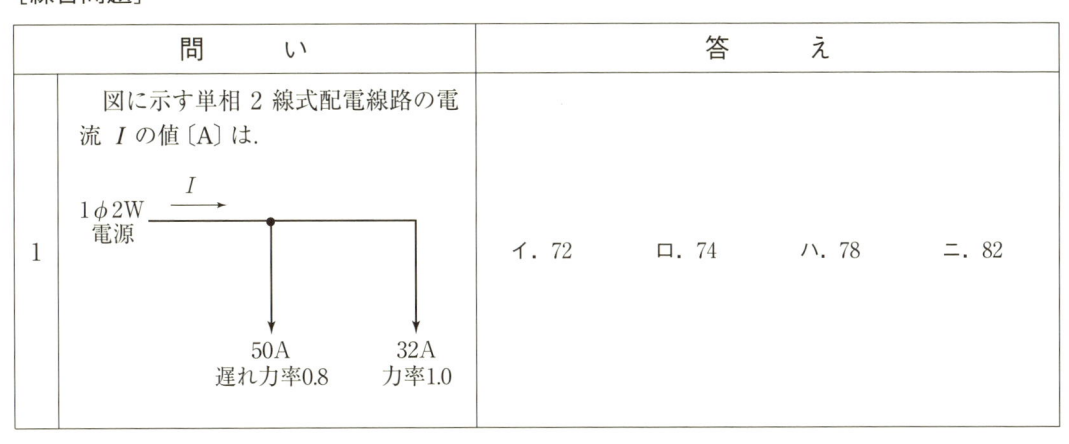

項目　　　　配電方式	電線条数	送電電力同一			線電流同一	
		線電流	電圧降下	電力損失	送電電力	1条あたり送電電力
100V 単相2線式	2	1	1	1	1	1
100/200V 単相3線式	3	$\frac{1}{2}$	$\frac{1}{4}$	$\frac{1}{4}$	2	$\frac{4}{3}$
200V 三相3線式	3	$\frac{1}{2\sqrt{3}}$	$\frac{1}{4}$	$\frac{1}{8}$	$2\sqrt{3}$	$\frac{4}{\sqrt{3}}$
400V 三相3線式	3	$\frac{1}{4\sqrt{3}}$	$\frac{1}{8}$	$\frac{1}{32}$	$4\sqrt{3}$	$\frac{8}{\sqrt{3}}$
230/400V 三相4線式	4	$\frac{1}{4\sqrt{3}}$	$\frac{1}{8}$	$\frac{1}{32}$	$4\sqrt{3}$	$2\sqrt{3}$

[練習問題]

	問　い	答　え
1	図に示す単相2線式配電線路の電流 I の値〔A〕は． 1φ2W電源 → I 50A 遅れ力率0.8　　32A 力率1.0	イ．72　　ロ．74　　ハ．78　　ニ．82

単相3線式配電

配電理論 3

Q
1. 単相3線式配電の構成は．
2. 単相3線式で電流はどう流れるか．
3. 単相3線式の電圧降下と電力損失を計算する．
4. 中性線が断線するとどうなるか．

スタディポイント　単相3線式配電の構成

1. 図1のように電圧線2本と接地線1本の3本の線で構成されている．
2. 電圧線の対地電圧は100V，外線間の電圧は200Vで，100V負荷と200V負荷に供給できる．
3. 中性線は接地されていて対地電圧は0V，両外線と中性線間の負荷が同じであれば，中性線には電流は流れない．
4. 中性線が必ず接地されていることが重要で，これが断線すれば，両外線と中性線の間にかかる電圧は不平衡になる．中性線にはヒューズなどの遮断器を入れることは禁止．
5. 色別電線を使用する場合，赤線・黒線は電圧線，白線は接地線に使用．

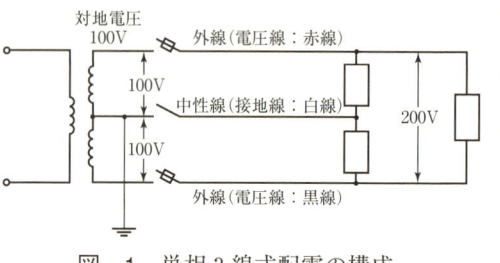

図 1　単相3線式配電の構成

スタディポイント　単相3線式に流れる電流

図2のように力率100%の負荷（抵抗負荷）に供給している場合，
100V負荷　P_1〔kW〕: 電流 I_1〔A〕　P_2〔kW〕: 電流 I_2〔A〕
200V負荷　P_3〔kW〕: 電流 I_3〔A〕
とすると，両外線には (I_1+I_3)〔A〕，(I_2+I_3)〔A〕の電流が流れ，中性線には両外線電流の差である (I_1-I_2)〔A〕の電流が流れる．両負荷が平衡している場合，$P_1=P_2$ であるから，$I_1=I_2$ となり中性線には電流は流れない．

$$I_1 = P_1 \times \frac{10^3}{100} = 10P_1 \text{〔A〕}$$

$$I_2 = P_2 \times \frac{10^3}{100} = 10P_2 \text{〔A〕}$$

$$I_3 = P_3 \times \frac{10^3}{200} = 5P_3 \text{〔A〕}$$

図 2　単相3線式の電流

ドリル　一般に，両外線の負荷は等しくない，不平衡であるのが普通である．このため両外線と中性線との間の電圧は不平衡になり，負荷機器に定格電圧よりずれた電圧がかかることになる．この電圧不平衡を是正するために線路の末端にバランサを設置する．バランサは変圧比1：1の単巻変圧器で外線の電流の差に比例する電圧を外線電圧に加減して電圧を平衡させる．

スタディポイント　電圧降下と電力損失

単相2線式，単相3線式，三相3線式の電圧降下と電力損失を比較する．ここでは，負荷は力率100%の抵抗負荷とする．

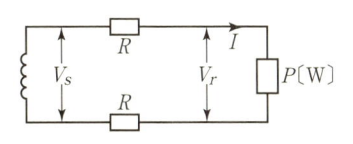

1　単相2線式

電圧降下　$e = V_s - V_r = 2IR$ 〔V〕

電力損失　$P_l = 2I^2R$ 〔W〕

図3　単相2線式の電圧と電流

2　単相3線式

電圧降下　$e_1 = V_s - V_{r1} = I_1R + (I_1 - I_2)R_n$ 〔V〕

$e_2 = V_s - V_{r2} = -(I_1 - I_2)R_n + I_2R$ 〔V〕

電力損失　$P_{l1} = RI_1^2 + R_n(I_1 - I_2)^2$ 〔W〕

$P_{l2} = RI_2^2 + R_n(I_1 - I_2)^2$ 〔W〕

平衡負荷のときは，$e_1 = e_2$ で，$V_{r1} = V_{r2}$ となる．
また，電力損失は $I_1 = I_2$ であるから，

$P = P_{l1} + P_{l2} = 2RI_1^2$ 〔W〕

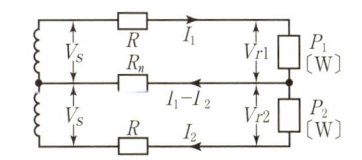

図4　単相3線式の電圧と電流

3　三相3線式

電圧降下　$e = V_s - V_r = \sqrt{3}RI$ 〔V〕

電力損失　$P_l = 3I^2R$ 〔W〕

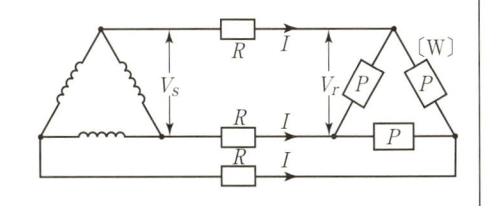

図5　三相3線式の電圧と電流

ドリル　単相2線式では，電圧降下・電力損失は往復2線に生じることに注意．
　単相3線式では，不平衡負荷の場合は，中性線に電流が流れ電力損失が生じる．また，電圧降下は電流の方向を考え，一方には電圧降下となるが，他方には電圧上昇として働くことに注意．
　三相3線式では，電圧降下は線間で表すから $\sqrt{3}$ をかけることを忘れないように．また，電力損失は3線で発生するので，1線あたりの損失を3倍する．

スタディポイント　単相3線式中性線の電流

図6(a)のような大きさ・力率の異なる負荷の場合の中性線電流を求める．負荷の一つの力率は1.0(100%)，他は $\cos\theta$ とする．図より外線の電流 I_1 より $\theta°$ 遅れて I_2 が流れるので，中性線を流れる電流 I_n は I_1 と I_2 のベクトル差になり，(b)図に示すような電流となる．

$I_n = I_1 - I_2$
$= I_1 - (I_2\cos\theta - jI_2\sin\theta)$
$= I_1 - I_2\cos\theta + jI_2\sin\theta$

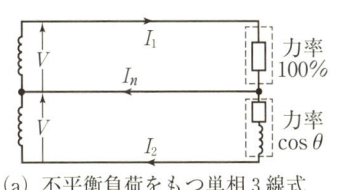

(a) 不平衡負荷をもつ単相3線式

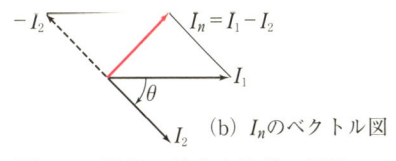

(b) I_n のベクトル図

図6　単相3線式中性線の電流

ドリル　この計算はよく出題されているので要注意である．
　負荷インピーダンスの絶対値が等しく同じ大きさの電流が流れている場合でも，この図のように力率が異なれば電流の位相が異なるので，そのベクトル差の電流が中性線を流れる．
　(b)図のベクトル図は，I_2 をスタートに $-I_2$ を作図し I_1 と合成したものである．

スタディポイント　中性線の断線

中性線が断線すると，断線点以降では接地の機能がなくなり，負荷は単相200Vの電源に直列に接続されることになる．図7の×点で断線すると，電線の抵抗などを0とすれば $V_A = V_B$ であった電圧が次のように変化する．

$$V_A = 200 \times \frac{P_B}{P_A + P_B} \text{[V]}$$

$$V_B = 200 \times \frac{P_A}{P_A + P_B} \text{[V]}$$

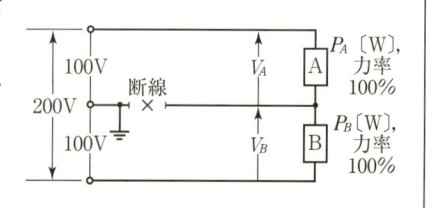

図7　中性線の断線

電圧200Vが，A，Bの負荷容量〔W〕に逆比例して配分される．断線により大きな負荷には低い電圧が，小さな負荷には高い電圧がかかることになる．

ドリル　負荷容量の大きいことは大きな電流が流れることで，抵抗値は低くなる．逆に容量の小さいことは抵抗値の高いことで，これらが直列に接続されると高抵抗の方により高い電圧が，低抵抗の方に低い電圧がかかることになる．
このような状態の電圧不平衡にバランサが大きな効果を発揮する．

[練習問題]

	問　　い	答　　え
1	200/100〔V〕単相3線式配電線路に関する記述として誤っているものは．	イ．使用電圧が200〔V〕であっても，対地電圧は100〔V〕である． ロ．負荷が完全に平衡していれば，中性線における電力損失は零である． ハ．中性線が断線すると，単相100〔V〕負荷の端子電圧が異常に高くなることがある． ニ．中性線は接地し，中性線にはヒューズを入れなければならない．
2	図のような配電線路において，変圧器の一次電流 I の値〔A〕は． ただし，変圧器と配電線路の損失及び変圧器の励磁電流は無視するものとする．	イ．0.7　　ロ．1.0　　ハ．1.5　　ニ．2.0
3	図のような単相3線式回路で，抵抗負荷 R_1 には50〔A〕，抵抗負荷 R_2 には70〔A〕の電流が流れている．変圧器の一次側に流れる電流 I の値〔A〕は． ただし，変圧器の励磁電流と損失は無視するものとする．	イ．0.8　　ロ．1.2　　ハ．2.0　　ニ．4.0

	問 い	答 え
4	図aのような単相3線式電路と,図bのような単相2線式電路がある.図aの1線当たりの供給電力は,図bの1線当たりの供給電力の何倍か.	イ. $\dfrac{1}{3}$　ロ. $\dfrac{2}{3}$　ハ. $\dfrac{4}{3}$　ニ. $\dfrac{5}{3}$
5	図のような単相3線式電路の中性線に流れる電流 I_N の値〔A〕は.ただし,負荷Aは電流20〔A〕,力率100〔%〕とし,負荷Bは電流20〔A〕,遅れ力率50〔%〕とする. 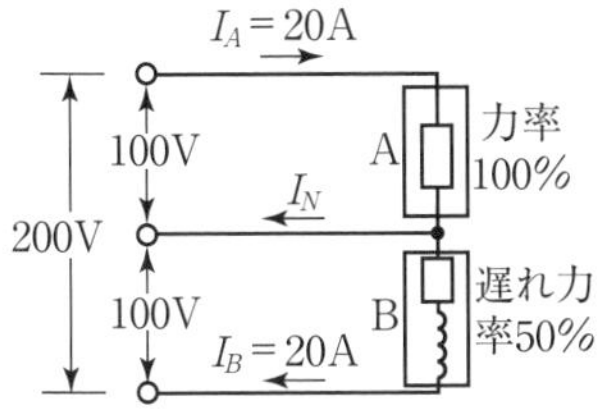	イ. 10　ロ. 20　ハ. 30　ニ. 40
6	図のような単相3線式配電線路において,中性線に流れる電流 I_N の値〔A〕は. 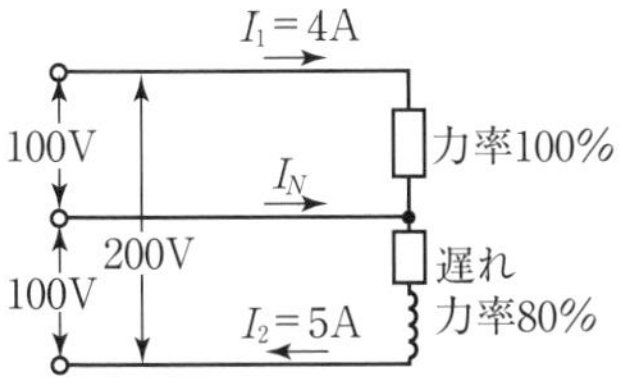	イ. 2.5　ロ. 3.0　ハ. 3.5　ニ. 4.0

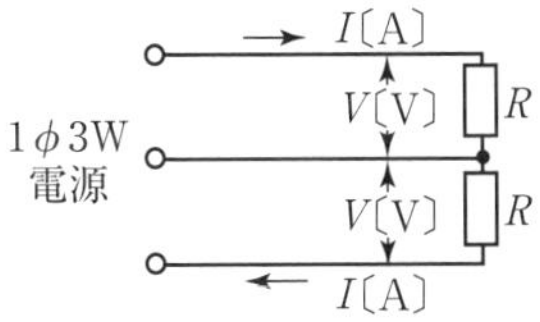

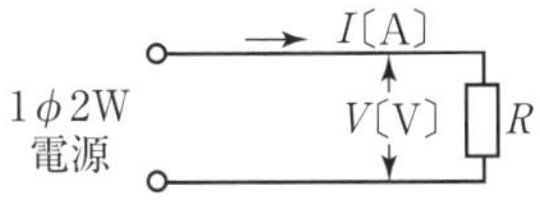

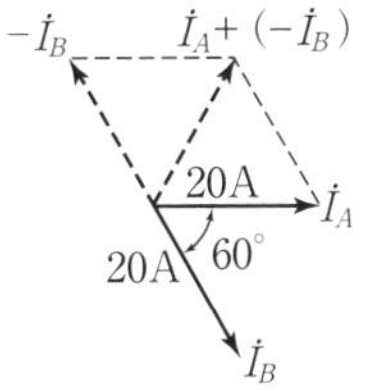

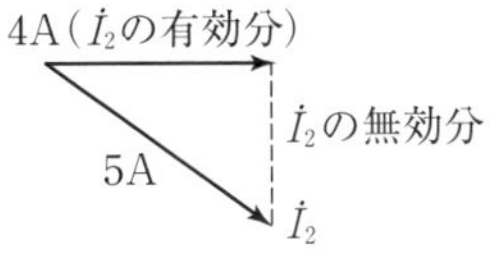

問 い	答 え
7　図のような単相3線式電路（電圧210/105〔V〕）において，抵抗負荷 A，B，C を使用中に，図中の×印点 P で中性線が断線した場合，抵抗負荷 A に加わる電圧〔V〕は． 　ただし，どの配線用遮断器も動作しなかったとする． 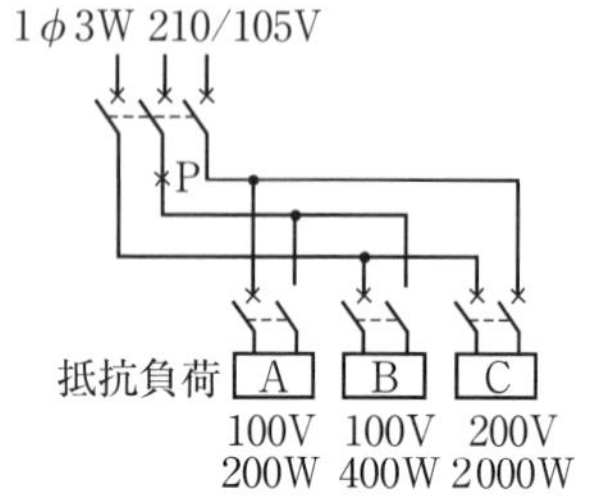 　1φ3W 210/105V 　抵抗負荷 A　B　C 　　100V 100V 200V 　　200W 400W 2000W	イ．60　　ロ．140　　ハ．160　　ニ．200
8　図のような回路で，$R = 10〔\Omega〕$ の4つの負荷に電力を供給している．二次側×印の箇所で断線した場合の負荷電力〔kW〕は． 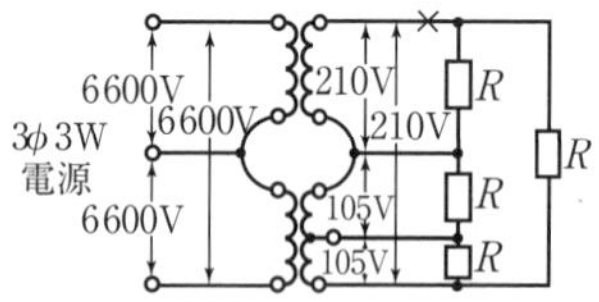 　3φ3W 電源 6600V　210V/210V/105V/105V	イ．2.21　　ロ．4.41　　ハ．6.62　　ニ．8.82

配電線の電圧降下計算

配電理論 4

Q
1. 配電線の電圧降下と力率の関係は.
2. 単相3線式の電圧降下を計算する.

スタディポイント　負荷力率を考えた配電線の電圧降下

電線1本の電圧降下

送電端電圧 E_s の近似式は,

$$E_s \fallingdotseq E_r + I(R\cos\theta + X\sin\theta)$$

線路電流 I 〔A〕, 負荷力率 $\cos\theta$ のときの電圧降下 e 〔V〕は, 図1(a)より

$$e = E_s - E_r \fallingdotseq I(R\cos\theta + X\sin\theta) \text{〔V〕} \quad (1)$$

となり, 線路に沿っての電圧降下は図1(b)のようになる.

単相2線式配電線の電圧降下

図2(a)のように往復2線で構成されているので, それぞれの線で電圧降下が生じる. 電圧降下を e 〔V〕とすると

$$e = V_s - V_r = 2I(R\cos\theta + X\sin\theta) \text{〔V〕} \quad (2)$$

X を無視できる場合は, $X = 0$ として

$$e = 2IR\cos\theta \text{〔V〕} \quad (3)$$

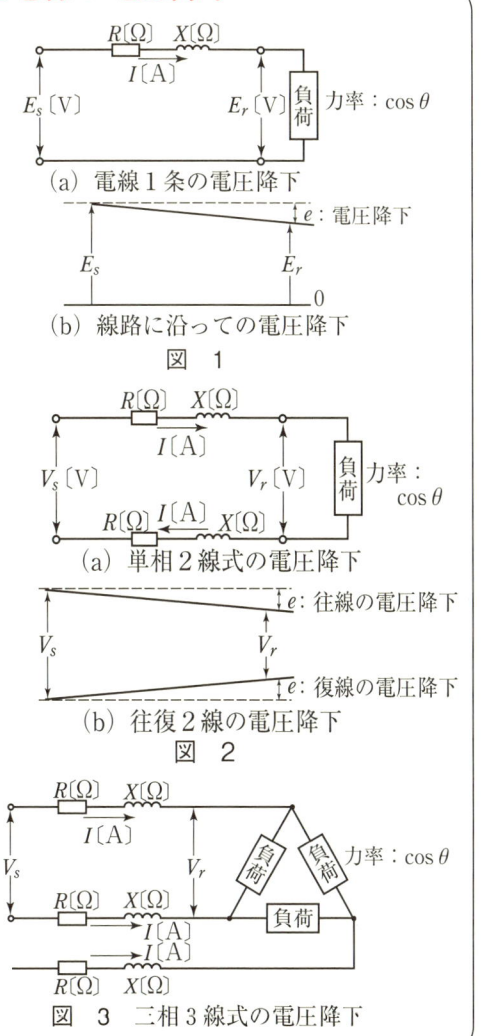

三相3線式配電線の電圧降下

図3のような三相3線式の配電線で, 電源電圧 V_s 〔V〕, 負荷は平衡していて力率 $\cos\theta$ とすると, 線間の電圧降下 e 〔V〕は

$$e = \sqrt{3}I(R\cos\theta + X\sin\theta) \text{〔V〕} \quad (4)$$

X を無視できる場合は, $X = 0$ として

$$e = \sqrt{3}IR\cos\theta \text{〔V〕} \quad (5)$$

(a) 電線1条の電圧降下

(b) 線路に沿っての電圧降下

図 1

(a) 単相2線式の電圧降下

(b) 往復2線の電圧降下

図 2

図 3　三相3線式の電圧降下

ドリル

(1)式は, 単相2線式の1線や三相3線式の相電圧の降下計算にそのまま利用できる.

電圧降下は力率が低いほど大きく, 90度遅れの場合は, $e = IX$ となる. 一般に配電線では, $X > R$ であるから, この場合が電圧降下が最大になる. また, 力率100%($\theta = 90$度)の場合は $e = IR$ となり電圧降下は最小となる.

(2)式の X を無視することは現実的ではないが, 計算問題では「線路は抵抗のみとする」という条件が付けられることが多いので, (3)式をおぼえておくことが重要である.

三相3線式の電圧降下計算はよく出題されており, 「配電線路のリアクタンスを無視する」という条件がつけられていることが多い. 負荷力率を条件に入れ, 線路リアクタンスを無視する(5)式はぜひおぼえておきたい.

スタディポイント　単相3線式配電線の電圧降下

図4(a)(b)の単相3線式で線路は抵抗 R〔Ω〕のみ（リアクタンス無視），負荷は P_1〔kW〕, P_2〔kW〕, P_3〔kW〕で力率は100%（$\cos\theta = 1$）とする．

1 　負荷 P_1〔kW〕, P_2〔kW〕を持つ配電線

$P_1 = P_2$ の場合（負荷は平衡している）

電線1本の場合になり，電圧降下 e〔V〕は
$$e = V_s - V_{r1} = V_s - V_{r2} = I_1 R 〔V〕= I_2 R 〔V〕$$

$P_1 > P_2$ の場合（負荷は不平衡）

中性線の電圧降下は，V_{r1} にはマイナスになり V_{r2} にはプラスに働く．電圧降下を e_1〔V〕, e_2〔V〕とすると，

$$e_1 = V_s - V_{r1} = RI_1 + R_n(I_1 - I_2) 〔V〕$$
$$e_2 = V_s - V_{r2} = RI_2 - R_n(I_1 - I_2) 〔V〕$$
$$I_1 = \frac{P_1}{V_{r1}} \times 1000 〔A〕$$
$$I_2 = \frac{P_2}{V_{r2}} \times 1000 〔A〕$$

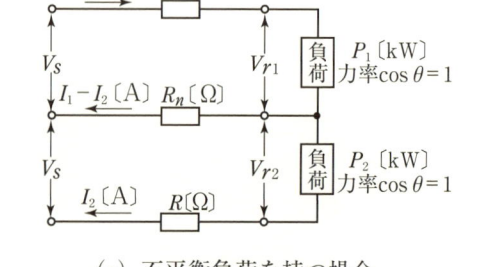

(a) 不平衡負荷を持つ場合

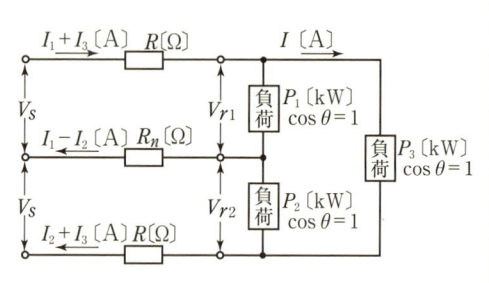

(b) 外線間に負荷を持つ場合

図　4

$P_1 < P_2$ の場合（負荷は不平衡）
$$e_1 = V_s - V_{r1} = RI_1 - R_n(I_2 - I_1) 〔V〕$$
$$e_2 = V_s - V_{r2} = RI_2 + R_n(I_2 - I_1) 〔V〕$$
　　　I_1, I_2 は上と同じ．

2 　外線間負荷 P_3〔kW〕を持つ配電線

$P_1 = P_2$ の場合（負荷が平衡している）
$$e = V_s - V_{r1} = V_s - V_{r2} = R(I_1 + I_3) 〔V〕 = R(I_2 + I_3) 〔V〕$$

$P_1 > P_2$ の場合（負荷は不平衡）
$$e_1 = V_s - V_{r1} = R(I_1 + I_3) + R_n(I_1 - I_2) 〔V〕$$
$$e_2 = V_s - V_{r2} = R(I_2 + I_3) - R_n(I_1 - I_2) 〔V〕$$

$P_1 < P_2$ の場合（負荷は不平衡）
$$e_1 = V_s - V_{r1} = R(I_1 + I_3) - R_n(I_2 - I_1) 〔V〕$$
$$e_2 = V_s - V_{r2} = R(I_1 + I_3) + R_n(I_2 - I_1) 〔V〕$$

ドリル　2の場合も基本的には負荷が P_1 と P_2 の場合と同じであるが，P_3 による負荷電流 I_3〔A〕が I_1 と I_2 のそれぞれに加わる分，電圧降下は大きくなる．

[練習問題]

	問 い	答 え
1	図のような配電線路における受電端の電圧 V_r の値〔V〕は.	イ. 200 ロ. 205 ハ. 210 ニ. 215
2	図のような受電端電圧 6 300〔V〕，遅れ力率 80〔%〕の単相負荷に負荷電流 100〔A〕で電力を供給する配電線路がある．送電端電圧 V の値〔V〕は.	イ. 6 400 ロ. 6 500 ハ. 6 600 ニ. 6 800
3	図のような三相 3 線式配電線路において，電圧降下 $(V_1 - V_2)$ の値〔V〕を示す式は.	イ. $\dfrac{r}{R}V_2$ ロ. $\dfrac{\sqrt{3}r}{R}V_2$ ハ. $\dfrac{2r}{R}V_2$ ニ. $\dfrac{\sqrt{3}r}{2R}V_2$
4	図のような三相 3 線式配電線路において，電圧降下 $V_s - V_r$ の近似値〔V〕を示す式は. ただし，負荷力率 $\cos\theta > 0.8$ で，遅れ力率であるとする.	イ. $\sqrt{3}I(r\cos\theta + x\sin\theta)$ ロ. $\sqrt{3}I(x\cos\theta + r\sin\theta)$ ハ. $2I(r\cos\theta + x\sin\theta)$ ニ. $2I(r\cos\theta - x\sin\theta)$
5	三相 3 線式配電線路の線電流が 173〔A〕であるとき，この配電線路の線間電圧の電圧降下〔V〕は．ただし，電線 1 条の抵抗を 0.2〔Ω〕，負荷の力率を 1 とし電線のインダクタンスは無視するものとする.	イ. 20 ロ. 40 ハ. 60 ニ. 80

	問 い	答 え
6	図のような高圧配電線路で，線電流は 173〔A〕であった．この配電線路の電圧降下〔V〕は． ただし，電線 1 条当たりの抵抗は 1.25〔Ω〕，負荷の力率は 0.8（遅れ）とし，電線のインダクタンスは無視するものとする． 3φ3W 電源 — 173A 1.25Ω — 三相負荷 力率0.8（遅れ）	イ．216　　ロ．300　　ハ．433　　ニ．650
7	三相 3 線式配電線路から電力の供給を受ける力率 80〔%〕，消費電力 40〔kW〕の三相平衡負荷がある．電線 1 条当たりの抵抗を 0.02〔Ω〕，負荷点の線間電圧を 200〔V〕とするとき，配電線路の送電端の線間電圧〔V〕は． ただし，線路のリアクタンスは考えないものとする．	イ．202　　ロ．204　　ハ．206　　ニ．208
8	図のように，定格電圧 200〔V〕，消費電力 16〔kW〕，力率 0.8（遅れ）の三相負荷に電気を供給する配電線路がある．この配電線路の電圧降下（線間）〔V〕は． ただし，電線 1 線当たりの抵抗を 0.1〔Ω〕とし，配電線路のリアクタンスは無視するものとする． 配電線路　1 線当たり0.1Ω　三相負荷 200V 16kW 力率0.8	イ．5　　ロ．8　　ハ．11　　ニ．14

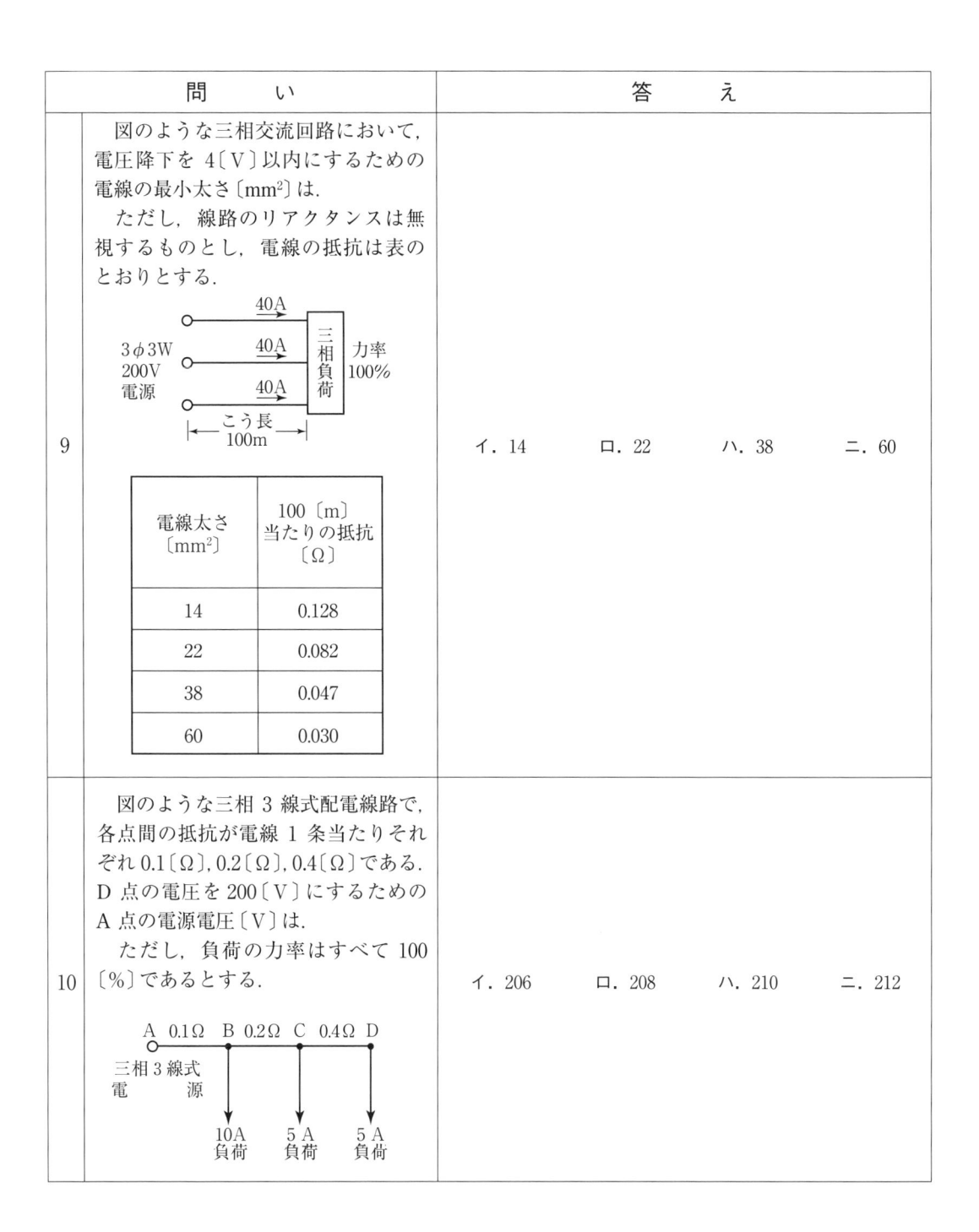

	問 い	答 え
9	図のような三相交流回路において,電圧降下を 4〔V〕以内にするための電線の最小太さ〔mm²〕は. ただし,線路のリアクタンスは無視するものとし,電線の抵抗は表のとおりとする. 3φ3W 200V 電源 —— 40A —— 三相負荷 力率100% こう長 100m | 電線太さ〔mm²〕	100〔m〕当たりの抵抗〔Ω〕
---	---
14	0.128
22	0.082
38	0.047
60	0.030		イ. 14　　ロ. 22　　ハ. 38　　ニ. 60
10	図のような三相3線式配電線路で,各点間の抵抗が電線1条当たりそれぞれ 0.1〔Ω〕,0.2〔Ω〕,0.4〔Ω〕である.D点の電圧を 200〔V〕にするためのA点の電源電圧〔V〕は. ただし,負荷の力率はすべて 100〔%〕であるとする. A 0.1Ω B 0.2Ω C 0.4Ω D 三相3線式電源 10A負荷　5A負荷　5A負荷	イ. 206　　ロ. 208　　ハ. 210　　ニ. 212

配電線の電力損失計算　　配電理論 5

Q
1. 単相2線式配電線の電力損失は．
2. 単相3線式の損失を単2と比較する．
3. 三相3線式の損失を単2と比較する．

スタディポイント　単相2線式の電力損失

計算の基礎になるのは「I^2R」の公式である．これは電線1本あたりの損失であるから，使用する電線数に応じてその本数倍する．

図1の単相2線式配電線について，電流 I〔A〕は，$P = V_r I \cos\theta$〔W〕の関係より

$$I = \frac{P}{V_r \cos\theta} \qquad (1)$$

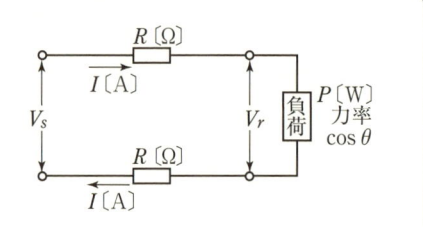

図1　単相2線式配電線の電力損失

電力損失 P_l は，$P_l = I^2 R$ の関係と，往復2線で損失が発生するので

$$P_l = 2I^2 R$$
$$= 2\left(\frac{P}{V_r \cos\theta}\right)^2 R \text{〔W〕} \qquad (2)$$

負荷が抵抗のみ（力率100%）とすると，$\cos\theta = 1$ として

$$P_l = 2\left(\frac{P}{V_r}\right)^2 R \text{〔W〕} \qquad (3)$$

ドリル　力率100%の抵抗負荷の場合で(3)式を利用する計算問題がよく出されている．数値計算だけでなく記号を使用した計算にもなれておく必要がある．とくに，単相2線式を基準に他の配電方式との比較が重要である．

スタディポイント　単相3線式の損失を計算する

平衡負荷の場合

図2の配電線で負荷が平衡している場合について計算する．平衡しているから，負荷の大きさは P〔W〕，力率は $\cos\theta$ で両線間で同じである．

図2のように両外線を流れる電流は同じで I〔A〕，中性線には電流は流れないから $I_n = 0$．電力損失 P_l〔W〕は

$$P_l = 2I^2 R \text{〔W〕} \qquad (4)$$

送っている電力は単相3線式の場合は，二つの負荷に供給しているので $2P = 2V_r I$〔W〕である．

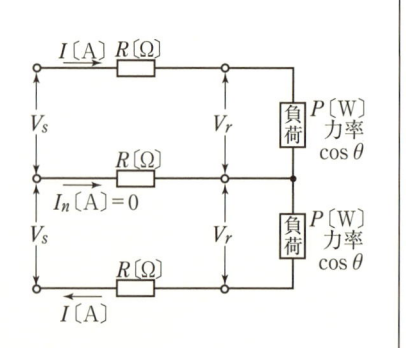

図2　平衡負荷をもつ単相3線式配電線

不平衡負荷の場合

図3のような不平衡負荷の場合は，まず各線の電流を計算する．

$P_1 = V_{r1} I_1 \cos\theta_1$ 〔W〕 より $I_1 = \dfrac{P_1}{V_{r1}\cos\theta_1}$ 〔A〕

$P_2 = V_{r2} I_2 \cos\theta_2$ 〔W〕 より $I_2 = \dfrac{P_2}{V_{r2}\cos\theta_2}$ 〔A〕

I_n は図3の←を正方向として

$I_n = I_1 - I_2$ 〔A〕

電力損失 P_l〔W〕は各線の損失の合計であるから

$$P_l = I_1^2 R + I_2^2 R + (I_1 - I_2)^2 R \text{〔W〕}$$
$$= \left(\dfrac{P_1}{V_{r1}\cos\theta_1}\right)^2 R + \left(\dfrac{P_2}{V_{r2}\cos\theta_2}\right)^2 R + \left(\dfrac{P_1}{V_{r1}\cos\theta_1} - \dfrac{P_2}{V_{r2}\cos\theta_2}\right)^2 R \text{〔W〕} \quad (5)$$

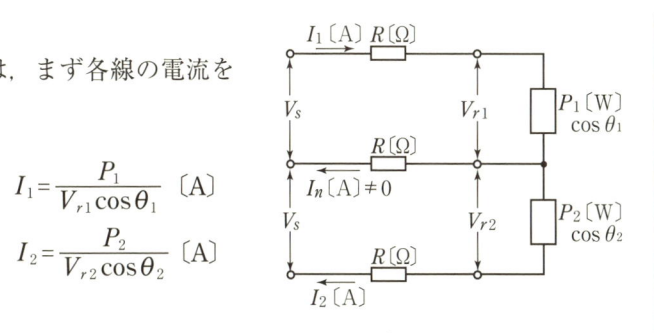

図3 不平衡負荷をもつ単相3線式配電線

ドリル 単相2線式と比較すると，同じ電力損失で2倍の電力を送れることになる．この条件での出題が多いので，単相2線式と比較してよく理解しておくことが重要．

スタディポイント　三相3線式の電力損失を計算する

図4に示す平衡負荷をもつ三相3線式配電線の電力損失を計算する．各線の電流を求めてから「$P_l = I^2 R$」により損失を計算するが，電線を3本使用しているので，1線あたりの損失を3倍して全損失とする．

$$P_3 = \sqrt{3}\, V_r I \cos\theta \text{〔W〕}$$
$$I = \dfrac{P_3}{\sqrt{3}\, V_r \cos\theta} \text{〔A〕}$$

電線1本の損失は $P_l = \left(\dfrac{P_3}{\sqrt{3}\, V_r \cos\theta}\right)^2 R$ 〔W〕であるから，三相では

$$P_{l3} = 3 \times \left(\dfrac{P_3}{\sqrt{3}\, V_r \cos\theta}\right)^2 R = \left(\dfrac{P_3}{V_r \cos\theta}\right)^2 R \text{〔W〕} \quad (6)$$

負荷の結線はYでもΔでもよい
線電流が重要

図4 平衡負荷をもつ三相3線式配電線

同じ大きさの負荷に単相2線式で三相の線間電圧と同じ電圧で供給する場合，**電力損失** P_{l1}〔W〕は

$$P_{l1} = 2 \times \left(\dfrac{P_3}{V_r \cos\theta}\right)^2 R \text{〔W〕} \quad (7)$$

P_{l3} が P_{l1} の何倍になるかを求めると，

$$\dfrac{P_{l3}}{P_{l1}} = \dfrac{1}{2} = 0.5$$

になる．三相3線式の方が少ない損失で送電できることになる．

[練習問題]

問い	答え
1. 図Aに示す単相2線式電路の線路損失は，図Bに示す単相3線式電路の線路損失の何倍か． ただし，負荷はすべて同一であり，電線1条当たりの抵抗はすべてr〔Ω〕とする． 図A 1φ2W電源 図B 1φ3W電源	イ．1 　ロ．2 　ハ．3 　ニ．4
2. 図のような単相3線式配電線路において，スイッチAのみを閉じたときの線路損失はスイッチAとBを閉じたときの線路損失の何倍か． ただし，電灯負荷はそれぞれ1〔kW〕，力率100〔%〕とする．	イ．$\dfrac{1}{3}$ 　ロ．$\dfrac{1}{2}$ 　ハ．1 　ニ．2
3. 図のような三相3線式配電線路において，負荷の消費電力をP〔kW〕，負荷の線間電圧をV〔kV〕，力率を$\cos\theta$，電線1条の抵抗をR〔Ω〕としたとき，配電線路の電力損失〔W〕を表す式は．	イ．$\dfrac{P^2 R}{\sqrt{3}V^2\cos^2\theta}$ ロ．$\dfrac{P^2 R}{V^2\cos^2\theta}$ ハ．$\dfrac{\sqrt{3}P^2 R}{V^2\cos\theta}$ ニ．$\dfrac{3P^2 R}{V^2\cos^2\theta}$

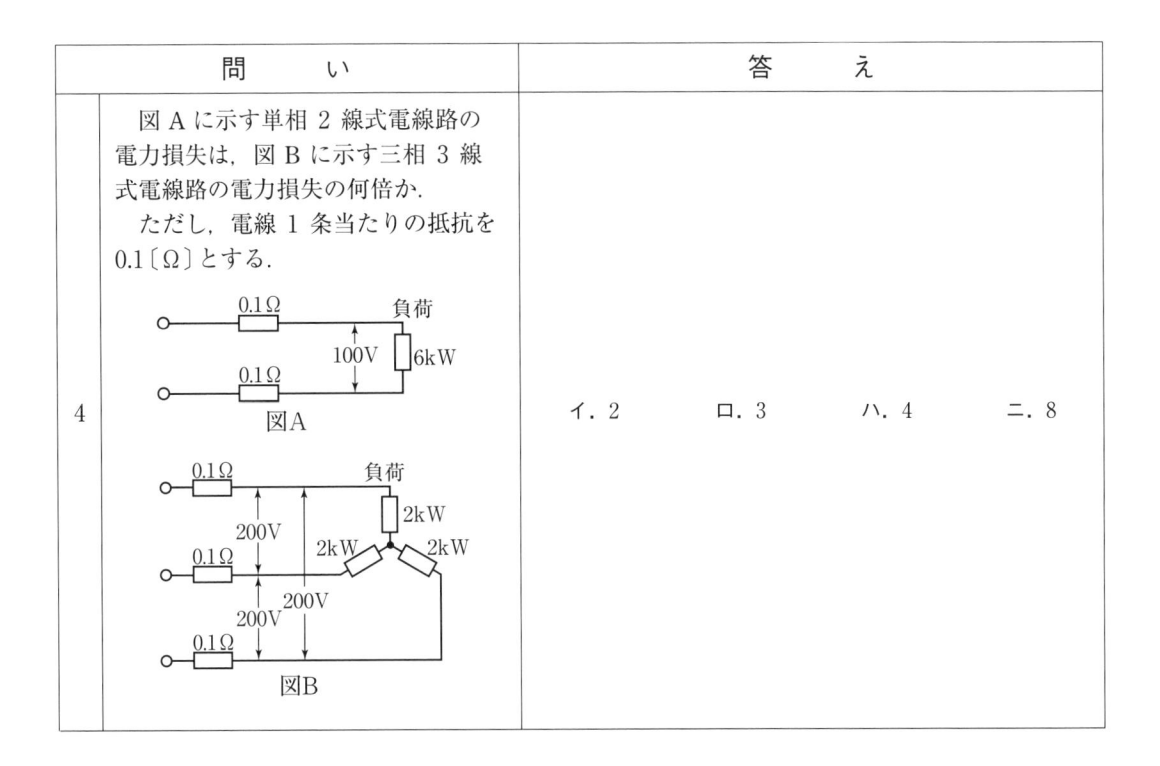

問い	答え
4. 図Aに示す単相2線式電線路の電力損失は，図Bに示す三相3線式電線路の電力損失の何倍か．ただし，電線1条当たりの抵抗を0.1〔Ω〕とする． 図A：単相2線式，100V，6kW，各線0.1Ω 図B：三相3線式，200V，各相2kW，各線0.1Ω	イ．2　　ロ．3　　ハ．4　　ニ．8

配電線の力率改善

配電理論 6

Q
1. 力率改善とはどういうこと．
2. 力率改善はこう計算する．
3. 力率改善で何がよくなるか．

スタディポイント　力率改善のイメージ

普通の配電では，図1(a)のように配電線の末端に負荷が接続されている．負荷は電動機などの遅れ力率負荷がほとんどで，電源からは図のように遅れ電流 $I_1 - jI_2$ が流れる．このうち，実効電流は電動機でトルクに変換されるが，無効電流は実際の仕事には変換されない．この無効電流の一部または全部を図1(b)のように負荷に並列に接続されたコンデンサから供給し，配電線に流れる無効電流を減少させようとするのが「**負荷力率の改善**」の目的である．

配電線を流れる電流が減少することにより
1. 受電端の電圧が上昇する．
2. 配電線の損失が減少する．

などのメリットがある．

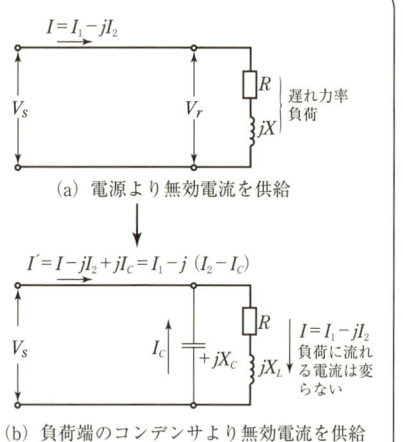

(a) 電源より無効電流を供給

(b) 負荷端のコンデンサより無効電流を供給

図 1　無効電流の供給源が変る

ドリル　電源から流れ出る無効電流が減少するので，電源から見た配電線も含めた負荷全体の力率が高くなる．負荷そのものの力率（たとえば電動機個々の力率など）は変らない．
$I_2 = I_C$ になるようにコンデンサ容量をえらべば，電源からは実効電流のみを供給することになり，電圧降下・電力損失ともに最小になる．この状態を100％補償という．

スタディポイント　力率改善のいろいろな計算

力率改善とは，力率を100％に近付けることで，たとえば力率80％の負荷を90％にすることを「力率を改善する」という．

1 コンデンサ容量を計算する（kW出力一定）

力率を $\cos\theta_1$ から $\cos\theta_2$ にするためのコンデンサ容量である．コンデンサ容量は普通〔μF〕で表されるが，この場合は，（コンデンサ電流〔A〕）×（コンデンサ端子電圧〔V〕）の単位は〔varまたはkvar〕で求める．

図2(a)の回路では負荷に流れる無効電流の一部がコンデンサから供給され，線路電流は I〔A〕から I'〔A〕に減少している．この関係をベクトル図に画くと(b)図のようになり，コンデンサからの電流 I_C〔A〕が線路を流れる無効電

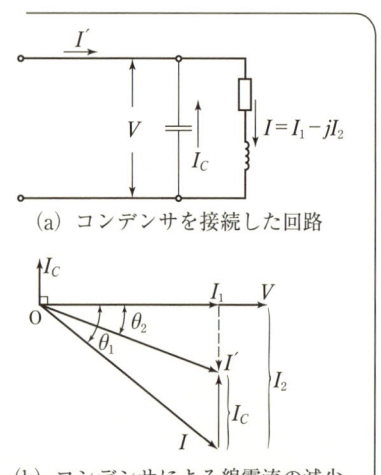

(a) コンデンサを接続した回路

(b) コンデンサによる線電流の減少

図 2　kW一定の力率改善

-62-

流を減少させているのがわかる．

(b)図のベクトル図で I_1 に V をかけ，I_C にも V をかけて P $(=VI_1)$〔kW〕，$Q(=VI_C)$〔kvar〕で表すと(c)図になる．

負荷の無効電力 Q〔kvar〕の一部がコンデンサよりの無効電力 Q_C〔kvar〕により供給され線路を流れる無効電力が$(Q-Q_C)$〔kvar〕に減少していることがわかる．

(c)図より，力率を $\cos\theta_1$ から $\cos\theta_2$ に改善するためのコンデンサ容量〔kvar〕は

$$Q = P\tan\theta_1 \text{〔kvar〕} \quad (1)$$
$$Q - Q_C = P\tan\theta_2 \text{〔kvar〕} \quad (2)$$

(1)，(2) 式より

$$Q_C = P\tan\theta_1 - P\tan\theta_2$$
$$= P\left(\frac{\sin\theta_1}{\cos\theta_1} - \frac{\sin\theta_2}{\cos\theta_2}\right) \text{〔kvar〕} \quad (3)$$

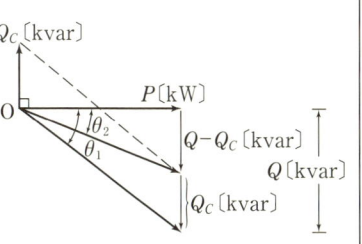

(c) (b)図を P, Q のベクトル図で示す

図 2　kW一定の力率改善

2　kW出力の増加を計算する（kV・A出力一定）

1の場合は線電流が減少しているが，線電流を改善前と同じ大きさ（kV・A一定）で力率を改善するとkW出力を増加できる．つまり，同じ容量〔kV・A〕の変圧器でより大きなkW負荷に供給できることになる．

図3のベクトル図で W_1 と W_2 は同じ長さ（kV・A一定）である．コンデンサ Q_C〔kV・A〕を接続すると W_1 は W_2 に変わり同じ大きさで力率は $\cos\theta_1$ から $\cos\theta_2$ に改善される．

$$P_1 = W_1\cos\theta_1 \text{〔kW〕}$$
$$P_2 = W_2\cos\theta_2 \text{〔kW〕}$$

で，増加するkW出力 $P_2 - P_1$〔kW〕は，$W_1 = W_2 = W$ として

$$P_2 - P_1 = W(\cos\theta_2 - \cos\theta_1) \text{〔kW〕} \quad (4)$$
$$Q_1 - Q_C = P_2\tan\theta_2$$
$$Q_1 = P_1\tan\theta_1$$
$$Q_C = P_1\tan\theta_1 - P_2\tan\theta_2 \quad (5)$$

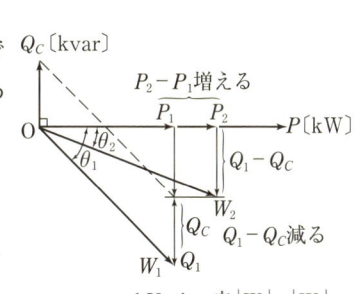

kV・A一定 $|W_1|=|W_2|$

図 3　力率改善によるkW出力の増加

3　力率を計算する

図4でコンデンサ Q_C〔kvar〕を設置して改善した力率 $\cos\theta_2$ は，

$$\cos\theta_2 = \frac{P_1}{\sqrt{P_1^2 + (Q-Q_C)^2}} \quad (6)$$

力率を100%（$\cos\theta_2 = 1$）にするためには，

$$P_1^2 + (Q-Q_C)^2 = P_1^2$$
$$Q_C = Q = P_1\tan\theta_1 \text{〔kvar〕}$$

遅れ力率80%を100%にするには，$\cos\theta = 0.8$ より $\sin\theta = 0.6$ であるから $\tan\theta = 0.75$ となり

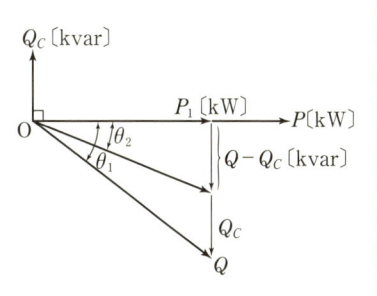

図 4　力率の計算

$$Q_C = 0.75 P_1$$

となる．100kW，遅れ力率80%の負荷を力率100%にするには，並列に75kvarのコンデンサを接続せねばならない．

ドリル 2の方法は配電線の短い工場などで，負荷を増設した場合によくとられる対策である．変圧器容量〔kV·A〕を増加させずにkW出力を増加させるのに有効である．

スタディポイント　力率改善でよくなること

1　線路損失の減少

線路を流れる電流が減少するので電力損失が減少する．
三相3線式配電線について，線路電流 I〔A〕は

$$I = \frac{P}{\sqrt{3}\,V\cos\theta}\,\text{〔A〕} \qquad (7)$$

電力損失 P_l〔W〕は3線で生じるので

$$\begin{aligned}P_l &= 3I^2 R \\ &= \frac{P^2 R}{V^2 \cos^2\theta}\,\text{〔W〕}\end{aligned} \qquad (8)$$

(7)(8)式で，負荷電力 P〔kW〕，線路電流 I〔A〕，線間電圧 V〔V〕，負荷力率 $\cos\theta$，1線の抵抗 R〔Ω〕である．

(8)式で P, R, V を一定とすると損失は $\cos^2\theta$ に逆比例する．力率60%を80%に改善すると，損失は $(0.6/0.8)^2 = 0.563$ 倍に減少する．

2　線路電圧低下の減少

1と同様に線路電流が減少するので線路の電圧低下が少なくなる．
三相3線式配電線について，線路電流 I〔A〕は

$$I = \frac{P}{\sqrt{3}\,V\cos\theta}\,\text{〔A〕}$$

電圧降下の略算式は $I(R\cos\theta + X\sin\theta)$ であるから，線間電圧降下 v〔V〕は

$$\begin{aligned}v &= \sqrt{3}\,I(R\cos\theta + X\sin\theta) \\ &= \frac{P}{V\cos\theta}(R\cos\theta + X\sin\theta) \\ &= \left(\frac{P}{V}\right)(R + X\tan\theta)\,\text{〔V〕}\end{aligned} \qquad (9)$$

P, V, R, X は一定であるから，電圧降下は $\tan\theta$ に比例する．θ が小さいほど（力率が100%に近いほど）$\tan\theta$ は小さく電圧降下は小さいことになる．

[練習問題]

	問い	答え			
1	消費電力 P [kW]，遅れ力率 $\cos\theta_1$ の負荷に電力を供給する電路の力率を $\cos\theta_2$ に改善するためのコンデンサ容量 [kvar] を示す式は．	イ．$P(\tan\theta_1-\tan\theta_2)$ ロ．$P(\cos\theta_1-\cos\theta_2)$ ハ．$P(\sin\theta_1-\sin\theta_2)$ ニ．$P(\cos\theta_1-\sin\theta_2)$			
2	消費電力 320 [kW]，遅れ力率 0.8 の負荷がある．力率を 1 にするために必要なコンデンサの容量 [kvar] は．	イ．60	ロ．120	ハ．180	ニ．240
3	容量 100 [kV·A]，力率 80 [%]（遅れ）の負荷を有する高圧受電設備に高圧進相コンデンサを設置し，力率を 95 [%]（遅れ）程度に改善したい．必要なコンデンサの容量 Q_C [kvar] として，適切なものは． ただし，$\cos\theta_2$ が 0.95 のときの $\tan\theta_2$ は 0.33 とする．	イ．20	ロ．35	ハ．75	ニ．100
4	遅れ力率 80 [%]，容量 500 [kV·A] の負荷を有する高圧受電設備に定格容量 100 [kvar] の高圧進相コンデンサを設置して力率を改善した場合，受電点における負荷の容量 [kV·A] は．	イ．300	ロ．354	ハ．400	ニ．447
5	消費電力 100 [kW]，無効電力 150 [kvar]（遅れ力率）の負荷に，容量 50 [kvar] のコンデンサを設置して力率改善を行った．改善後の力率 [%] は．	イ．45	ロ．71	ハ．96	ニ．100
6	遅れ力率 80 [%] の三相負荷に並列にコンデンサを設置して力率を 100 [%] に改善した場合，配電線路の電力損失はもとの何倍となるか． ただし，負荷の電圧は変化しないものとする．	イ．0.64	ロ．0.89	ハ．1.00	ニ．1.56

	問い	答え			
7	三相3線式構内配電線路の末端に，遅れ力率80〔%〕の三相負荷がある．負荷端に電力用コンデンサを接続して，力率を100〔%〕にした場合の線路損失は，もとの何パーセントか．ただし，負荷電圧は変化しないとする．	イ．60	ロ．64	ハ．80	ニ．100

短絡電流と遮断容量

配電理論 7

Q
1. 短絡電流と短絡容量を計算する
2. %インピーダンスとは（百分率インピーダンス）
3. %インピーダンスによる短絡の計算

スタディポイント　短絡電流・短絡容量の計算

図1のような三相配電線のA点で三相短絡が生じたとする. 短絡電流 I_s 〔A〕は

$$I_s = \frac{V_0}{\sqrt{3}(X_T + X)} \text{〔A〕} \quad (1)$$

電源の線間電圧を V_0 〔V〕, X_T を変圧器リアクタンス〔Ω〕, X を線路リアクタンス〔Ω〕とする.

短絡時には短絡点の電圧 V 〔V〕は0になるが, 電源電圧 V_0 〔V〕は短絡中もこの値を保つ.

短絡電力 P_s 〔W〕は,

$$P_s = \sqrt{3}VI_s \text{〔V·A〕} = \sqrt{3}VI_s \times 10^{-3} \text{〔kV·A〕} \quad (2)$$

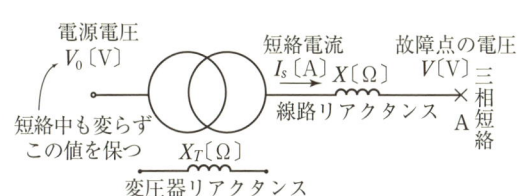

図 1　三相短絡と短絡電流

ドリル

(1)式について, 変圧器や線路には抵抗分があり, 正確には $R + jX$ とせねばならないが, R は X に比べ非常に小さいので無視し, X のみで計算する. 試験問題もリアクタンス分のみで出されている.

1. この計算方法は実際のオーム値を使用するので「オーム法」と呼ばれる. 初心者には実際の値を使用するので分かりやすいが, 変圧器のタップを切り替えると巻数比が変り, そのたびにインピーダンスの換算が必要となるのであまり用いられず, ふつうは次に説明する「パーセント法」が使用される.
2. 短絡電力は「短絡容量」とも呼ばれる. 短絡点の電力は, 短絡時には電圧が0になるので理論上は0となる. しかし, 短絡電流は瞬時に遮断され遮断後の電圧は短絡前の電圧にもどる. これらから, 短絡電力は線路の定格電圧と短絡電流との間の皮相電力で表す.
3. 受電点に設置される遮断器の遮断容量は, その設置される地点の短絡電力の値以上にせねばならない.

スタディポイント　パーセントインピーダンスとは

次の(3)式でインピーダンス Z 〔Ω〕をパーセントインピーダンス%Z に換算する.

$$\%Z = Z \times \left(\frac{I_n}{V_n}\right) \times 100 \text{〔%〕} \quad (3)$$

V_n は定格電圧〔V〕, I_n は定格電流〔A〕

(3)式の (I_n/V_n) は $(1/Z_n)$ であるから,

$$\%Z = \frac{Z}{Z_n} \times 100 \text{〔%〕} \quad (4)$$

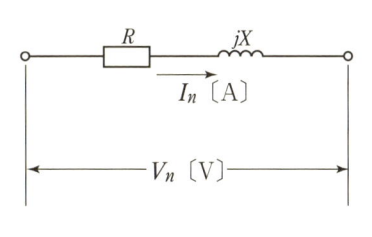

図 2　100%Z_n とは？

ドリル　(3)式の $\left(\dfrac{I_n}{V_n}\right)$ は何だろうか？

　これは図2の回路で電流 I_n 〔A〕が流れたときに電圧降下が V_n 〔V〕であるインピーダンス Z_n ($=R+jX$)〔Ω〕のことである。この値を Z_n 〔Ω〕とすると, $Z_n = V_n / I_n$ で, 定格電流が流れたときに定格電圧だけ電圧降下するインピーダンスで, このインピーダンス Z_n を100%として他のインピーダンス〔Ω〕を%値に換算したのがパーセントインピーダンス(%Z)である。

1　機器の場合は, 定格容量が示されているので定格電流を求めることができるが, 配電線の場合には定格容量や定格電流はないので, 適当な容量(ふつう10MV・A = 10×10^{6}V・A)を基準として%表示をする。これを「基準容量」といい, 機器の場合も定格容量ではなく, 基準容量に対する%表示をすることもある。

2　定格容量10MV・A, 定格電圧6.6kVの三相変圧器の100%インピーダンス Z_n は, 定格電流が $10\times 10^6 / \sqrt{3} \times 6.6 \times 10^3$ 〔A〕であるから, $Z_n = (6.6\times 10^3)^2 / 10\times 10^6 = 4.356$ Ωが100%インピーダンスとなる。変圧器インピーダンスが3Ωであれば%$Z = (3/4.356)\times 100 = 68.9$%となる。

スタディポイント　%Zを使った短絡計算

短絡電流 I_s 〔A〕は, 定格電流を I_n 〔A〕とすると

$$I_s = I_n \times \frac{100}{\%Z} \quad (5)$$

%Zの逆数が%値で表した短絡電流になる。たとえば, %Zが10%であれば短絡電流は定格電流の10倍となる。

短絡電力 P_s 〔kV・A〕は, 基準容量を P_n 〔kV・A〕とすると

$$P_s = P_n \times \frac{100}{\%Z} \text{〔kV・A〕} \quad (6)$$

上と同様, 基準容量を%Zで割算した値が短絡電力になる。

ドリル
1　基準容量が〔V・A〕または〔MV・A〕であれば, 短絡電力も〔V・A〕または〔MV・A〕で求められる。
2　(6)式の%Zは基準容量に対する値である。
3　変圧器や配電線路, 二次変圧器などが多く接続されている回路では, %Zをすべて共通の基準容量(10MV・Aとすることが多い)で求め, 100%を1.0として計算する「単位法」によるのが便利である。%法では, 100%×100% = 100% と考えることにいくらか抵抗があるが, 単位法では, 1.0×1.0 = 1.0 となりスムースに計算できる。

[練習問題]

	問 い	答 え
1	図の三相3線式配電線路において，変圧器二次側よりP点に至る線路の1線当たりの抵抗 $r = 1.5 [\Omega]$，リアクタンス $x = 1.8 [\Omega]$，変圧器二次側から見た電源側の1相当たりの抵抗 $r_T = 0 [\Omega]$，リアクタンス $x_T = 0.2 [\Omega]$ とするとき，配電線の末端P点における三相短絡電流[kA]は． 22/6.6kV $r=1.5\Omega$ $x=1.8\Omega$ ×P $r_T=0\Omega$ $x_T=0.2\Omega$	イ．1.5　　ロ．1.7　　ハ．2.6　　ニ．2.8
2	受電電圧 6600[V] の高圧受電設備の受電点における三相短絡容量が66[MV·A]であるとき，同地点での三相短絡電流[kA]は．	イ．5.8　　ロ．10.0　　ハ．14.1　　ニ．17.3
3	公称電圧 6.6[kV]，周波数 50[Hz] の高圧受電設備に使用する高圧交流遮断器（三相定格電圧7.2[kV]，定格遮断電流12.5[kA]，定格電流600[A]）の遮断容量[MV·A]は．	イ．2.5　　ロ．90　　ハ．130　　ニ．160
4	高圧受電設備の受電用遮断器の遮断容量を決定する場合に，必要なものは．	イ．電気事業者との契約電力 ロ．受電用変圧器の容量 ハ．受電点の三相短絡電流 ニ．最大負荷電流
5	線間電圧 $V[kV]$，電源容量 $P_n[kV·A]$，短絡点より電源側をみたパーセントインピーダンスが，$P_n[kV·A]$ を基準として $Z[\%]$ であるとき，短絡点における三相短絡電流[A]を示す式は． $P_n[kV·A]$ 短絡点 $V[kV]$ $Z[\%]$	イ．$\dfrac{100P_n}{\sqrt{3}VZ}$　　ロ．$\dfrac{100P_n}{VZ}$　　ハ．$\dfrac{100\sqrt{3}P_n}{VZ}$　　ニ．$\dfrac{300P_n}{VZ}$
6	6.6[kV]配電線路で短絡点から電源側をみたパーセントインピーダンスが $Z[\%]$（基準容量10[MV·A]）であった．短絡点での三相短絡電流の値[kA]は．	イ．$\dfrac{1000}{6.6\sqrt{3}Z}$　　ロ．$\dfrac{1000}{6.6Z}$　　ハ．$\dfrac{10\sqrt{3}Z}{6.6}$　　ニ．$\dfrac{10Z}{6.6}$

	問い	答え
7	出力 10〔MV·A〕, 内部インピーダンス 6〔％〕の配電用変電所の変圧器から, 合成インピーダンス 2〔％〕(10〔MV·A〕基準) の 6.6〔kV〕配電線を経由し, 受電している高圧需要家がある. この需要家の受電用遮断器の定格遮断電流〔kA〕として適切なものは.	イ. 2　　ロ. 4　　ハ. 8　　ニ. 12.5
8	三相短絡容量〔V·A〕をパーセントインピーダンス $\%Z$〔％〕を用いて表した式は. ただし, V = 基準線間電圧〔V〕, I = 基準電流〔A〕とする.	イ. $\dfrac{VI}{\%Z} \times 100$　　ロ. $\dfrac{\sqrt{3}VI}{\%Z} \times 100$ ハ. $\dfrac{2VI}{\%Z} \times 100$　　ニ. $\dfrac{3VI}{\%Z} \times 100$
9	出力 10〔MV·A〕, パーセントインピーダンス 7〔％〕の変圧器から合成インピーダンス 3〔％〕(10〔MV·A〕基準) の線路で供給される需要家の受電用遮断器の遮断容量の最小値〔MV·A〕は. 10MV·A　　　　受電用 $\%Z_t=7\%$　　　遮断器 ―○○○―――×― 　　　$\%Z_l=3\%$	イ. 2.5　　ロ. 100　　ハ. 130　　ニ. 160

配電施設

3

- 架空配電線の施設
- 配電用ケーブル
- 配電線の電圧調整
- 配電設備の保護

架空配電線の施設　　　　　配電施設　1

Q
1. 架空配電線の施設は．
2. 架空線のたるみや長さは．
3. 支線の施設と働く力

スタディポイント　架空配電線の施設は

1　**支持物**　木柱　クレオソート，マニレットで防腐処理
　　　　　　鉄筋コンクリート柱　現場打ちと工場打ちがある．
　　　　　　鉄柱　鋼管柱，組立鉄柱があるが，使用は少ない．
　支持物には図1のような垂直荷重，水平縦荷重，水平横荷重
が働く．
　　垂　直　荷　重：電線重量（電線に付着する氷雪を含む），支持
　　　　　　　　　物に取り付けられる諸機器の重量等
　　水平縦荷重：電線の引留め荷重，支持物への風圧荷重など
　　水平横荷重：支持物・電線などの風圧荷重，電線に水平角度
　　　　　　　　がある場合の電線張力など
　　支持物の基礎　根入れ　全長 15m 以下 – 全長の 1/6 以上
　　　　　　　　　　　　　全長 15m 超える – 2.5m 以上
　根かせ　図2のように地表面から 30～40cm の箇所に取り付
　　　　　ける．また，電柱の移動と傾斜防止のため「根はじき」
　　　　　を打ちこむ．

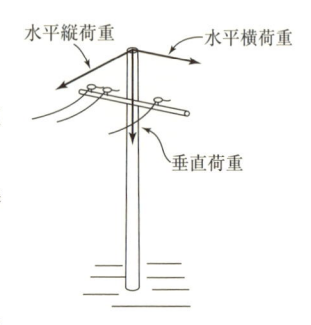

図1　支持物に働く荷重

2　**電　線**　架橋ポリエチレン絶縁電線（OC線）高圧架空線用，
　　　　　耐熱性にすぐれる．
　　　　　ポリエチレン絶縁電線（OE線）ポリエチレン絶縁
　　　　　の高圧用電線
　　　　　引下げ用高圧絶縁電線（PD線）柱上変圧器の高圧
　　　　　側引下げ用
3　**がいし**　高圧ピンがいし　電線の引き通し支持用
　　　　　高圧耐張がいし　電線の引き留め用

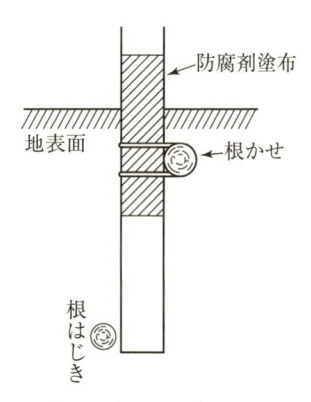

図2　根かせと根はじき

スタディポイント　架空線のたるみと長さ

図3のような架空線の**たるみ** D〔m〕は，

$$D = \frac{WS^2}{8T} \text{〔m〕} \qquad (1)$$

W は電線1m あたりの重量〔N/m〕，S は径間〔m〕，T は電線最低点の電線張力〔N〕
(1)式で求めた張力は許容される最低値であるので，この値に安全率 2.2～2.5 を乗じて実

際の張力をきめている．

図3で電線の長さ L [m] は，

$$L = S + \frac{8D^2}{3S} \qquad (2)$$

電線は径間 S よりも $\frac{8D^2}{3S}$ だけ長くなるが，この値はごく小さく，ふつうは S に対して0.1%位，S が非常に大きい場合でも1%程度である．

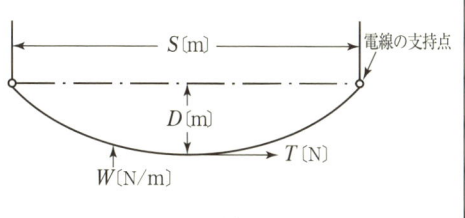

図 3 電線のたるみ

ドリル たるみは，電線単位長あたりの重量，径間の2乗に比例し，張力に反比例する．張力を小さくすればたるみは大きくなり，電線相互に混触のおそれがあるのであまり大きくできない．
たるみと径間，張力の関係はよく出題されるので，(1)式は必ずおぼえておくこと．

スタディポイント　支線の施設と働く力

支線には，振留め支線，縦支線，引留め支線などがあるが，引留め支線が出題される．

1　引留め支線の施設
図4のような構成で，電線の引留め柱に設けられる．支線の中央部には玉がいしを入れ，支線と電線が接触しても大地側には電圧がかからないようにしてある．

2　支線に働く力の計算
木柱にはその重さによる圧縮力のみが働くとすると，図5(a)のような三角形のベクトルで力がバランスする．

図(a)より，$\sin\theta = T_1/T_0$ であるから，支線に働く張力 T_0 は

$$T_0 = \frac{T_1}{\sin\theta} \text{ [N]} \qquad (3)$$

図(b)より

$$\sin\theta = \frac{l}{\sqrt{h^2 + l^2}}$$

であるから

$$T_0 = \frac{T_1\sqrt{h^2 + l^2}}{l} \text{ [N]} \qquad (4)$$

図(b)で，$h = 8$m，$l = 6$m，$T_1 = 600$N とすれば

$$T_0 = \frac{600 \times \sqrt{8^2 + 6^2}}{6} = 1000 \text{ [N]}$$

となる．この張力に安全率を乗じ実際の張力とし，支線の素線1本あたりの張力より素線の条数をきめることになる．

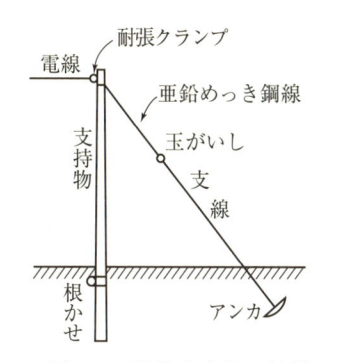

図 4 引留め支線の施設

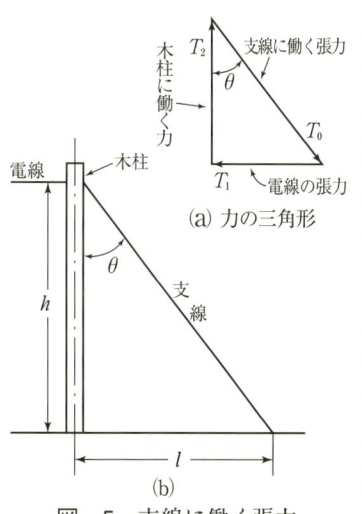

図 5 支線に働く張力

[練習問題]

	問 い	答 え
1	架空電線路の支持物の強度計算を行う場合，一般的に考慮しなくてよいものは．	イ．風 圧 ロ．電線の張力 ハ．年間降雨量 ニ．支持物及び電線への氷雪の付着
2	低圧架空引込線の引留支持に一般に使用しないがいしは．	イ．低圧ピンがいし ロ．低圧引留がいし ハ．多溝がいし ニ．平形がいし
3	引込柱の支線工事に使用する材料の組合せとして，正しいものは．	イ．耐張クランプ 　　巻付グリップ 　　スリーブ ロ．耐張クランプ 　　玉がいし 　　亜鉛めっき鋼より線 ハ．亜鉛めっき鋼より線 　　玉がいし 　　アンカ ニ．巻付クリップ 　　スリーブ 　　アンカ
4	架空電線の両支持点に高低差のない場合，電線の径間のたるみ（弛度）は，$$D=\frac{WS^2}{8T}$$で表される．式中の S とは．	イ．径間長〔m〕 ロ．電線の張力〔N〕 ハ．電線の単位長当たりの重量〔N/m〕 ニ．地上高〔m〕
5	電線支持点が同じ高さの架空電線において，径間のたるみ（弛度）を一定とし，径間を半分にした場合，電線に加わる水平張力は何倍となるか．	イ．$\frac{1}{4}$　　ロ．$\frac{1}{2}$　　ハ．1　　ニ．2
6	図のような配電線路の支持物の支線に加わる張力 T_s〔N〕は． ただし，電線の水平張力は T〔N〕とする．	イ．$\frac{\sqrt{a^2+b^2}}{a} \cdot T$ ロ．$\frac{\sqrt{a^2+b^2}}{b} \cdot T$ ハ．$\frac{a}{b} \cdot T$ ニ．$\frac{b}{a} \cdot T$

配電用ケーブル

配電施設 2

Q 1 配電用ケーブルの種類と特徴は．
2 CVケーブルの構造は．
3 CVケーブルの劣化とテストの方法

―― **スタディポイント** *配電用ケーブルの種類と特徴は* ――

1 配電用ケーブルの種類

  CVケーブル（架橋ポリエチレン絶縁ビニルシースケーブル）耐熱性にすぐれ高圧・低圧の電線路用として広く使用されている．

  EVケーブル（ポリエチレン絶縁ビニルシースケーブル）

  BNケーブル（ブチルゴム絶縁クロロプレンシースケーブル）

  VVケーブル（ビニル絶縁ビニルシースケーブル）低圧回路用

2 ケーブルと架空線とのちがいは

  架空線は導体間の距離が大きく，導体間の絶縁は絶縁物と空気で保たれている．ケーブルは導体間の距離が短く，絶縁は誘電率の大きい絶縁物が使用されている．このことで次のような違いが生じる．

  導体抵抗 ケーブルの方が実効抵抗がやや大きい．これは表皮効果や近接効果による．

  インダクタンス ケーブルの方が小さく，架空線の1/3以下になる．

  静電容量 作用静電容量（導体と大地間の静電容量）はケーブルの方が大きく，架空線の20～50倍にもなる．

  静電容量 C〔μF/km〕は次の式で計算できる．

$$C = \frac{0.02413 \cdot \varepsilon_s}{\log_{10}\frac{D}{d}} \qquad (1)$$

  (1)式で ε_s は絶縁体の比誘電率で2.5～4，D は絶縁体外径〔mm〕，d は導体の外径〔mm〕

―― **スタディポイント** *CVケーブルの構造* ――

  CVケーブルの断面を図1に示す．図は単心ケーブルであるが，これらを3本束にしたトリプレックス型が広く使用されている．

  遮へい層は銅テープで作られ，絶縁体内の電気力線の分布を平均化するもので，これによりケーブルの絶縁劣化が防止でき寿命が長くなる．工場の構内のようにケーブルのこう長が短い場合には片端で遮へい層を接地する．

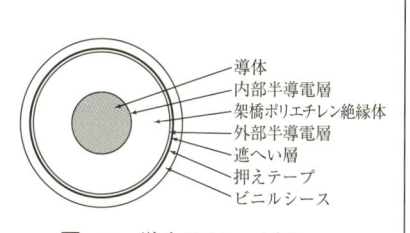

図1 単心CVケーブル
（導体／内部半導電層／架橋ポリエチレン絶縁体／外部半導電層／遮へい層／押えテープ／ビニルシース）

スタディポイント　CVケーブルの劣化と試験

CVケーブルは絶縁体に含まれる水や微細な欠陥により浸水劣化（水トリー劣化）が生ずる．これが進行すると，1線地絡や線間短絡などの事故に進展する．

ケーブルの絶縁劣化を判定するには「直流高圧法」が利用される．これはケーブルの導体とシース間に直流電圧を加えて流れる電流の時間的変化を測定するもので，健全なケーブルでは図2のような時間とともに減衰する電流が流れる．絶縁が劣化している場合には，減衰の途中で突然大きなキック電流が流れる．

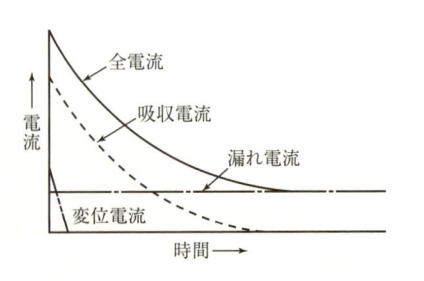

図2　直流高圧法による電流の変化

[練習問題]

	問　　い	答　　え
1	地中に埋設した図のような断面のケーブル（長さ L [m]）がある．このケーブルの対地静電容量 C [μF] に関する記述として誤っているものは．	イ．C は絶縁体の誘電率 ε に比例する． ロ．C はケーブルの長さ L に比例する． ハ．C は絶縁体の厚さ a が小さいほど大きくなる． ニ．C は地中埋設深さが深いほど大きくなる．
2	6 600 [V] CVケーブルの架橋ポリエチレンの外側に巻かれる半導電性テープの目的として，正しいものは．	イ．導体内部の電界の均一化 ロ．遮へい銅テープの腐食防止 ハ．絶縁体表面の電位傾度の均一化 ニ．絶縁体内への水の侵入防止
3	高圧自家用受電設備の引込線に広く用いられている高圧CVケーブルの絶縁体 a とシース b の材料の組合せは．	イ．a 架橋ポリエチレン　　ロ．a 架橋ポリエチレン 　　b 塩化ビニル樹脂　　　　　b ポリエチレン ハ．a エチレンプロピレンゴム　ニ．a エチレンプロピレンゴム 　　b 塩化ビニル樹脂　　　　　b ポリクロロプレン

	問　　い	答　　え
4	CVケーブルにおいて，水トリーと呼ばれる樹枝状の劣化が生ずる箇所は．	イ．銅導体内部 ロ．銅遮へいテープ表面 ハ．架橋ポリエチレン絶縁体内部 ニ．ビニルシース表面
5	高圧ケーブルの遮へい層の接地工事で正しい方法は．	イ． ロ． ハ． ニ． （電源側・負荷側の接地図）
6	ケーブルの地絡事故を正しく検出するための遮へい層の接地工事として，正しいものは．	イ． ロ． ハ． ニ． （電源側・負荷側の接地図）
7	6600ボルトCVTケーブルの劣化状態を判定するため，直流高圧絶縁抵抗試験（直流漏れ電流測定法）を行ったとき，ケーブルが正常であることを示す測定チャートは．	イ． ロ． ハ． ニ． （漏れ電流 vs 測定時間のグラフ）
8	高圧ケーブルの絶縁劣化診断を直流漏れ電流測定法で行ったとき，ケーブルが正常であることを示す測定チャートは．	イ． ロ． ハ． ニ． （漏れ電流 vs 測定時間のグラフ）

配電線の電圧調整

配電施設 3

Q
1. 電圧調整に使用される機器は．
2. 無効電力でできる電圧調整
3. 瞬時電圧低下への対策は．

スタディポイント　電圧調整のための機器

電気事業法施行規則第44条により，供給電圧は，標準電圧100Vの場合 $101 \pm 6V$，200Vの場合 $202 \pm 20V$ の範囲内に維持するよう定められている．

配電用変電所の送り出し電圧は，線路での電圧降下のため，重負荷時には高く，軽負荷時にはやや低く調整されている．このために，変電所では，誘導電圧調整器，負荷時タップ切換変圧器(LRT)，負荷時電圧調整器(LRA)が使用されていたが，現在では，LRTが一般に使用されている．

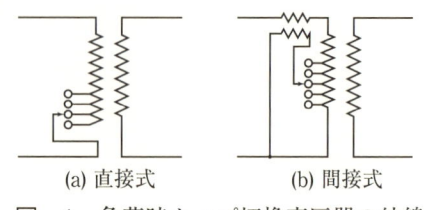

(a) 直接式　　(b) 間接式
図1　負荷時タップ切換変圧器の結線

負荷時タップ切換変圧器(LRT)　変圧器本体に負荷時タップ切換装置を内蔵させたもので，図1のような結線で負荷を遮断せずに電源側の巻線タップを切換えることができる．

スタディポイント　無効電力でできる電圧調整

電力用コンデンサやリアクトルを線路に並列に接続することで，線路電流を減少させて線路の電圧降下を減少させる．

電力用コンデンサ　遅れ力率の負荷（電動機など）に並列に接続，遅れ無効電力を供給する．電圧降下を抑制する効果がある．

分路リアクトル　コンデンサと全く逆の機能を持ち，電力ケーブルなど静電容量の大きい機器に流れる進み無効電力を供給する．電圧上昇を抑制する効果がある．

線路インピーダンスを補償する機器に「直列コンデンサ」がある．これは，線路に直列に接続するコンデンサで線路インピーダンス $(R + jX)$ の X を小さくして電圧降下を小さくする．無効電力は変化しない．

スタディポイント　電圧瞬時低下への対策は

VANやLANなどネットワークの進展で，OA，FA，SAや各種の端末機で無停電電源(UPS)が必要になっている．UPSは，整流器とインバータを中心にバッテリーや自家発電設備を組み合わせて構成している．システムの構成は図2に示す．

正常時は図上の直送入力より供給され，図下のバッテリーは電源より整流器を通して充電されている．電圧低下時は直送入力は遮断され，バッテリーよりインバータを通して供給する．

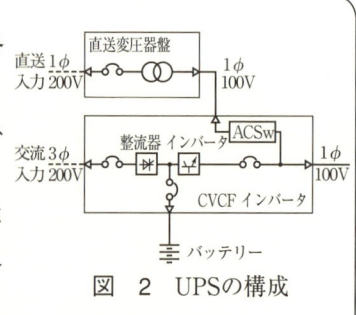

図2　UPSの構成

[練習問題]

	問い	答え
1	電気事業用の変電所に設置される機器で，電圧調整の機能をもたないものは．	イ．電力用コンデンサ ロ．分路リアクトル ハ．避雷器 ニ．負荷時タップ切換器付変圧器
2	無効電力を制御しない方法で，電力系統の電圧を適正な範囲に維持するために用いられる機器は．	イ．電力用コンデンサ ロ．分路リアクトル ハ．負荷時タップ切換変圧器 ニ．同期調相機
3	定格二次電圧が105〔V〕の配電用変圧器の一次巻線のタップ電圧6750〔V〕を使用しているとき，二次電圧は98〔V〕であった．タップ電圧を6300〔V〕に変更した場合の二次電圧の値〔V〕は．	イ．91　　ロ．100　　ハ．105　　ニ．107
4	配電用6〔kV〕変圧器（三相，定格一次電圧6600〔V〕，定格二次電圧210〔V〕）のタップ電圧が6750〔V〕のとき，二次電圧は200〔V〕であった．タップ電圧を6450〔V〕に変更した場合の二次電圧〔V〕は．	イ．191　　ロ．204　　ハ．209　　ニ．214
5	配電用6〔kV〕油入変圧器（定格電圧6600/210〔V〕）において，一次側タップを6600〔V〕に設定してあるとき，二次側電圧が200〔V〕であった．二次側電圧を210〔V〕に最も近い値とするためのタップ電圧〔V〕は．	イ．6150　　ロ．6300　　ハ．6450　　ニ．6750
6	定格電圧6600/210〔V〕の変圧器をタップ電圧6300〔V〕で使用しているとき，低圧側で10〔V〕の電圧変動があれば，高圧側は何ボルト変動したことになるか．	イ．150　　ロ．300　　ハ．450　　ニ．750
7	商用電源の瞬時電圧低下，瞬時停電で大きな影響を受ける交流機器（例えば電子計算機など）に対して有効な設備は．	イ．非常用ガスタービン発電装置 ロ．非常用内燃力発電装置 ハ．定電圧定周波電源装置 　　（バッテリー付CVCF） ニ．直流電源装置

配電設備の保護　　　配電施設 4

Q
1. 配電設備の受ける災害は．
2. 保護継電器はどう動作するか．
3. 雷からどう保護するか．
4. 絶縁協調とは．

スタディポイント　配電設備の受ける災害

瞬時事故　雷サージフラッシオーバや瞬間的な樹木接触など瞬時の停電で事故が消滅し再送電できる事故．配電線事故の70～80％

保護　直撃雷に対しては，架空地線や避雷器の設置
進入雷に対しては，避雷器の設置
いずれもA種接地工事が必要である．

永久事故　線路の短絡や地絡・断線，電気機器の絶縁破壊などで，いつまでも継続する事故．

保護　短絡事故→過電流継電器で検出，遮断器で事故回線遮断
地絡事故→地絡方向継電器で事故回線を選択，遮断器で事故回線遮断

スタディポイント　保護継電器はどう動作するか

短絡事故　三相回路の2線間または3線が短絡し過大電流が流れる．これをCTを通して「過電流継電器」が検出し遮断器を動作させる．動作特性は図1に示す事故電流が大きくなるほど動作時間が短くなる「反限時特性」である．

地絡事故　三相回路の1線が大地と接触することにより地絡電流が流れる事故で，いくつかある回線から事故回線が選択できる「地絡方向継電器」が使用される．この継電器は図2のような接続で，零相電圧と零相電流により動作する．

地絡継電器の誤動作　図2で零相電流のみで動作する「地絡継電器」がある．この継電器は，静電容量の大きい非接地のケーブル線路が保護範囲にある場合，図3のように保護範囲外の地絡事故のときも静電容量から供給される地絡電流により動作する．

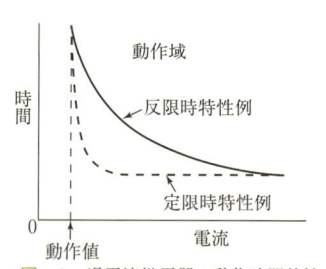

図1　過電流継電器の動作時間特性

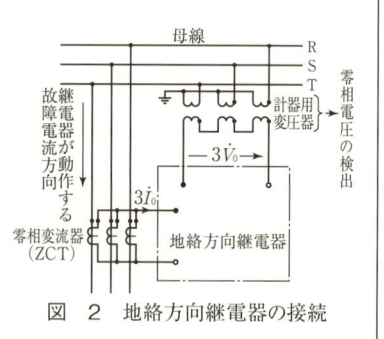

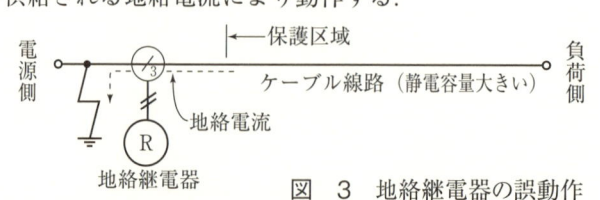

図2　地絡方向継電器の接続

図3　地絡継電器の誤動作

スタディポイント　雷からどう保護するか

外部異常電圧（主として雷）に対して，架空地線，アークホーン，避雷器などにより保護する．

架空地線　電線の上部に設けられた導体で鉄塔や鉄構に直接取付け接地しておく．直撃雷に対して遮へい効果があり，誘導雷に対しても急速に減衰させる効果がある．
　埋設地線により接地抵抗を低くし，遮へい効果を高めている．

アークホーン　図4のようにがいしに取付け，電線と支持物との間の異常電圧によるフラッシオーバをこの間に発生させて電線の溶断やがいしの破損を防止する．

避雷器（アレスタ）　受変電設備の引込口に設置され，図5のように外部から異常電圧が進入した場合に大地に放電し，電圧の異常上昇を防止する．避雷器が放電を開始する電圧を「放電開始電圧」といい，電圧が低下すれば続いて流れる「続流」を遮断する能力がある．

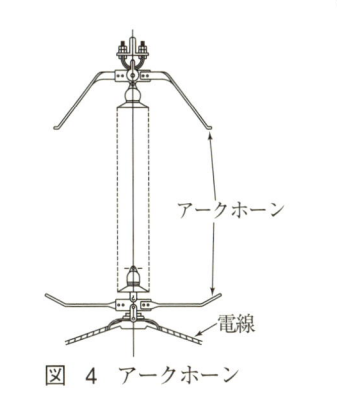

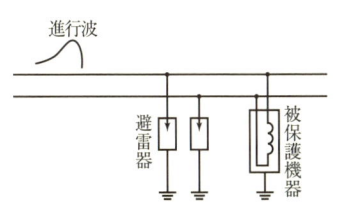

図4　アークホーン

図5　避雷器の接続

スタディポイント　絶縁協調とは

外部異常電圧（主として雷撃）に対して，主要機器の絶縁破壊を避けるため接続される機器の絶縁強度に段階を持たせることをいう．協調の一例として，変圧器などの機器，保護用の避雷器，電線路のがいしやアークホーンの絶縁強度を示すと図6のようになる．

絶縁強度は左より右へ高くなっていて，外部からの異常電圧に対してまず避雷器が動作し，それを超えた場合にアークホーンが放電し，最後に機器が絶縁破壊することになる．

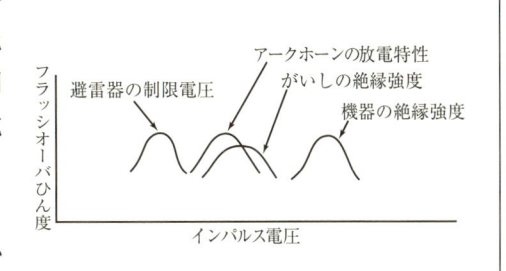

図6　絶縁協調の一例

[練習問題]

	問 い	答 え
1	送配電線路の雷害対策の記述として，誤っているものは．	イ．がいしにアークホーンを取り付ける． ロ．避雷器を設置する． ハ．架空地線を設置する． ニ．がいしの連結個数を減らす．
2	送配電線路の雷害対策の記述として，誤っているものは．	イ．鉄塔に架空地線を設置する． ロ．がいしにアークホーンを取り付ける． ハ．がいし表面にシリコンコンパウンドを塗布する． ニ．避雷器を適正に配置する．
3	雷その他による異常な過大電圧が加わった場合の避雷器の性能として適当なものは．	イ．過大電圧に伴う電流を大地へ分流することによって過大電圧を制限し，過大電圧が過ぎ去った後に，電路を速やかに健全な状態に回復させる． ロ．過大電圧の侵入した相を強制的に接地して，大地と同電位にする． ハ．内部の限流ヒューズが溶断して，保護すべき電気設備を電源から切り離す． ニ．電源と保護すべき電気設備を一時的に切り離し，過大電圧が過ぎ去った後に再び接続する．
4	次の記述の空欄箇所①，②及び③にあてはまる語句の組合せとして，正しいものは． 　高圧受電設備の引込口付近に設置される ① は，雷等による衝撃性の過電圧に対して動作し，過電圧を電路の絶縁強度より ② レベルにすることによって，受電設備の ③ を防止する．	イ．①避雷器　　　ロ．①地絡継電器 　　②低い　　　　　②低い 　　③絶縁破壊　　　③過負荷 ハ．①避雷器　　　ニ．①地絡継電器 　　②高い　　　　　②高い 　　③過負荷　　　　③絶縁破壊

電気機器・材料

4

変圧器の結線と出力
変圧器の損失と効率
誘導電動機の特性
三相誘導電動機の始動
電気材料

変圧器の結線と出力

電気機器・材料 1

Q
1 変圧器の変成比は何できまるか．
2 変圧器の結線を比較する．
3 Δ結線とV結線の出力はどう違うか．

スタディポイント　変圧器の変成比は

変圧器の一次と二次の電圧や電流は，損失のない理想変圧器では「巻数比 a」できまる．

$$\text{巻数比} = \frac{\text{一次巻数}\, n_1}{\text{二次巻数}\, n_2} = a$$

電圧の関係

図1のように一次電圧 E_1，二次電圧 E_2 とすると

$$\frac{E_1(\text{一次電圧})}{E_2(\text{二次電圧})} = \frac{n_1}{n_2}$$

$$E_2 = \left(\frac{n_2}{n_1}\right) E_1$$

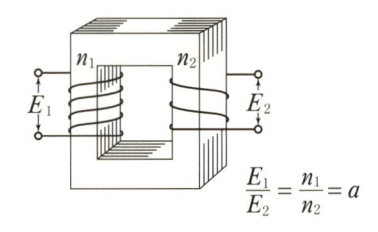

図 1　変圧器の巻数と電圧の関係

$$\frac{E_1}{E_2} = \frac{n_1}{n_2} = a$$

電流の関係

図2のような負荷電流が流れている場合，一次電流 I_1，二次電流 I_2 とすると

$$\frac{I_1(\text{一次電流})}{I_2(\text{二次電流})} = \frac{n_2}{n_1}$$

$$I_2 = \left(\frac{n_1}{n_2}\right) I_1$$

電圧変動率

図2の回路で二次回路に定格力率で定格電流を流したときに定格電圧 V_2 となるように一次電圧を調整，この一次電圧のまま二次を無負荷にしたときの二次電圧を V_{20} とすると，電圧変動率 ε は

$$\varepsilon = \frac{V_{20} - V_2}{V_2} \times 100 \,[\%]$$

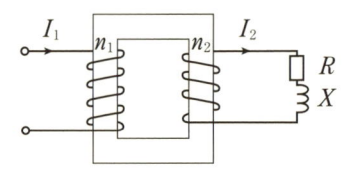

図 2　変圧器の巻数と電流の関係

$$\frac{I_1}{I_2} = \frac{n_2}{n_1} = \frac{1}{a}$$

ドリル　負荷時タップ切換変圧器は，一次側のタップを切換え一次巻数を変更して二次側の電圧を調整する．二次電圧が低下すると巻数の小さいタップに切換えて一次巻数を減少させ，(n_2/n_1) 比を大きくして二次電圧が高くなるようにする．

スタディポイント　変圧器の結線を比較する

変圧器の極性

変圧器の巻線には電池と同じように加極性と減極性の極性があり，2台の変圧器を並列や直列接続する場合は極性を合わせる必要がある．逆極性に接続すると，直列接続では，二次電圧は0になる．

並列接続では，二次が短絡された状態になり大きな短絡電流が2台の変圧器間に流れる．

単相変圧器の三相接続

一般に Δ−Δ 接続と V−V 接続が使用される．これらを比較すると表1のようになる．

表 1　Δ−Δ 接続と V−V 接続の比較

接続		特徴	欠点
Δ−Δ 結線	(図)	①1台が故障してもV結線にして使える． ②第3高調波電流がΔ回路を循環できるから第3高調波電圧が外部に現われない． ③各変圧器電流が線路電流の$1/\sqrt{3}$で，低電圧大電流に適する．	①中性点が接地できないので地絡保護が行いにくい． ②変圧比が相違すると，循環電流が流れる． ③各器のインピーダンスが異なると，負荷分担が不同になる．
V−V 結線	(図)	①変圧器が2台でよい． ②柱上変圧器などのように設置場所に制限を受ける場合に適する．	①1台の容量の$\sqrt{3}$倍の三相出力しか得られない．すなわち利用率が悪い． ②平衡負荷でもインピーダンス降下のため端子電圧が不平衡になる．

V−V 結線は，負荷が軽い場合やΔ結線で1相が故障した場合に使用される．表1の接続図のようにUW間に変圧器がなく，この間の負荷には変圧器2台が直列に接続されるので変圧器インピーダンスが2倍になり電圧が不平衡になる．

異容量 V 結線

電灯100V，動力200Vの負荷に供給する方式で変圧器二次側を図3のように接続する．動力負荷には三相200Vで，電灯には単相3線式200Vで供給する．一般に120°進んだ位相の変圧器に単相負荷をかける「進み接続」が採用されている．

単相3線式配電の中性線は図3のように必ず接地しておく．

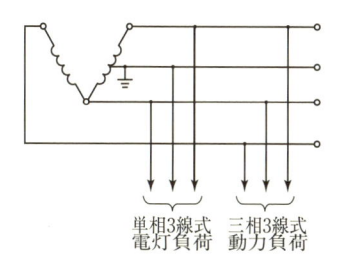

図 3　異容量V結線三相4線式

スタディポイント　Δ-Δ 結線と V-V 結線の出力

変圧器の出力は〔kV・A〕で表す．力率は関係なく，定格電圧〔V〕×定格電流〔A〕×10^{-3}〔kV・A〕である．

図4(a)で線間電圧 V〔V〕，線電流 I〔A〕とすると変圧器3台全体の出力（バンク出力）は，$\sqrt{3}VI$〔V・A〕である．変圧器1台の出力は $\frac{\sqrt{3}VI}{3} = \frac{VI}{\sqrt{3}}$〔V・A〕になる．

図4(b)のV−V結線では，変圧器2台であるから $\frac{2VI}{\sqrt{3}}$ になるはずである．しかし，V結線では変圧器電流がそのまま線路電流になるので，線路電流は $\frac{I}{\sqrt{3}}$ となり，バンク出力は，$\sqrt{3}V \times \frac{I}{\sqrt{3}} = VI$ になる．

(a) △-△結線　　　　　　　　　(b) V-V結線

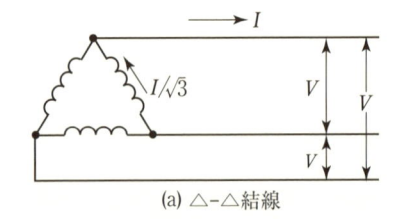

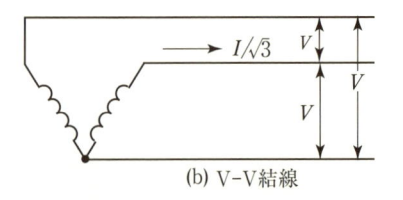

図 4　△-△結線とV-V結線の比較

変圧器1台の利用率は

$$\frac{\text{V結線}}{\triangle 結線} = \frac{\frac{VI}{2}}{\frac{VI}{\sqrt{3}}} = \frac{\sqrt{3}}{2} = 0.866$$

全体（バンク出力）の出力減少率は

$$\frac{\text{V結線}}{\triangle 出力} = \frac{VI}{\sqrt{3}\,VI} = \frac{1}{\sqrt{3}} = 0.577$$

1台の利用率は86.6%に，全体の出力は57.7%に減少する．

[練習問題]

	問　　い	答　　え			
		イ．	ロ．	ハ．	ニ．
1	変圧器の結線方法のうち △-△ 結線は．				
2	1台あたりの消費電力 12〔kW〕，遅れ力率80〔%〕の三相負荷がある．定格容量150〔kV·A〕の三相変圧器から電力を供給する場合，供給できる負荷の最大台数は．	イ．10	ロ．12	ハ．15	ニ．16
3	単相変圧器2台をV結線とし，消費電力24〔kW〕，力率80〔%〕の三相負荷に電力を供給する場合，単相変圧器1台の最小容量〔kV·A〕として，最も適切なものは． ただし，変圧器は過負荷で運転しないものとする．	イ．10	ロ．20	ハ．30	ニ．50

	問い	答え			
4	定格容量 100〔kV·A〕の単相変圧器と 200〔kV·A〕の単相変圧器をV結線した場合に，接続できる三相負荷の最大容量〔kV·A〕は．	イ．141	ロ．150	ハ．173	ニ．300
5	定格出力 10〔kV·A〕の単相変圧器 3 台を Δ-Δ 結線にして，電力を供給していた．1 台の変圧器が故障したので，残り 2 台でV結線に配線替えをして電力を供給する場合，供給できる負荷の設備容量の最大値〔kV·A〕は． ただし，変圧器は過負荷で使用しないものとする．	イ．10.0	ロ．14.1	ハ．17.3	ニ．20.0
6	同容量の単相変圧器 2 台をV結線し，三相負荷に電力を供給する場合の変圧器 1 台当たりの最大の利用率は．	イ．$\frac{1}{2}$	ロ．$\frac{\sqrt{2}}{2}$	ハ．$\frac{\sqrt{3}}{2}$	ニ．$\frac{2}{\sqrt{3}}$
7	ある変圧器の負荷は有効電力 90〔kW〕，無効電力 120〔kvar〕，力率は 60〔％〕である．いま，ここに有効電力 70〔kW〕，力率 100〔％〕の負荷を増設した場合，この変圧器にかかる負荷の容量〔kV·A〕は． 増設負荷 有効電力90kW　有効電力70kW 無効電力120kvar　力率100% 力率60%	イ．160	ロ．200	ハ．240	ニ．280

変圧器の損失と効率　　電気機器・材料 2

Q
1. 変圧器の損失にはどんなものがあるか．どう変化するか．
2. 変圧器の効率計算と最大となる条件は．
3. 損失はどう測定するか．

スタディポイント　変圧器の損失

損失には，無負荷損と負荷損がある．

無負荷損

ほとんどが「鉄損」で，負荷の大きさにより変化せずほぼ一定値である．

鉄損は「ヒステリシス損」と「渦電流損」に分けられ，
1. 周波数を一定とすると，電圧の2乗に比例して増加．
2. 電圧を一定とすると，周波数の低いほど鉄損は大きい．

負荷損（銅損）

負荷電流による「巻線の抵抗損」と「漂遊負荷損」に分けられるが，抵抗損が主体である．
1. 負荷損は負荷電流の2乗に比例して増加する．たとえば，負荷が 1/2 になると負荷損は 1/4 に減少する．

スタディポイント　変圧器の効率計算

効率は出力ワット〔W〕の入力ワット〔W〕に対する％値で表す．問題には変圧器の出力として〔kV・A〕で示されることが多いので，力率（$\cos\phi$）をかけて〔kW〕にするよう注意すること．

$$\text{効率}\ \eta = \frac{\text{出力}〔W〕}{\text{入力}〔W〕} \times 100 = \frac{\text{出力}}{\text{出力}+\text{損失}} \times 100$$

$$= \frac{V_2 I_2 \cos\phi}{V_1 I_1 \cos\phi} \times 100$$

$$= \frac{V_2 I_2 \cos\phi}{V_2 I_2 \cos\phi + W_0 + W_1} \times 100 〔\%〕 \quad (1)$$

ただし，V_2；二次電圧〔V〕　I_2；二次電流〔A〕
　　　　$\cos\phi$；二次力率　W_0；無負荷損〔W〕
　　　　W_1；負荷損〔W〕

上式で，負荷により I_2 や W_1 が変化するので効率も変化する．

最大効率の条件

　　負荷損＝無負荷損

の場合に最大効率となる．

損失の負荷による変化は図1のようになる．

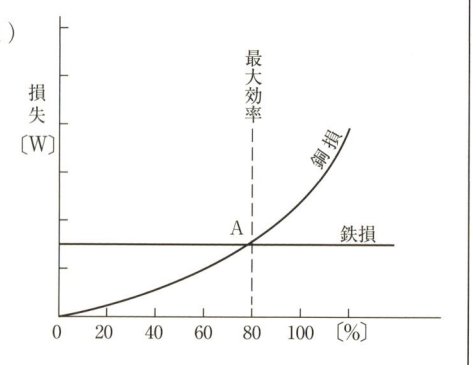

図 1　損失の変化と最大効率

負荷損は負荷電流の2乗に比例した右上がりの曲線となり，鉄損は負荷により変化しない水平な線となる．二つの損失曲線の交点Aが最大効率となる負荷である．

全日効率
1日中の電力量についての効率で次の式で計算する．

$$全日効率 = \frac{1日中の全出力電力量〔W\cdot h〕}{1日中の全入力電力量〔W\cdot h〕} \times 100 〔\%〕$$

【例題】定格出力100kV・Aの変圧器で，鉄損1kW，全負荷時の負荷損1.2kWとする．1日のうち，無負荷で10時間，力率85%の全負荷で14時間運転したときの全日効率を求める．

全負荷時のkW出力は，$100 \times 0.85 = 85$kW，全負荷時の損失は，$1 + 1.2 = 2.2$kW，無負荷時損失は1kWであるから

$$全日効率 = \frac{85 \times 14}{1 \times 10 + (85 + 2.2) \times 14} \times 100 = 96.7 〔\%〕$$

ドリル 規約効率 大形変圧器では実負荷をかけて効率や損失を測定することは，設備や時間，使用電力の点で困難である．このため無負荷試験より鉄損，短絡試験より負荷損を測定して下式により計算するのが規約効率である．

$$規約効率 = \frac{出力}{出力 + 鉄損 + 負荷損} \times 100 〔\%〕$$

スタディポイント　損失の測定方法

無負荷損を測定するために無負荷試験を，負荷損の測定のために短絡試験を行う．

無負荷試験　変圧器の二次回路を開放し，図2のように接続し一次側に定格周波数で定格電圧を加えて電力を測定する．この電力が無負荷損（鉄損）である．

短絡試験　図3のように巻線の一方を短絡し，他方の巻線より定格周波数で短絡電流が定格電流となるような低電圧を加える．このときの電力が負荷損である．

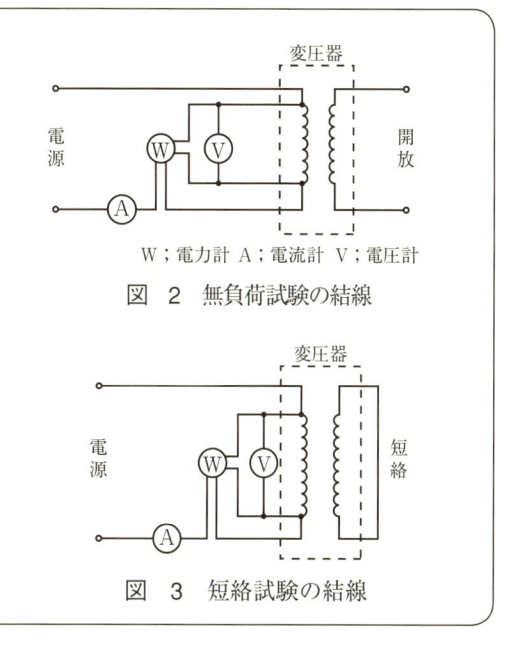

W；電力計 A；電流計 V；電圧計

図 2 　無負荷試験の結線

図 3 　短絡試験の結線

[練習問題]

	問 い	答 え
1	変圧器の損失に関する記述として誤っているものは．	イ．無負荷損の大部分は鉄損である． ロ．負荷電流が2倍になれば銅損は2倍になる． ハ．銅損は短絡試験によって測定できる． ニ．銅損と鉄損が等しいときに効率が最大となる．
2	変圧器の鉄損に関する記述として正しいものは．	イ．周波数が変化しても鉄損は一定である． ロ．鉄損は渦電流損より小さい． ハ．鉄損はヒステリシス損より小さい． ニ．一次電圧が高くなると鉄損は増加する．
3	単相 100〔kV・A〕の変圧器がある．この変圧器を定格電圧，定格容量で使用したとき，その鉄損は 160〔W〕，銅損は 1200〔W〕である．この変圧器を定格電圧，50〔％〕負荷で使用した場合の全損失〔W〕は． ただし，負荷の力率は 100〔％〕とする．	イ．340　　ロ．460　　ハ．680　　ニ．760
4	鉄損が 0.5〔kW〕，全負荷時の銅損が 1.2〔kW〕の変圧器がある．この変圧器を 1 日のうち 4 時間は全負荷，8 時間は 50〔％〕負荷，その他の時間は無負荷で使用する場合の 1 日の損失電力量〔kW・h〕は．ただし，負荷の力率は 100〔％〕とする．	イ．7.2　　ロ．15.6　　ハ．19.2　　ニ．21.6
5	図はある変圧器の鉄損と銅損の損失曲線である．この変圧器の効率が最大となるのは負荷が何パーセントのときか．	イ．25　　ロ．50　　ハ．75　　ニ．100

	問 い	答 え
6	定格容量 30〔kV·A〕の変圧器の無負荷損が 100〔W〕,定格容量に等しい出力における銅損が 400〔W〕の場合,この変圧器の効率が最大となる出力は定格容量の何パーセント〔％〕のときか.ただし,負荷の力率は 100〔％〕であるとする.	イ.40　　ロ.50　　ハ.60　　ニ.70
7	定格容量 75〔kV·A〕,鉄損 300〔W〕,全負荷時の銅損 1 200〔W〕の変圧器がある.この変圧器を 1 日のうち 8 時間を全負荷で運転し,他の時間を無負荷で運転した場合の全日効率〔％〕は. ただし,負荷の力率は 100〔％〕とする.	イ.96　　ロ.97　　ハ.98　　ニ.99

誘導電動機の特性　電気機器・材料 3

Q
1. 誘導電動機の回転数は何できまるか．
2. 誘導電動機の出力とトルクの関係は．
3. 力率・効率・入力・出力の関係は．

スタディポイント　誘導電動機の回転数

電動機の回転数はふつう1分間の回転数で表され，〔min^{-1}〕が単位記号である．誘導電動機は(1)式の「同期速度」よりやや低い回転数で回転し，速度低下の割合を「滑り」といい(2)式で計算する．

同期速度 N_s〔min^{-1}〕，電源周波数を f〔Hz〕，電動機の極数を p とすると

$$N_s = \frac{120f}{p} \text{〔min}^{-1}\text{〕} \quad (1)$$

たとえば，電源周波数 50Hz，8極の電動機について同期速度は

$$N_s = \frac{120 \times 50}{8} = 750 \text{〔min}^{-1}\text{〕}$$

滑り s　滑りは％値で表される場合と小数で示される場合とがある．

電動機の速度を N〔min^{-1}〕とすると

$$s = \frac{N_s - N}{N_s} \quad (2)$$

実際の速度（回転数）N〔min^{-1}〕，同期速度を N_s〔min^{-1}〕，滑りを s（小数）とすると

$$N = N_s(1 - s) \text{〔min}^{-1}\text{〕} \quad (3)$$

ドリル

(2)式の値を100倍すると％値になる．

たとえば，上記の電動機が 700min^{-1} で運転している場合，滑りは

$$s = \frac{750 - 700}{750} = 0.067$$

滑りは 0.067 または 6.7％になる．

滑り s の値は通常の運転時で 4～7％である．$s = 0$ ということは $N_s = N$ で，同期速度で運転していること，$s = 1$ では $N = 0$ となり停止している状態である．滑りがマイナスの値になる場合もある．同期速度より早く回転している状態で誘導発電機になっている．風力発電では誘導電動機が風車により同期速度より高い回転数で発電している．

誘導電動機はこのように同期速度よりやや低い速度で回転するが，同期電動機は同期速度で回転し，それ以外の速度では運転できない．

(3)式で電動機が滑り5％で運転している場合の回転速度は

$$N = 750(1 - 0.05) = 712.5 \text{〔min}^{-1}\text{〕}$$

スタディポイント　誘導電動機の出力とトルクの関係

電動機の出力は〔W〕で，トルクは〔N・m〕で表される．
トルクは電動機の回転子を軸のまわりに回転させようとする力で，力学ではモーメントと呼ばれている．

トルク T〔N・m〕と出力 P〔W〕，回転角速度 ω〔rad/s〕とすると(4)式の関係がある．

$$T = \frac{P}{\omega} \text{〔N・m〕} \quad (4)$$

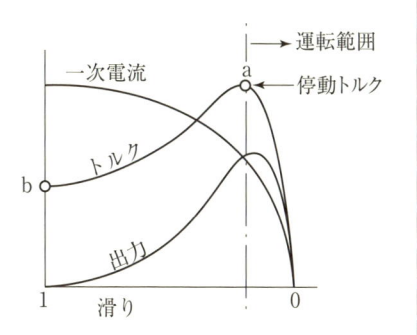

滑りに対する特性曲線

滑りに対して，トルク，出力，一次電流は図1のように変化する．

図1　滑りに対する特性の変化

安定に運転できる範囲は図の1点鎖線の右側で，A点はトルクが最大となる運転点で「停動トルク」という．滑り0とa点の範囲でトルクは滑りとほぼ比例関係にあり，トルクが大きくなると滑りも大きくなる．停動トルクを超えてトルクが大きくなる（負荷が大きくなる）と電動機は停止してしまう．

この運転範囲内で出力とトルクは比例し，トルクが大きくなると出力も大きくなる．出力が一定とするとトルクと回転数は逆比例し，トルクが小さくなると回転数は増加する．

電圧に対する特性

滑りが同じとすると，トルクや出力は供給電圧の2乗に比例して増減する．

ある安定した運転状態でトルクが減少する（負荷が軽くなる）と回転数が上昇し，一次電流が減少して電動機への入力が減少し，当然，出力も小さくなる．

ドリル　ω は回転角速度で N〔min^{-1}〕の回転速度の場合，1秒間について $N/60$〔s^{-1}〕，1回転は 2π〔rad〕であるから，$2\pi N/60$〔rad/s〕ということになる．

スタディポイント　力率，効率，入力，出力の関係

三相誘導電動機の定格電圧は線間電圧 V〔V〕，定格電流は線電流 I〔A〕で表す．力率を $\cos\phi$，効率を η（いずれも小数）とすると，出力 P〔W〕は(5)式となる．

$$P = \sqrt{3} \cdot V \cdot I \cdot \eta \cdot \cos\phi \text{〔W〕} \quad (5)$$

電圧200V，負荷電流10A，力率80%，効率80%で運転されている誘導電動機の出力は

$$P = \sqrt{3} \times 200 \times 10 \times 0.8 \times 0.8 = 2217 \text{〔W〕} \fallingdotseq 2.2 \text{〔kW〕}$$

となる．

[練習問題]

	問い	答え			
1	4極，50〔Hz〕の三相誘導電動機が，電源周波数 50〔Hz〕，滑り 6〔%〕で運転中である．このときの回転速度〔min⁻¹〕は．	イ．1400	ロ．1405	ハ．1410	ニ．1415
2	定格出力 22〔kW〕，極数 4 の三相誘導電動機が電源周波数 60〔Hz〕，滑り 5〔%〕で運転されている．このときの1分間当たりの回転数は．	イ．1425	ロ．1500	ハ．1710	ニ．1800
3	6極のかご形三相誘導電動機があり，その一次周波数がインバータで調整できるようになっている．この電動機が滑り 4〔%〕，回転速度 384〔min⁻¹〕で運転されている場合の一次周波数〔Hz〕は．	イ．10	ロ．20	ハ．30	ニ．40
4	普通かご形三相誘導電動機が定格電圧，定格出力で，滑り 5〔%〕の回転速度で運転されている．いま，負荷トルクが 20〔%〕減少した場合の電動機に関する記述として，正しいものは．	イ．回転速度が約 1〔%〕上昇し，負荷電流が約 20〔%〕増加する．	ロ．回転速度が約 1〔%〕上昇し，負荷電流が約 20〔%〕減少する．	ハ．回転速度が約 1〔%〕減少し，負荷電流が約 20〔%〕増加する．	ニ．回転速度が約 1〔%〕減少し，負荷電流が約 20〔%〕減少する．
5	三相かご形誘導電動機が，電圧 200〔V〕，負荷電流 10〔A〕，力率 80〔%〕，効率 80〔%〕で運転されているとき，この電動機の出力〔kW〕は．	イ．1.3	ロ．2.2	ハ．2.8	ニ．3.5
6	定格電圧 200〔V〕，定格出力 11〔kW〕の三相誘導電動機の全負荷時における電流〔A〕は． ただし，全負荷時における力率は 80〔%〕，効率は 85〔%〕とする．	イ．37	ロ．40	ハ．47	ニ．81
7	定格出力 15〔kW〕，定格電圧 200〔V〕の三相誘導電動機の全負荷時の力率が 84〔%〕，一次電流 60〔A〕とすれば，この電動機の全負荷時の効率〔%〕は．	イ．85	ロ．86	ハ．87	ニ．88

三相誘導電動機の始動

電気機器・材料 4

Q
1. 始動時に生じるトラブルは.
2. 始動にはどんな方法があるか.
3. Y-Δ 始動の利点は.

スタディポイント　始動時に生じるトラブル

停止している誘導電動機を直接電源に接続すると,定格電流の500〜700％の始動電流が流れ,定格トルクの100〜200％の始動トルクが発生する.このため次のようなトラブルが生じる.
1. 電源容量が小さい時,始動電流により電圧が低下する.
2. 負荷の慣性が大きい時,始動時間が短いと急激な温度上昇やそれによる熱応力が生じ,電動機本体が損傷する.
3. 大きな始動トルクにより負荷に過大なショックを与える.

このようなトラブルを避けるために,供給電圧を低下させて始動する方法がとられている.

スタディポイント　いろいろな始動方法

1 じか入れ始動

定格電圧の電源に直接接続する.5kW以下のものはじか入れ始動するのがふつうで,これ以上の容量のものは回転子のかごを「二重かご形」や「深みぞ形」などの特殊かご形にし始動特性をよくしている.

2 Y-Δ 始動

始動時はY接続とし,始動後加速し定格速度近くになったときにΔ接続に切り替える始動法である.始動電流や始動トルクは定格運転時の1/3に低下する.(詳細は次のスタディポイントで解説)

3 始動補償器始動

図1のように単巻変圧器により電圧を低下させて始動する方式.

電圧を $1/a$ に低下させるとトルクは $1/a^2$ になる.電動機電流も $1/a$ になるが変圧器の高圧側では電流はさらに $1/a$ になり,電源からの線電流は $1/a^2$ になる.

この単巻変圧器を「始動補償器」という.

4 リアクトル始動

図2のように始動時にリアクトルを直列に挿入して始動電流を制限する.リアクトルの電圧降下により減電圧始動になるが,電流は $1/a$ になるとトルクは $1/a^2$ になるので,始動トルクの低下が大きい.

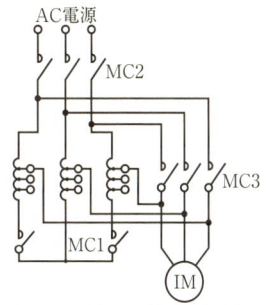

MC1を閉じ,MC2を投入し単巻変圧器で低下させた電圧を加えて始動する.つぎにMC1を開くとともにMC3を投入して運転に入る.

図　1　始動補償器始動

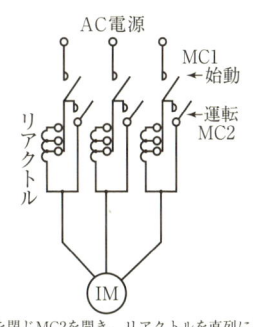

MC1を閉じMC2を開き,リアクトルを直列に入れて始動し,つぎに,MC2を閉じリアクトルを短絡して運転に入る.

図　2　リアクトル始動

— 95 —

その他，リアクトルの代わりに抵抗を使用する「抵抗始動」，1相のみにリアクトルを挿入する「クサ始動」などがある．

スタディポイント　Y-Δ 始動の利点

図3のように始動時は一次巻線をY接続し，適当に加速した状態でΔに接続を変更する方式．

いろいろな接続図が出題されているので，正確に接続を追えるように練習しておく必要がある．

始動法としてもっとも簡単であるので，広く採用されている．

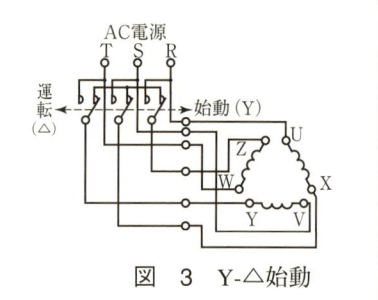

電流とトルクの変化

始動時（Y接続）　相電圧はΔ接続の$1/\sqrt{3}$，相電流は線電流と同じで$1/\sqrt{3}$，トルクは$1/3$になる．

運転時（Δ接続）　相電流について考える．Δ接続の場合，相電流をIとすると線電流は$\sqrt{3}I$となる．Y接続にすると各相にかかる電圧は線間電圧の$1/\sqrt{3}$になり相電流は$I/\sqrt{3}$になる．Δ接続にくらべY接続の線電流は$(I/\sqrt{3})/\sqrt{3}I=1/3$に減少する．

図 3　Y-△始動

[練習問題]

	問　　い	答　　え
1	かご形誘導電動機のY-Δ始動に関する記述として誤っているものは．	イ．固定子巻線をY結線にして始動したのち，Δ結線に切り換える方法である． ロ．始動時には固定子巻線の各相に定格電圧の$1/\sqrt{3}$倍の電圧が加わる． ハ．Δ結線で全電圧始動した場合に比べ始動時の線電流は$1/3$に低下する． ニ．始動トルクはΔ結線で全電圧始動した場合と同じである．
2	下の回路図によるかご形誘導電動機の始動の名称は．	イ．スターデルタ始動 ロ．全電圧始動 ハ．補償器始動（始動補償器による始動） ニ．リアクトル始動

	問　い	答　え
3	三相誘導電動機が運転中に，1相が欠相した場合の記述として正しいものは．	イ．滑り，電流ともに減少する． ロ．滑り，電流ともに増加する． ハ．電気的な制動により急停止する． ニ．同期速度で回転が継続される．

電気材料

電気機器・材料 5

Q 1 絶縁材料には何があるか．
2 絶縁電線の許容電流の大きさは．

スタディポイント　*絶縁材料と耐熱区分*

　電気機器の出力や容量は絶縁材料によりきまる．導体に電流が流れるとジュール損により発熱し温度が上昇する．この温度上昇に絶縁材料が耐える限界がその機器の最大出力となる．

絶縁材料に必要な特性

　　絶縁耐力　　高電圧に対する耐力　　大きいほど良い．
　　絶縁抵抗　　漏れ抵抗の値　　　　　大きいほど良い．
　　$\tan\delta$　　　　誘電体損の大きさ　　　小さいほど良い．

絶縁材料の耐熱クラス

　使用できる最高許容温度により表1のような種類に分けられている．

表 1　機器絶縁の種類

耐熱クラス	最高許容温度	絶　　　　　縁
Y	90℃	木綿，絹，紙などでワニスを含浸しないもの．
A	105℃	Y種の材料をワニス類で含浸したもの．
E	120℃	架橋ポリエステル樹脂，セルローズトリアセテートなどを接着材料とともに構成したもの．
B	130℃	マイカ，石綿，ガラス繊維などを接着材料とともに構成したもの．
F	155℃	B種の材料をシリコンアルキド樹脂などの接着材料とともに構成したもの．
H	180℃	B種の材料をシリコン樹脂または同等の耐熱寿命を持った接着材料とともに構成したもの．
N	200℃	マイカ，磁器，ガラスなどを単体で用いたもの．
R	220℃	
250	250℃	

スタディポイント　*絶縁電線の許容電流*

　絶縁電線の許容電流は，使用している絶縁材料の最高許容温度を超えないように制限せねばならない．屋内配線に広く使用されている600Vビニル絶縁電線の許容電流は導体が銅線の場合，表2のように定められている．（電技解釈第146条）

　表2の許容電流は周囲温度が30℃の場合で，これより周囲温度が高い場合は電流減少係数を，温度が低い場合は，電流補正係数をかけた値を使用する．当然，周囲温度が高い場合は許容電流の値は小さくなり，低い場合は大きくなる．

絶縁電線の許容温度

60℃　　600Vゴム絶縁電線（RB）　600Vビニル絶縁電線（IV）
75℃　　600V二種ビニル絶縁電線（HIV）
75℃　　ポリエチレン絶縁電線（IE）
80℃　　エチレンプロピレンゴム絶縁電線（IP）
90℃　　架橋ポリエチレン絶縁電線（IC）
180℃　シリコンゴム絶縁電線（IK）

表 2　絶縁電線の許容電流

(a) 単 線

直　径〔mm〕	許容電流〔A〕
1.6 以上　2.0 未満	27
2.0 以上　2.6 未満	35
2.6 以上　3.2 未満	48
3.2 以上　4.0 未満	62
4.0 以上　5.0 未満	81
5.0	107

(b) より線

公称断面積〔mm^2〕	許容電流〔A〕
2 以上　3.5 未満	27
3.5 以上　5.5 未満	37
5.5 以上　8 未満	49
8 以上　14 未満	61
14 以上　22 未満	88
22 以上　30 未満	115
30 以上　38 未満	139
38 以上　50 未満	162
50 以上　60 未満	190

絶縁材料と許容電流　絶縁材料の種類により許容電流が変化する．周囲温度が低下した場合に，許容電流補正係数の小さい順に並べると次のようになる．同じ温度であれば，当然下の方が許容電流が大きい．

　ビニル混合物および天然ゴム混合物
　ビニル混合物（耐熱性をもつもの），ポリエチレン混合物，スチレンブタジエンゴム混合物
　ふっ素樹脂混合物
　エチレンプロピレンゴム混合物
　ポリエチレン混合物（架橋したもの），けい素ゴム混合物

電線管による許容電流の減少　電線を線ぴや電線管に入れて施設すると，放熱が悪くなり温度が上昇する．このため電線の許容電流を表3の電流減少係数を乗じた値まで減少させる．

表 3　電線管に入れた場合の許容電流の減少

同一管内の電線数	電流減少係数
3 以下	0.70
4	0.63
5 又は 6	0.56
7 以上 15 以下	0.49
16 以上 40 以下	0.43
41 以上 60 以下	0.39
61 以上	0.34

[練習問題]

	問　　　い	答　　　え
1	低圧屋内配線において，電線を周囲温度 30〔℃〕以下で使用する場合，許容電流が最も大きい絶縁電線は．ただし，電線の導体(銅)の太さはすべて同一であるとする．	イ．600 V　ビニル絶縁電線 ロ．600 V　二種ビニル絶縁電線 ハ．600 V　エチレンプロピレンゴム絶縁電線 ニ．600 V　架橋ポリエチレン絶縁電線
2	600〔V〕ビニル絶縁電線の許容電流(連続使用時)に関する記述のうち適切なものはどれか．	イ．電線の温度が 80〔℃〕となる時の電流値をいう． ロ．電流による発熱により絶縁物が著しい劣化をきたさないようにするための限界の電流値をいう． ハ．電線が電流による発熱により溶断する時の電流値をいう． ニ．電圧降下を許容範囲に収めるための最大電流値をいう．

5

応　用

照明と照明の計算
蛍光灯と点灯回路
電気加熱
電池の種類と特徴
電動力応用

照明と照明の計算　　応用 1

Q 1 照明の用語と単位を知ろう．
2 光源の種類と特徴を比較すると．
3 照明の計算はどうするか．

スタディポイント　照明の用語と単位

　10Wの電灯は暗いが100Wのは明るい．この種類の明るさを「光度」という．夜，電灯をつけると室内が明るくなる．これは電灯という「光源」により照らされる程度で「照度」である．さらに光源により照らされる場所にある物は性質により明るくも暗くも見える．これが「光束発散度（輝度）」である．

　電球が光っている感じを出すために，図1右のように周囲に放射状の線を画く．この状態を光源から「光束」が出ているといい，記号は F，単位は「ルーメン〔lm〕」である．

図1　電球が光っている状態を示す

　光源から出た光束が照らされる場所に来ると「照度 E」が生じる．これは光束 F〔lm〕の大小や照らされる場所の面積 A〔m²〕によりきまり，単位は「ルクス〔lx〕」で(1)式で計算する．

$$E = \frac{F \text{〔lm〕}}{A \text{〔m}^2\text{〕}} \text{〔lx〕} \quad (1)$$

【例】100Wの電球が20m²の部屋についている．この電球から1400lmの光束が出て，そのうち30%が床面に来るとすると床面の照度は

$$E = \frac{1400 \times 0.3}{20} = 21 \text{ lx}$$

　上の例で，光束の30%が床面に来るとしたが，この数値が「照明率」である．
　「光度」はある方向に出る光束の密度で，記号は I，単位は「カンデラ（cd）」である．

スタディポイント　光源の種類と特徴

大別すると，白熱灯と放電灯になる．

白熱灯
フィラメントを白熱状態にした温度放射を利用する．

　白熱電球　　　効率：13～16 lm/W　　寿命：1000時間
　ハロゲン電球　効率：21 lm/W　　　　寿命：2000時間

放電灯
電極間の放電により発生する紫外線を可視光線に変換する．

　蛍光灯　　　効率：40～60 lm/W　　寿命：7500～10000時間
　高圧水銀灯　高圧水銀蒸気中で放電させる．効率を上げ演色性をよくしたのが蛍光水銀灯．
　　　　　　　効率：60 lm/W　　　　　寿命：6000～12000時間
　メタルハライドランプ　水銀に金属のハロゲン化物を添加した水銀灯．効率・演色性とも

-102-

に蛍光水銀灯よりすぐれている．

効率：50～90 lm/W　　寿命：6000～12000時間

ナトリウムランプ　ナトリウム蒸気中の放電を利用する．高速道路やトンネル内の照明に適する．ナトリウムの蒸気圧を高めると演色性が改善される．

効率：150～170 lm/W　寿命：12000時間

スタディポイント　照明計算の基礎

出題されるのは点光源の照度計算であるから，この基本だけを学べば十分である．

距離の逆2乗の法則

図2のように点光源から r〔m〕離れた光束に直交する平面 P 点の照度（法線照度）E_n〔lx〕は，(2)式のようにその方向の光度 I〔cd〕に比例し，距離 r〔m〕の2乗に逆比例する．

$$E_n = \frac{I}{r^2} \text{〔lx〕} \quad (2)$$

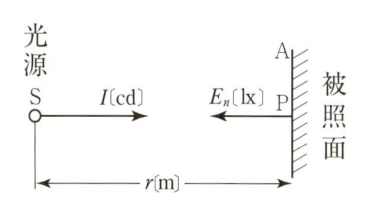

図2　距離の逆2乗の法則

たとえば，光源からの距離が2倍になれば照度は 1/4 に減少し，距離が 1/2 になれば4倍に増加する．

ランベルトの入射角余弦の法則

図3のように光束の方向から入射面が傾いている場合，P点の照度 E〔lx〕は光の入射角 θ の余弦に比例する．

$$E = E_n \cos\theta = \frac{I}{r^2} \cos\theta \quad (3)$$

光の方向に対して 45°傾いていると，照度は $\cos 45° = 1/\sqrt{2} ≒ 0.71$ に減少する．

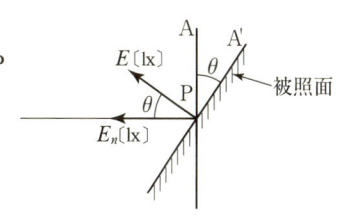

図3　ランベルトの法則

[練習問題]

	問い	答え
1	照度に関する記述として，正しいものは．	イ．被照面に当たる光束を一定としたとき，被照面が黒色の場合の照度は，白色の場合の照度より小さい． ロ．屋内照明では，光源から出る光束が2倍になると，照度は4倍になる． ハ．1$[m^2]$の被照面に1$[lm]$の光束が当たっているときの照度が1$[lx]$である． ニ．光源から出る光束を一定としたとき光源から被照面までの距離が2倍になると照度は$\frac{1}{2}$倍になる．
2	照明用光源の説明として，誤っているものは．	イ．ハロゲン電球は，白熱電球の一種で小形，長寿命である． ロ．Hf蛍光ランプは高周波点灯専用形蛍光ランプのことである． ハ．3波長形蛍光ランプは高効率で演色性に優れたランプである． ニ．メタルハライドランプは，高圧水銀ランプに比べ演色性が劣っている．
3	電源を投入してから，点灯するまでの時間が最も短いものは．	イ．ハロゲン電球（ヨウ素電球） ロ．メタルハライドランプ ハ．高圧水銀ランプ ニ．ナトリウムランプ
4	床面上 $r[m]$の高さに，光度 $I[cd]$の点光源がある．光源直下の床面照度 $E[lx]$ を示す式．	イ．$E=\frac{I}{r}$ ロ．$E=\frac{I}{r^2}$ ハ．$E=\frac{I^2}{r}$ ニ．$E=\frac{I^2}{r^2}$
5	図1のように光源から1$[m]$離れたa点の照度が100$[lx]$であった．図2のように光源の光度を2倍にし，光源から2$[m]$離れたb点の照度$[lx]$は．	イ．50 ロ．100 ハ．200 ニ．400
6	面積が $S[m^2]$の床に入る全光束が $F[lm]$であるとき，床の平均照度 $E[lx]$を示す式は．	イ．$E=\frac{S}{F}$ ロ．$E=\frac{F}{S^2}$ ハ．$E=\frac{F^2}{S}$ ニ．$E=\frac{F}{S}$

蛍光灯と点灯回路　応用 2

Q 1 蛍光灯はなぜ光るか．
2 蛍光灯の点灯回路を比較する．

スタディポイント　蛍光灯の光る原理

発光の原理
　管の中にある低圧水銀蒸気中での放電により発生した大量の紫外線を，管の内面に塗布した蛍光膜により可視光線に変換し光源に利用する．

蛍光灯の特徴
　利点　効率が高い，光色が優秀，寿命が長い，熱放射が少ない，低輝度で光の拡散がよい．
　欠点　点灯に時間がかかり附属装置が必要，点灯がちらつく，回路が低力率，周囲温度の
　　　　影響が大きい．

蛍光灯の特性
1　電源電圧の変動　電圧変化による光束の変化は小さい．
　　　　　　　　　電圧が上下，いずれに変化しても寿命は短くなる．
2　電源周波数の変動　周波数が低下するとランプ電流が増加，安定器を過熱しランプ寿
　　　　　　　　　　命も短縮する．
3　周囲温度　管壁温度 40℃が光束最大．それより温度が上昇・低下しても光束は減少する．
4　フリッカ　電源周波数の2倍の頻度で点滅するのでちらつきがある．

スタディポイント　蛍光灯の点灯回路

　図1は点灯管(グローランプ)を使用した点灯回路である．スイッチを入れると電源電圧は点灯管にかかりグロー放電が生じる．放電により点灯管のバイメタルが伸び固定電極に接触する．
　この接触で安定器(チョークコイル)と管のフィラメントを含む回路に電流が流れてフィラメントを加熱して熱電子を放出する．この間はグロー放電が中止しているので，バイメタルは冷却し固定電極から離れるがその瞬間に衝撃電圧が発生しランプの両端にかかり，ランプは瞬時に放電を開始して点灯する．

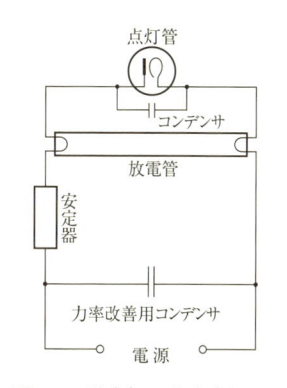

図 1　蛍光灯の基本点灯回路

　蛍光ランプ　効率重点形 (D, W, WW)，演色改善形 (DL)，高演色形 (SDL)，高効率・
　　　　高演色形 (3波長域発光形)，高忠実演色形 (EDL) などがある．
　安定器　放電を安定させるのが目的で鉄心にコイルを巻いたチョークコイルを使用する．
　　　　このため力率は 60〜65%に低下，力率改善のため，電源に並列に力率改善用コンデンサを接続する．

各種の点灯回路

高周波点灯 インバータで電源周波数を 40kHz 程度に高くして点灯．安定器は小型になり，点灯管も不要，ランプ効率も高くチラツキはほとんどない．

ラピッドスタート点灯 ランプの全長に沿って近接導体を設けたラピッドスタート形ランプを使用．点灯時間は1秒程度で短い．

［練習問題］

	問　　い	答　　え
1	蛍光灯に関する記述として誤っているものは．	イ．点灯中の管内では放電により紫外線が発生している． ロ．発光効率は，白熱電球より悪い． ハ．平均寿命は，白熱電球より長い． ニ．電源電圧が低くなると暗くなる．
2	ラピッドスタート形蛍光灯に関する記述として誤っているものは．	イ．安定器が必要である． ロ．グロー放電管（グロースタータ）は不要である． ハ．即時（約1秒）点灯が可能である． ニ．インバータが必要である．
3	高周波点灯装置（インバータ式）を用いた蛍光灯に関する記述として誤っているものは．	イ．点灯周波数が高いため，ちらつきを感じない． ロ．約1秒程度と比較的点灯時間が早い． ハ．安定器の小形軽量化がはかれる． ニ．点灯周波数が高いため，騒音が大きい．

電気加熱

応用 3

Q 1 電気加熱にどんな種類があるか.
2 電熱の計算はどうするか.

スタディポイント　電熱の種類と用途

抵 抗 加 熱　抵抗体に電流を流し、抵抗損により発生する熱を利用.
家庭用電熱，抵抗溶接，黒鉛化炉，アルミニウム電解など.

アーク加熱　電極間に発生するアークによる熱を利用.
アーク溶接，エルー炉，シェーンヘル炉など高温を要する用途.

誘 導 加 熱　交番磁界中に導電体をおき，導電体中に流れる渦電流の抵抗損を利用.
金属合金の溶解，焼きなまし，表面焼き入れ，溶接，ろう付けなどに利用.
IHクッキングヒータもこの応用.

誘 電 加 熱　高周波電界中に誘電体（絶縁体）をおいて，誘電体損により発生する熱を利用.
家庭用の電子レンジ，合成樹脂の接着・成型，木材の接着・乾燥などに利用.

スタディポイント　電熱計算の基礎

SI単位の採用により従来の〔kcal〕に代わって〔kJ〕による計算が中心になる.

有効熱量の計算

1　加熱物の温度上昇

$$\text{有効熱量} = mc(\theta_1 - \theta_2) \text{〔kJ〕} \quad (1)$$

m〔kg〕；加熱物の重量，c〔kJ/kg・℃〕；比熱，θ_1〔℃〕；加熱物の加熱前の温度
θ_2〔℃〕；加熱後の温度

2　加熱物の溶解または蒸発

$$\text{有効熱量} = m\{c(\theta_3 - \theta_1) + q_l\} \text{〔kJ〕} \quad (2)$$

θ_3〔℃〕；加熱物の融点または沸点，q_l〔kJ/kg〕；加熱物の溶解または蒸発潜熱

加熱電力の計算

P〔kW〕の電力をH時間使用するとP〔kW・h〕の電力量になる.〔J〕に換算すると，1W・s＝1Jであるから

$$P\text{〔kW・h〕} = P \times 1\,000 \times 60 \times 60 = P \times 3.6 \times 10^6 \text{〔J〕} \quad (3)$$

つまり，

$$1\text{kW・h} = 3\,600\text{kJ} \quad (4)$$

m〔kg〕の水をt_1〔℃〕からt_2〔℃〕まで温度上昇させるのに必要な熱量Qは，cを4.19とすると，

$$Q = 4.19m(t_2 - t_1) \text{〔kJ〕} \quad (5)$$

この熱量をP〔kW〕の電熱器をT〔h〕使用して供給するには，効率をη（小数）とすると，

$$P = \frac{m(t_2 - t_1)}{860T\eta} = \frac{4.19m(t_2 - t_1)}{3600T\eta} \text{〔kW〕} \quad (6)$$

で計算できる.(6)式を使用する問題はよく出されている.

[練習問題]

	問　　い	答　　え
1	電子レンジの加熱方式は.	イ. アーク加熱　　ロ. 抵抗加熱 ハ. 赤外線加熱　　ニ. 誘電加熱
2	定格電圧 100〔V〕,定格消費電力 1〔kW〕の電熱器を,電源電圧 90〔V〕で 10 分間使用したときの発生熱量〔kJ〕は. ただし,電熱器の抵抗の温度による変化は無視するものとする.	イ. 292　　ロ. 324　　ハ. 486　　ニ. 540
3	定格電圧で 1 分間に 18〔kJ〕の熱量を発生する電熱器の消費電力〔kW〕は. ただし,熱効率は 100〔%〕とする.	イ. 0.3　　ロ. 0.4　　ハ. 0.5　　ニ. 0.6
4	定格電圧 100〔V〕で,定格容量 1〔kW〕の電熱器と 200〔W〕の電熱器がそれぞれ 1 台ある. これらを直列に接続して,200〔V〕の電圧を加えた場合の記述として正しいものは.	イ. 2 台とも異常なく使用できる. ロ. 2 台の電熱線とも断線しやすい. ハ. 1〔kW〕の電熱線の方が断線しやすい. ニ. 200〔W〕の電熱線の方が断線しやすい.
5	消費電力 1〔kW〕の電熱器を 1 時間使用したとき,10〔ℓ〕の水の温度が 43〔℃〕上昇した. この電熱器の熱効率〔%〕は. ただし,水の比熱を 4.19〔kJ/kg・℃〕とする.	イ. 40　　ロ. 50　　ハ. 60　　ニ. 70

電池の種類と特性　　応用 4

Q
1. 電池にはどんな種類があるか.
2. 電池の容量はどう表すか.
3. 鉛蓄電池とアルカリ蓄電池を比較すると.

スタディポイント　電池の種類

化学エネルギーを直接電気エネルギーに変換する装置のことである.

一次電池　非可逆反応を利用するもので充電再使用ができない.
　　　　湿電池, 乾電池, 空気電池など
　　　　（新型電池）リチウム電池

二次電池　可逆反応を利用するもので, 充電再使用ができる.
　　　　鉛蓄電池, アルカリ蓄電池（ニッケル・カドミウム蓄電池）など
　　　　（新型電池）リチウム二次電池, ニッケル・水素二次電池, ポリマ電池など

燃料電池　負極に水素, 正極には酸素を連続的に供給して燃焼反応を行わせて発電する.

太陽電池　半導体の光起電力効果を利用したもの. 単結晶シリコン電池, アモルファスシリコン電池など

スタディポイント　電池の容量と効率

電池の容量は, アンペア時容量またはワット時容量で表す.

アンペア時容量　放電開始から放電終止電圧までの総電気量で表す. 各時間での電流と時間の積の合計. ふつう放電時間10時間の値（10時間率）を用いる.

ワット時容量　上記の各時間の電流にそのときの端子電圧をかけた値の合計.

電池の効率は, 放電電気量と充電電気量の比を%で表す.

$$\text{アンペア時効率} = \frac{I_d t_d}{I_c t_c} \times 100 \,[\%] \quad (1)$$

$$\text{ワット時効率} = \frac{V_d I_d t_d}{V_c I_c t_c} \times 100 \,[\%] \quad (2)$$

スタディポイント　鉛蓄電池とアルカリ蓄電池

鉛蓄電池

図1のように稀硫酸（電解液）のなかに2枚の鉛板を立て, 一方を PbO_2（＋極）, 他方を Pb（−極）とする.

　放電　＋極の PbO_2 も−極の Pb も硫酸と反応して $PbSO_4$ に変化, 硫酸が減少して水ができ電解液の濃度が低下し比重が小さくなる.

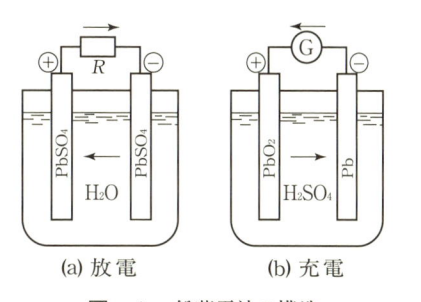

(a) 放電　　(b) 充電

図 1　鉛蓄電池の構造

充電 充電すると＋極や－極，電解液も放電前の物質にもどり，放電できる状態になる．

特性 一つの電池の電圧は 2.0V．温度が低いほど放電電流が大きいほど,容量は減少する．開放形は繰返し使用すると稀硫酸の濃度が高くなるので水の補給が必要．使用温度は－8℃～45℃で低温に弱いのが欠点である．

アルカリ蓄電池

NaOH や KOH の濃厚水溶液を電解液とする蓄電池で，ニッケル・カドミウム電池が代表である．＋極は NiOOH で－極には金属カドミウムを使用する．

放電 －極では Cd が $Cd(OH)_2$ に，＋極では NiOOH が $Ni(OH)_2$ に変化

充電 上記の逆の反応が生じ，起電力を回復するが，全反応を通して電解液の濃度は変化しないので電圧も一定している．

特性 電圧は 1.2～1.4V で鉛蓄電池より低いが，重負荷に強く低温特性がよい．保守が楽，小型密閉化が容易などの特徴がある．

浮動充電方式

蓄電池をつねに整流器と並列に接続して小電流で充電することである．常時の小電流は整流器から供給され，瞬時の大電流を電池から供給する．蓄電池の寿命が長くなる利点がある．

[練習問題]

	問　　い	答　　え
1	鉛蓄電池の電解液は.	イ．希硫酸 ロ．純水 ハ．かせいカリ（水酸化カリウム）水溶液 ニ．硫酸銅溶液
2	鉛蓄電池に関する記述として誤っているものは.	イ．放電すると電解液の比重が上がる. ロ．充電状態にある1槽の起電力は約2〔V〕である. ハ．電解液には希硫酸が用いられている. ニ．開放形鉛蓄電池は補水などの保守が必要である.
3	公称電圧2〔V〕，定格容量25〔Ah〕（10時間率）のシール形クラッド式据置鉛蓄電池に関する記述として，誤っているものは.	イ．電解液には希塩酸が用いられる. ロ．2.5〔A〕で約100〔h〕使用すると，放電終止電圧となる. ハ．過充電は寿命を縮める原因となる. ニ．使用中に補水をほとんど必要としない.
4	アルカリ蓄電池に関する記述として正しいものは.	イ．過充電すると電解液はアルカリ性から中性に変化する. ロ．充放電によって電解液の比重は著しく変化する. ハ．1セル当たりの公称電圧は鉛蓄電池より低い. ニ．過放電すると充電が不可能になる.
5	アルカリ蓄電池の放電の程度を判定するために測定するものは.	イ．蓄電池電圧　　ロ．電解液の濃度 ハ．電解液の温度　　ニ．電解液の比重
6	ニッケル－カドミウム電池に関する記述として誤っているものは.	イ．アルカリ蓄電池の一種である. ロ．鉛蓄電池に比べて自己放電が少ない. ハ．単位電池の起電力は鉛蓄電池より大きく，約3〔V〕である. ニ．鉛蓄電池に比べて内部抵抗が高く電圧変動率が大きい.
7	浮動充電方式の直流電源装置の構成図として，正しいものは.	イ．電源－整流器－蓄電池－負荷　　ロ．電源－蓄電池／整流器－負荷　　ハ．電源－負荷／整流器／蓄電池　　ニ．電源－整流器－蓄電池／負荷

電動力応用　　　応用 5

Q 1 ポンプやファンなどの電動機出力はどう計算するか．

スタディポイント　電動機出力の計算公式

ポンプ用電動機の出力

$$P = \frac{QH}{6.12\eta} \text{[kW]} \qquad (1)$$

Q：毎分の揚水量〔m³/min〕，H：総揚程（損失を含む）〔m〕，η：機械の効率

送風機用電動機の出力

$$P = \frac{HQ}{60\eta} \text{[W]} = \frac{HQ}{60\,000} \text{[kW]} \qquad (2)$$

Q：風量〔m³/min〕，H：風圧〔Pa = N/m²〕，η：機械の効率

巻上機用電動機の出力

$$P = \frac{WV}{6.12\eta} \text{[kW]} \qquad (3)$$

W：巻上荷重〔t〕，V：巻上速度〔m/min〕，η：機械の効率

巻上速度を v〔m/s〕，出力を〔kW〕で表し，機械効率を η とすると

$$P = \frac{9.8Wv}{\eta} \text{[kW]} \qquad (4)$$

[練習問題]

問 い	答 え
1　巻上機で W〔kg〕の物体を毎秒 v〔m〕の速度で巻き上げているとき，この巻上用電動機の出力〔kW〕を示す式は．ただし，巻上機の効率は η〔%〕であるとする．	イ．$\dfrac{0.98Wv}{\eta}$　　ロ．$\dfrac{0.98Wv^2}{\eta}$ ハ．$\dfrac{0.98W^2v}{\eta}$　　ニ．$\dfrac{0.98W^2v^2}{\eta}$

発変送配電

6

水力・風力・太陽光発電
火力発電・ディーゼル発電・コジェネ
送電・配電

水力・風力・太陽光発電　　発変送配電　1

Q
1. 水力発電所の施設と出力は.
2. 風力発電の施設と出力は.
3. 太陽光発電の施設と出力は.

スタディポイント　**水力発電所**

発電所の設備は図1のように構成されている．水の流れは，

　　取水口→水路→（水槽）→水圧管路→水車→放水路

で水の位置エネルギーを運動エネルギーに変えて水車を回転させている．

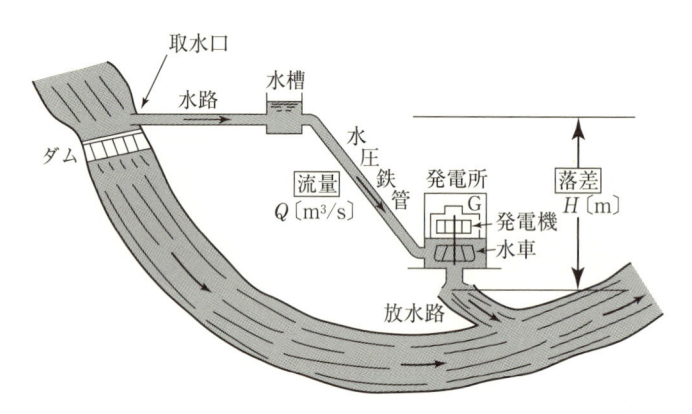

図　1　水力発電所の施設

発電電力 P〔kW〕は有効落差を H〔m〕，水量を Q〔m³/s〕，効率を η とすると

$$P = 9.8QH\eta \text{〔kW〕} \qquad (1)$$

上と同じ条件で，水を汲み上げる揚水ポンプに必要な電力 P〔kW〕は

$$P = \frac{9.8QH}{\eta} \text{〔kW〕} \qquad (2)$$

水車　衝動水車と反動水車があるが，実用されている衝動水車はペルトン水車のみで，他はすべて反動水車である．落差により使用される水車が異なり，落差の高い順に並べると次のようになる．

　　ペルトン水車
　　フランシス水車
　　斜流水車
　　プロペラ水車
　　カプラン水車
　　チューブラ水車

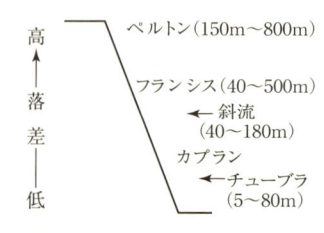

　　ペルトン（150m～800m）
　　フランシス（40～500m）
　　斜流（40～180m）
　　カプラン
　　チューブラ（5～80m）

図　2　水車と使用される落差

ドリル　(1)や(2)式を利用する問題がよく出題されているので，比較してよく覚えておくこと．

-114-

スタディポイント　風力発電

風車により風力エネルギーを回転エネルギーに変換して発電機を回転させる．利点は，枯渇の心配がない，汚染物質が排出されない，設置場所が限定されない．欠点は，エネルギー密度が低い，出力の変動が大きいことである．

風車の出力　$P = \dfrac{1}{2} C_p \rho A V^3$　　　(3)

C_p：風車の出力係数，ρ：空気密度，A：風車の回転面積，V：風速

(3)式のように，出力は風車の回転面積に比例し，風速の3乗に比例する．

発電機　誘導発電機が使用され，出力は最大2000kWクラスが実用されている．

スタディポイント　太陽光発電

太陽電池という半導体を用いて太陽光を直接電力に変換する発電方式である．

太陽電池

半導体のpn接合による起電力を利用し，変換効率は結晶形シリコン太陽電池で10～15%程度である．太陽電池アレイは電池素子を所要の電圧・電流が得られるように直並列に接続する．発電力の変動に対応するため蓄電池が必要で，交流負荷の場合にはインバータを使用する．

システムの構成

電力系統と連係する場合は図3のような構成になる．

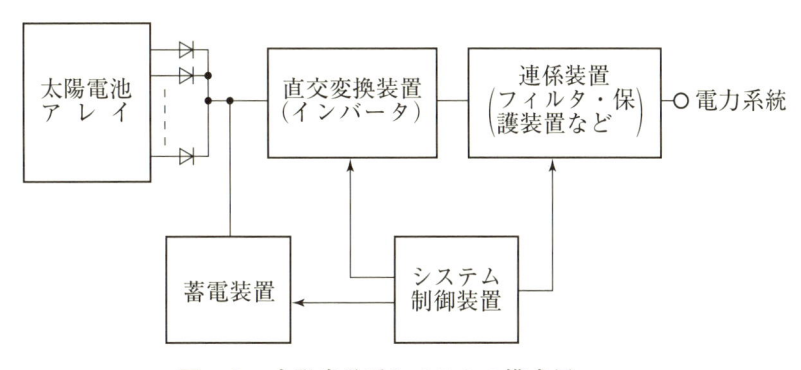

図　3　太陽光発電システムの構成例

「連係装置」は，保護制御装置が主で，太陽光システムまたは電力系統の異常時に相互を切離す機能を持っている．また，電力の方向により別個に計量できる電力量計も必要である．

太陽光発電の特徴

利点は，燃料が不要，クリーンエネルギー，発電地域差がない，リアルタイム発電．欠点は，エネルギー密度が小さい，出力が日照の変化に左右され安定供給のためには蓄電池が必要となる，などである．

[練習問題]

	問 い	答 え
1	水力発電所の発電用水の経路として，正しい順序は．	イ．取水口→水圧管路→水車→放水口 ロ．取水口→水車→外圧管路→放水口 ハ．水圧管路→取水口→水車→放水口 ニ．取水口→水圧管路→放水口→水車
2	水力発電の出力 P に関する記述として正しいものは． ただし，水車の回転速度 N，有効落差 H，流量 Q とする．	イ．P は QH^2 に比例する． ロ．P は NQ に比例する． ハ．P は NQH に比例する． ニ．P は QH に比例する．
3	全揚程が H〔m〕揚水量が Q〔m³/s〕である揚水ポンプの入力〔kW〕は． ただし，ポンプの効率は η とする．	イ．$\dfrac{9.8QH}{\eta}$ ロ．$\dfrac{QH}{9.8\eta}$ ハ．$\dfrac{9.8\eta H}{Q}$ ニ．$\dfrac{QH\eta}{9.8}$
4	有効落差が H〔m〕，使用水量が Q〔m³/s〕，出力が P〔kW〕の水力発電所がある．この発電所の総合効率 η を示す式は．	イ．$\dfrac{P}{HQ}$ ロ．$\dfrac{HQ}{9.8P}$ ハ．$\dfrac{P}{9.8HQ}$ ニ．$\dfrac{9.8P}{HQ}$
5	有効落差 20〔m〕，使用水量 6〔m³/s〕の水力発電所を 5 時間連続定格出力運転し，4900〔kW·h〕発電したとき，水車と発電機の総合効率〔％〕は．	イ．81 ロ．83 ハ．85 ニ．87
6	有効落差 15〔m〕，使用水量 3.6〔m³/s〕の水力発電所の出力が 450〔kW〕のとき，水車と発電機の総合効率〔％〕は．	イ．81 ロ．83 ハ．85 ニ．87
7	水力発電の水車の種類を，適用落差の高いものから，上から順に並べたものは．	イ．ペルトン水車　　ロ．ペルトン水車 　プロペラ水車　　　フランシス水車 　フランシス水車　　プロペラ水車 ハ．フランシス水車　ニ．プロペラ水車 　ペルトン水車　　　フランシス水車 　プロペラ水車　　　ペルトン水車
8	太陽電池を使用した太陽光発電に関する記述として，誤っているものは．	イ．太陽電池は半導体の pn 接合部に光が当たると電圧を生じる性質を利用し，太陽光エネルギーを電気エネルギーとして取り出すものである． ロ．太陽電池の出力は直流であり，交流機器の電源として用いる場合は，インバータを必要とする． ハ．太陽光発電設備を電気事業者の系統と連係させる場合は，系統連係保護装置を必要とする． ニ．太陽電池を使用して 1〔kW〕の出力を得るには一般的に 1〔m²〕程度の表面積の太陽電池を必要とする．

火力発電・ディーゼル発電・コジェネ　発変送配電 2

Q
1. 火力発電所のシステム構成は．
2. ディーゼル発電の構成と出力計算の方法．
3. コージェネレーションとは．

スタディポイント　火力発電所

燃料からの熱によってボイラで発生させた蒸気を使用し蒸気タービンを回転させて発電する方式で，図1のような構成である．

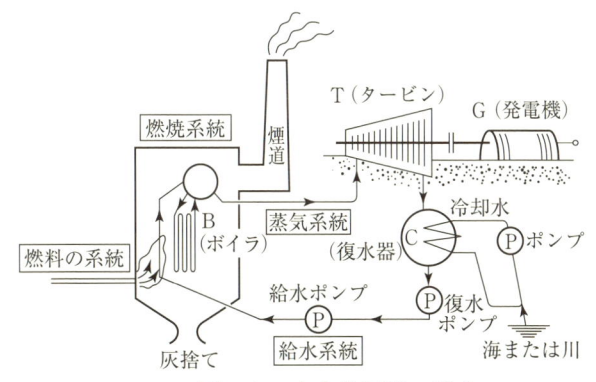

図 1　火力発電所の構成

エネルギーの流れは，

　　燃料の熱エネルギー→蒸気エネルギー→機械エネルギー→電気エネルギー

蒸気は給水系統と蒸気系統により，

　　給水ポンプ→ボイラ→過熱器→タービン→復水器（コンデンサ）→給水ポンプ

の順に循環している．

発電機　三相同期発電機で大型機は出力100万kWにも達する．極数は2極または4極で回転子は円筒型，回転数は50Hz 2極機で3000 min^{-1}，60Hz機では3600 min^{-1}である．冷却は出力によるが，水素冷却，直接水冷却などが採用されている．

スタディポイント　ディーゼル発電

ディーゼル機関により発電機を回転させて発電する方式である．

ディーゼル機関　燃料と空気を混合圧縮すると自然着火することを利用した機関．点火装置が不要で，揮発性の悪い安い重油を使用でき，熱効率が30〜38％とガソリン機関より高いのが特徴である．

動作サイクルには4サイクルと2サイクルがある．4サイクルの行程を示したのが図2で，「吸入→圧縮→爆発

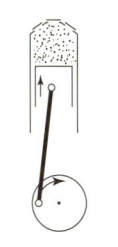

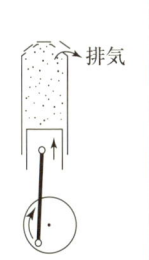

(a) 吸入　(b) 圧縮　(c) 爆発　(d) 排気

図 2　4サイクルディーゼル機関

→排気」の行程を繰り返す．

ディーゼル発電 ビルなどの予備電源や離島の電源に使用される．

長所は，取扱簡単で始動・停止が早い，故障が少ない，熱効率が高い，冷却水質がボイラほど高くなくてよく使用量も少ない．

短所は，過負荷容量が小さい，騒音が大きい，回転ムラが大きく振動が多い．

発電機 回転ムラが電圧フリッカの原因になるので「はずみ車」を取付ける．また，回転ムラによる乱調を防止するため，回転子に制動巻線を設ける．

発電機出力の計算 燃料の熱量〔kJ/kg, kJ/ℓ〕や使用量，発電効率から出力〔kW〕を計算する．

発熱量 q〔kJ/ℓ〕，使用量 W〔ℓ〕とすると，発生熱量 Q〔kJ〕は

$$Q = q \times W \text{〔kJ〕} \qquad (1)$$

1kJ=1000W・sであるから，1時間=60×60=3600s より出力 P〔kW〕は

$$P = \frac{1000 \times q \times W \times \eta}{3600}$$
$$= \frac{qW\eta}{3.6} \text{〔W〕} = \frac{qW\eta}{3600} \text{〔kW〕} \qquad (2)$$

η は発電装置の効率である．

ドリル SI単位が使用されるようになり，発熱量はジュール〔J〕の単位で示されるようになった．以前はカロリー〔cal〕であったから，860kcal＝1kW・h の関係を用いて〔cal〕単位で求めた熱量を電力量〔kW・h〕に換算していたが，〔J〕単位であれば，1J＝1W・s の関係より簡単に電力量に換算できる．ただし，1kW・h＝3.6×10⁶J と大きな値になるので，計算のときに桁のとり方に注意を要する．

スタディポイント　コージェネレーション

「熱電併給」のシステムである．石油・ガスなどを燃料として，ディーゼルエンジン，ガスエンジン，ガスタービンなどにより電力を発生，排熱を冷暖房・給湯などに利用するシステム．熱や電力の需要地で発電し，排熱を利用するこのシステムは送電損失がなく，総合熱効率が高く理論的には70～80％に達する．

マイクロガスタービン（MGT）を使用して発電する図3のシステムが広く普及している．

コジェネの発生する電力と熱は同時にほぼ比例して発生する．しかし，電力需要と熱需要は比例関係にはなく，発生する時間帯がずれるのが普通である．このため，効率よく運転するには電力系統との連係が必要で，連係点には太陽光発電で説明した「連係装置」を設置せねばならない．

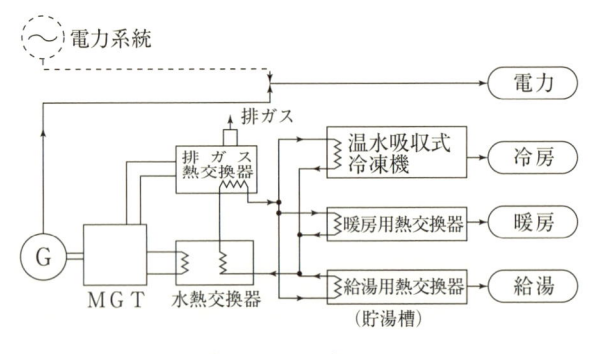

図3　ガスタービンコージェネレーションシステム

[練習問題]

	問　　い	答　　え
1	汽力発電所のエネルギー変換順序で正しいものは.	イ．燃料のエネルギー→機械的エネルギー→蒸気エネルギー→電気エネルギー ロ．蒸気エネルギー→機械的エネルギー→燃料のエネルギー→電気エネルギー ハ．燃料のエネルギー→蒸気エネルギー→機械的エネルギー→電気エネルギー ニ．蒸気エネルギー→燃料のエネルギー→電気エネルギー→機械的エネルギー
2	ディーゼル発電に関する記述として誤っているものは.	イ．ビルなどの非常用予備発電装置として一般に使用される. ロ．回転むらを滑らかにするために，はずみ車が用いられる. ハ．ディーゼル機関の動作工程は，吸気→爆発（燃焼）→圧縮→排気である. ニ．ディーゼル機関は点火プラグが不要である.
3	あるディーゼル発電機を，100〔％〕負荷で3時間使用したら，発熱量41900〔kJ/ℓ〕の重油を430〔ℓ〕消費した．このときの発電機の出力〔kW〕は． ただし，100〔％〕負荷における発電端の熱効率を30〔％〕とする．	イ．250　　ロ．500　　ハ．750　　ニ．1500
4	発熱量41900〔kJ/ℓ〕の重油を毎時50〔ℓ〕消費する出力200〔kW〕のディーゼル発電装置の熱効率〔％〕は．	イ．17　　ロ．34　　ハ．47　　ニ．67
5	内燃力発電装置を出力100〔kW〕で連続7時間運転したとき，発熱量41900〔kJ/kg〕の燃料を200〔kg〕消費した．このときの発電端の熱効率〔％〕は．	イ．25　　ロ．30　　ハ．35　　ニ．40
6	自家用電気工作物に用いられる非常用のガスタービン発電設備をディーゼル発電設備と比較した場合の記述として，誤っているものは.	イ．熱エネルギーをタービンで回転運動に変換するので，振動が少ない. ロ．大規模な吸排気装置を必要とする. ハ．発電効率が低い. ニ．大量の冷却水を必要とする.

	問　い	答　え
7	コージェネレーション発電設備を電気事業者の系統と連係する場合の要件として，適当でないものは．	イ．電圧，周波数などの面で他の需要家に悪影響を及ぼさないこと． ロ．系統の短絡容量が小さくなる場合は，限流リアクトル等を設けること． ハ．コージェネレーション発電設備の構内事故による波及事故防止のために適切な保護装置を設けること． ニ．連係点における力率が適正となるようにすること．
8	内燃力発電装置の排熱を給湯等に利用することによって，総合的な熱効率を向上させるシステムの名称は．	イ．再熱再生システム ロ．ネットワークシステム ハ．コンバインドサイクル発電システム ニ．コージェネレーションシステム

送電・配電

発変送配電 3

Q 1 送電系統はどう構成されているか．
2 配電系統の構成と自家用変電設備との関係は．

スタディポイント　送電系統の構成

変電所，送電線，配電線を電力輸送設備というが，送電系統は図1に示す範囲である．

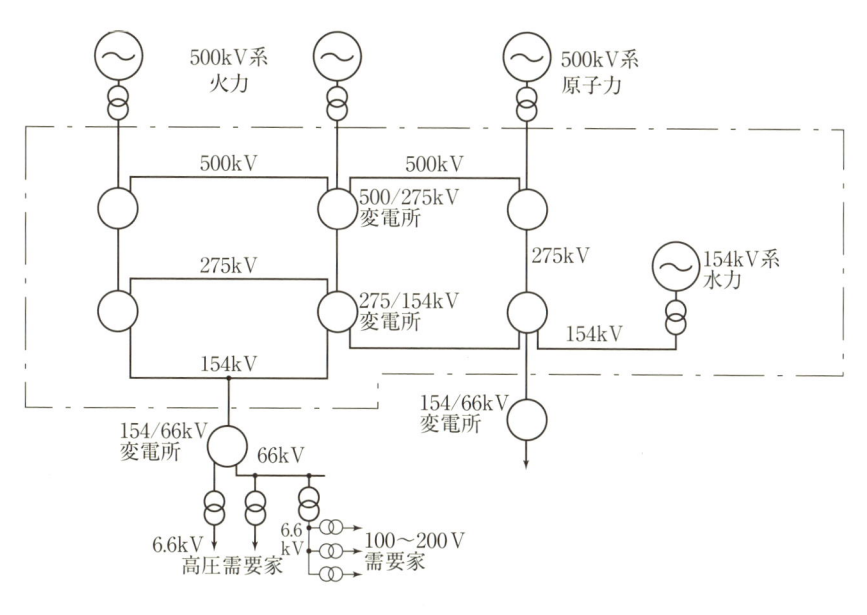

図 1　送電系統

電気方式は交流三相3線式，電圧は154～500kVの超高圧で，一般には架空線が，市街地では地中線が使用される．中性点の接地は，超高圧系統では「直接接地」が，154kV以下の系統では高抵抗接地かリアクトル接地が用いられている．

架空線には裸線の鋼心アルミより線（ACSR）が，地中線には油絶縁のOFケーブルか固体絶縁のCVケーブルが使用されている．

送電電圧は，高くする方が電流による抵抗損が小さくなり高効率となるが，支持物やがいし，変圧器などのコストが高くなるので，経済的な電圧が選ばれる．送電容量は電流による限界以外に「安定度」を考える必要があり，長距離送電線ではこれによる限界の方がきびしくなる．

ふつうは交流が使用されるが，直流が採用される場合もある．

直流送電

送受両端に交直変換装置をおき，直流電流により送電する方式．

利点は，無効電力がなく電力損失が小さく，電圧変動も少ない．交流側の短絡容量が小さくなる．安定度を考える必要がない．電圧の実効値と最大値が同じのため絶縁が楽になる．

スタディポイント　配電系統の構成

高圧配電系統

放射状とループ状があるが，ほとんどは放射状配電線である．

（a）放射状配電線　　　　（b）ループ状配電線

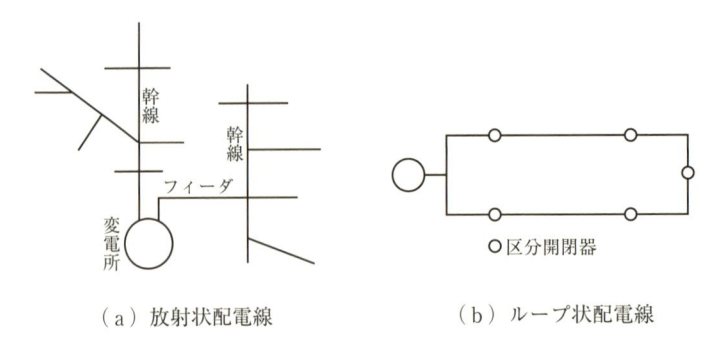

図　2　配電系統

放射状配電線　施設費が少ない，電圧降下や電圧変動は大きい，幹線事故の場合は停電範囲が広くなり，供給信頼度はあまりよくない．

ループ状配電線　電圧降下・電力損失が小さい，故障区間のみを遮断できるので停電範囲を小さくでき供給信頼度は高い，結合点の保護装置が複雑になる．

低圧配電系統

放射状方式，バンキング方式，低圧ネットワーク方式，スポットネットワーク方式などがある．

スポットネットワーク方式は図3に示す方式で，高信頼度が必要な負荷に採用される．

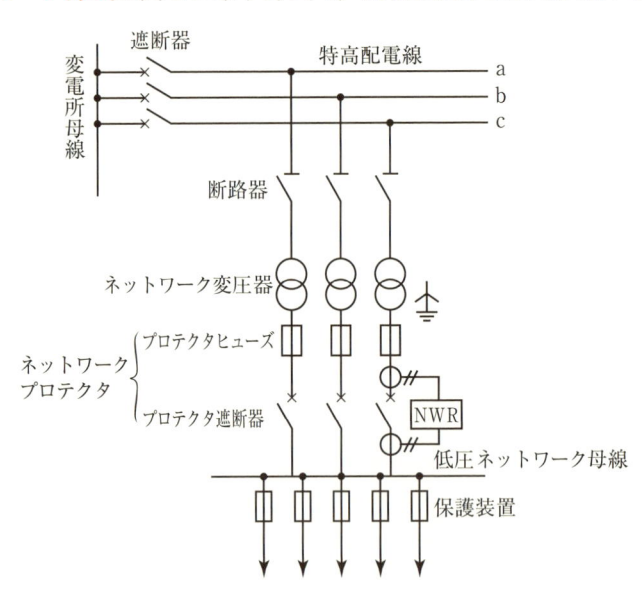

図　3　スポットネットワーク方式

ネットワークプロテクタ（NWP）がこの方式の中心で，配電線故障の場合NWPが逆潮流を検出してプロテクタ遮断器を開路し，配電線の故障回復で自動的に閉路する．

供給信頼度が非常に高い，変圧器一次遮断器は省略されるので設備は簡単になる．

[練習問題]

問い	答え
1　送電線に関する記述として，誤っているものは．	イ．特別高圧の送電線は，一般に中性点非接地方式である． ロ．送電線は発電所，変電所，特別高圧需要家等の間を連係している． ハ．経済性などの観点から，架空送電線が広く採用されている． ニ．架空送電線には，一般に鋼心アルミより線が使用されている．
2　送電に関する記述として，誤っているものは．	イ．同じ容量の電力を輸送する場合，送電電圧が低いほど送電損失が小さくなる． ロ．長距離送電の場合，無負荷や軽負荷の場合には受電端電圧が送電端電圧よりも高くなる場合がある． ハ．直流送電は，長距離・大電力送電に適しているが，送電端，受電端にそれぞれ交直変換装置が必要となる． ニ．交流電流を流したとき，電線の中心部より外側の方が単位断面積当たりの電流は大きい．

変電所の施設

7

- 変電所の種類と機能
- 受電設備の構成
- 高圧受電設備の機器
- 保護継電器と保護協調
- 電気工事と継電器の試験

変電所の種類と機能

変電所の施設　1

Q
1　変電所にはどんな種類があるか．
2　配電用変電所はどんな機能を持っているか．

スタディポイント　変電所の種類

系統上の位置から分類すると，電源から需要家への順序で次のようになる．

　一次変電所　送電系統からの降圧用，系統連係用
　二次変電所　二次送電系統からの降圧用
　配電用変電所　配電線への降圧用
　受電用変電所　需要家内負荷への供給用

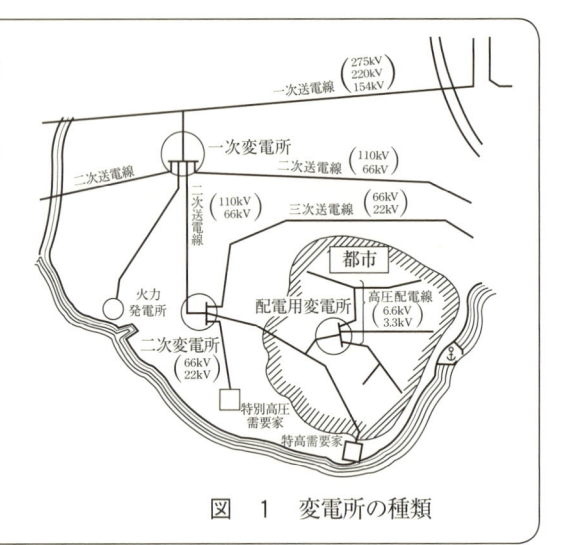

図　1　変電所の種類

スタディポイント　配電用変電所の機能

　110kV以下の送電線から受電し，6kVの配電電圧に降圧して配電線を引出す変電所である．出力は30～35MV・A，引き出し回線数は5～10回線であるが最近は増加の傾向にある．屋外式が一般であるが，都市部では屋内変電所や地下変電所が中心になり，騒音防止に留意されている．

　さらに，標準化したユニットサブステーション，SF_6 ガス中に密閉したガス絶縁変電所が設置され，小型化・無人化が進んでいる．

変圧器　以前は単相器3台を $\Delta\Delta$ 結線としたのが主流であったが，現在は三相器が使用され，バンク容量は30～40MV・Aである．

電圧調整能力
　1　負荷時電圧調整器（LR）
　2　負荷時電圧調整器付き変圧器（LRT）
　3　電力用コンデンサ

　1，2には線路電圧降下補償器（LDC）を設置し，負荷電流の大小に応じて自動的に送出し電圧を調整している．

保護能力
　保護装置として，遮断器，避雷器，保護継電器が設置される．
　遮断器は真空遮断器が主流で次いで磁気遮断器が使用され，**避雷器**はZnO避雷器が使用される．

保護継電器は，配電線の過負荷および短絡保護用に過電流継電器（OCR）が使用される．
地絡保護には方向地絡継電器（DGR）が採用されている．DGRは零相変流器による零相電流と零相変圧器からの零相電圧より地絡故障のおこった回線を選択して遮断するものである．

開閉装置
　遮断器　過負荷電流や短絡電流を遮断できる．
　断路器　無負荷線路の開閉のみ．
　線路開閉器　線路充電電流や変圧器の励磁電流程度を開閉できる．

[練習問題]

	問　　い	答　　え
1	配電用変電所に関する記述として，誤っているものは．	イ．送電線路によって送られてきた電気を降圧し，配電線路に送り出す変電所である． ロ．配電線路の引出口に，線路保護用の遮断器と継電器が設置されている． ハ．配電電圧の調整をするために負荷時タップ切換変圧器などが設置されている． ニ．高圧配電線路は一般に中性点接地方式であり，変電所内で大地に直接接地されている．
2	変電設備に関する記述として，誤っているものは．	イ．開閉設備類をSF_6ガスで充たした密閉容器に収めたGIS式変電所は，変電所用地が大幅に縮小される． ロ．空気遮断器は，発生したアークに圧縮空気を吹き付けて消弧するものである． ハ．断路器は送配電線や変電所の母線，機器などの故障時に電路を自動遮断するものである． ニ．変圧器の負荷時タップ切替装置は電力系統の電圧調整などを行うことを目的に組み込まれたものである．
3	変電設備における機器に関する記述として，誤っているものは．	イ．断路器は過負荷保護に使用される． ロ．負荷開閉器は負荷電流の開閉に使用される． ハ．避雷器は，雷などによる異常電圧から機器を保護するのに使用される． ニ．遮断器は，負荷開閉のみならず，短絡時における電路の保護に使用される．

受電設備の構成

変電所の施設 2

Q
1. 電力会社との責任分界点はどこか．
2. 受電回路はどう構成されているか．
3. キュービクル受電設備の特徴は．

スタディポイント 責任分界点と財産分界点

高圧受電の場合の保安上の責任分界点を図1に示す．

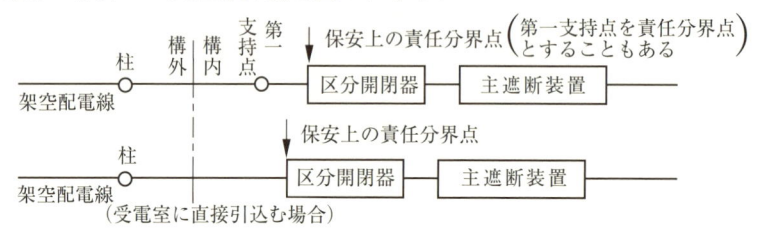

```
                    構 構 支 第
                    外 内 持 一
                    外 内 点 支
                            持
                            点    ←保安上の責任分界点 （第一支持点を責任分界点
                                                     とすることもある）
架空配電線 ──○────┤    ┌─────┐    ┌─────┐
                          │区分開閉器│────│主遮断装置│
                          └─────┘    └─────┘

                    柱         ←保安上の責任分界点
架空配電線 ──○──────────┌─────┐    ┌─────┐
                              │区分開閉器│────│主遮断装置│
                              └─────┘    └─────┘
       （受電室に直接引込む場合）
```

（注）1．保安上の責任分界点と財産分界点は一致させることが望ましい．
　　　2．区分開閉器には高圧開閉器および断路器を使用する．
　　　3．構内とは需要家側で，構外とは電力会社をいう．

図 1 保安上の責任分界点

スタディポイント 受電設備の回路構成

受電回路は図2の(a)1回線受電や(b)常用予備1CB受電が一般に採用されている．(b)の方式では，常用停電時には予備線に切り替えて受電する．

上記の他に，ループ受電，平行2回線受電，スポットネットワーク受電などがある．

変圧器の回路は図3に示す構成が主で，(b)(c)ともに二次側に遮断器(CB)が設置されている．これは，二次側の事故はこのCBで遮断し，故障が上位系統に波及するのを防止するためである．

これらの他に，2バンク以上で，CBを一次側に設置する方式や，一次・二次両方に設置する方式などがある．

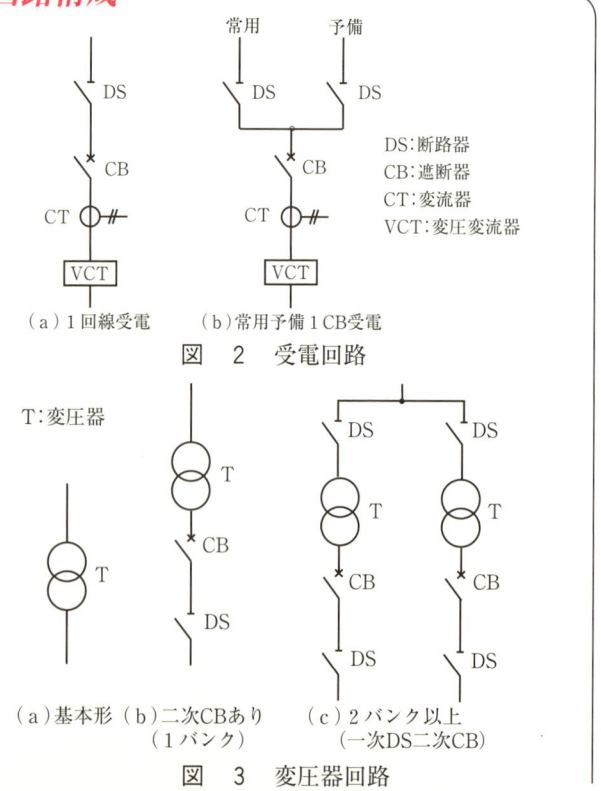

（a）1回線受電　　（b）常用予備1CB受電

DS：断路器
CB：遮断器
CT：変流器
VCT：変圧変流器

図 2 受電回路

T：変圧器

（a）基本形　（b）二次CBあり　（c）2バンク以上
　　　　　　　　（1バンク）　　　　（一次DS二次CB）

図 3 変圧器回路

変圧器の二次側母線の回路は図4のように接続されることが多い．(a)は二次側が共通の母線で接続されていて運用は簡単であるが，二次側事故時には全停電となる．(b)は二次側が変圧器ごとに独立しているもので，1変圧器が故障しても他の変圧器で供給でき，また，二次側事故時にもその部分のみを遮断できるので，停電範囲を小さくでき供給信頼度は高い．

これらの組合せによりほとんどの受変電回路が構成されている．

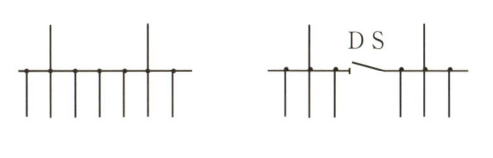

(a)単一母線　　(b)DS連絡単一母線

図　4　二次母線回路

スタディポイント　キュービクル

配電に必要な遮断器，計器，継電器，表示灯などを取付け，箱型にして収納した鋼板製の盤のことで，開放形配電盤，キュービクル（簡易閉鎖形配電盤），メタルクラッド（閉鎖形配電盤）などがある．

キュービクルは図5のような構成になっている．

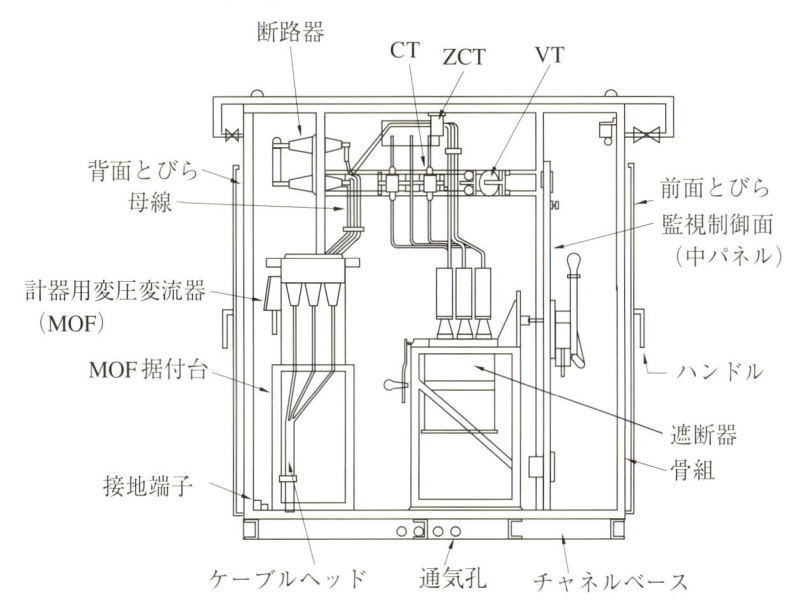

図　5　キュービクル内部機器の配置

高圧盤の機器　遮断器，計器用変成器，断路器，指示計器，保護継電器，操作スイッチなど．
低圧盤の機器　変圧器，進相用コンデンサ，高圧開閉器，配線用遮断器，指示計器など．
主遮断装置は，負荷開閉器と電力ヒューズを組合せた PFS 形が使用される．
組立工場から完成された状態で変電室へ搬入され，キュービクル本体は接地される．

工場生産のため信頼度が高く，絶縁距離が短いため全体が小型になり設置スペースもごく小さくなる．また，設置工事の期間が短いのも大きな利点である．

[練習問題]

	問 い	答 え
1	キュービクル式高圧受電設備の特徴として，誤っているものは．	イ．接地された金属製箱内に機器一式が収容されるので，安全性が高い． ロ．管理された工場生産のため，信頼性が高い． ハ．開放形受電設備に比べ，より大きな設置面積を必要とする． ニ．開放形受電設備に比べ，現地工事が簡単となり工事期間を短縮できる．

高圧受電設備の機器　変電所の施設 3

Q
1. 電力用機器には何があるか．
2. 保護機器には何があるか．
3. 高調波トラブルとその防ぎ方は．

スタディポイント　電力用機器の種類と用途

遮断器　短絡や過負荷時に電路を遮断する能力がある．
高圧電路には，真空遮断器・ガス遮断器・空気遮断器などが使用される．

負荷開閉器　常時の負荷電流を開閉する能力があり，短絡保護の必要ない電路に遮断器に代えて用いられる．過負荷電流や地絡電流を遮断する場合は保護継電器と組合せた「引はずし装置付き負荷開閉器」を使用する．地絡継電器と組合せたのは「G付PAS」，ヒューズと組合せ，過電流や短絡電流の遮断をヒューズに分担させるものを「PF・S形」と呼ぶ．

断路器　機器を電路から切り離す目的に使用．電流の開閉能力はない．

電力ヒューズ　機器の短絡保護用に使用され，限流形と非限流形がある．溶断したヒューズの再使用は不可能で，過渡電流で性能劣化のおそれがある．

限流形ヒューズ　高いアーク抵抗を発生して事故電流を強制的に抑制して遮断する．現在最も広く使用されているもので，密閉絶縁筒内にヒューズエレメントとけい砂などの消弧材を充填している．

非限流形ヒューズ　ヒューズエレメントの溶断により構成物質の気化ガスが発生，そのガスにより電流零点の極間絶縁耐力を高めて遮断する．

低圧遮断器　低圧幹線用遮断器や選択遮断可能な過電流遮断器として使用され，気中遮断器・配線用遮断器（MCCB）がある．

電力用コンデンサ　負荷力率を良くするために使用される．直列リアクトルを接続して高調波の流入を抑制し波形を改善する．コンデンサ回路は図1のように接続する．

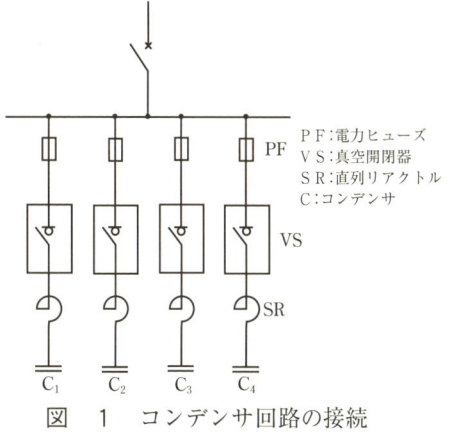

PF：電力ヒューズ
VS：真空開閉器
SR：直列リアクトル
C：コンデンサ

図1　コンデンサ回路の接続

スタディポイント　保護機器の種類と用途

計器用変成器

計器用変圧器（VT）電圧を変成する装置で二次定格電圧は110V．

計器用変流器（CT）電流を変成する装置で二次定格電流は5A．

零相変流器（ZCT） 地絡電流を検出するため，電路の電流中に含まれる零相電流を変成する．

計器用変圧変流器（MOF）電力の取引のための電力量計用として使用される．

保護継電器　遮断器と組合わせて電路や機器に異常が発生した場合に，故障機器や区間を選

択遮断して事故の拡大を防止する．

過電流継電器（OCR）機器・電路の短絡・過負荷保護をする．動作特性は動作時間が過電流に反比例する反限時特性を有しているが，受電用は限時要素と瞬時要素を持たねばならない．

地絡継電器（GR）機器や電路に地絡による漏電が生じた場合に零相電流を検出して動作する．

地絡方向継電器（DGR）一つの母線から複数の配電線が出ている場合に，地絡が生じた配電線を選択遮断するために使用される．

避雷器　進入して来る異常電圧を大地に放電させる装置で機器の絶縁破壊を防止する．放電機能を有する点では気中ギャップも同じであるが，避雷器は放電電流に続いて流れる**続流を遮断する機能**がある．

監視制御装置

　常用・予備回線自動切替制御　二次電気室に常用および予備の2回線で受電し，常用線が事故または保守で停止したとき，予備線に切換えて給電を行う．

　デマンド制御　電力使用を連続監視して，使用量が契約電力を超えないように，負荷遮断してピークカットを行う．

　変圧器台数制御　負荷変動に応じて変圧器運転台数を制御して無負荷損を節約する．

　自動電圧制御　長時間の変動には負荷時電圧調整変圧器（LRT）や負荷時電圧調整器（LRA）により，電圧フリッカにはアクティブフィルタなどで制御する．

　高圧コンデンサ入切制御　数群に分けたコンデンサを無効電力により入切制御して力率を常に100％近くに保つ制御．

スタディポイント　*高調波とその防止法*

発生原因　変圧器の磁気飽和が最も大きく，各種電気炉，整流器，放電灯などが原因で，第3, 5, 7調波などが発生するが，配電系統では変圧器がΔ結線になっているため第3調波は存在せず第5調波が問題になる．とくに負荷系統では，溶接機，整流器などは電流波形をひずませ，高調波電流の発生源になる．

高調波トラブル　力率改善用コンデンサや水銀灯内蔵コンデンサの過熱，変圧器の温度上昇，電力ヒューズの溶断，継電器の誤動作や系統側リアクタンスと自家用コンデンサの間の共振により過大な電流が流れることがある．

トラブル対策

　力率改善用コンデンサ　第5調波を対象にコンデンサリアクタンスの6％の**直列リアクトル**を挿入する．リアクトルは高調波の抑制とともに母線電圧の波形改善，コンデンサ投入時の突入電流の抑制効果もある．

　発生源での対策　高調波発生負荷の母線に交流フィルタを設置する．最近は逆位相の高調波電流を発生する**アクティブフィルタ**が実用化されている．

[練習問題]

	問い	答え
1	高圧受電設備の主遮断装置として用いることが不適当なものは.	イ．高圧限流ヒューズと高圧交流負荷開閉器とを組合せたもの． ロ．高圧限流ヒューズと高圧交流遮断器とを組合せたもの． ハ．高圧交流負荷開閉器 ニ．高圧交流遮断器
2	高圧受電設備に関する記述として適当なものは.	イ．受電設備容量が 300〔kVA〕超過のキュービクル式高圧受電設備には，一般に主遮断装置として，PF・S形が用いられる． ロ．主遮断装置としてPF・S形を用いる場合，構内の一線地絡事故の保護装置は必要ない． ハ．主遮断装置としてPF・S形を用いた場合，限流ヒューズの動作で欠相する可能性があるので，欠相対策を行うことが望ましい． ニ．受電設備容量が 300〔kVA〕以下の高圧受電設備の主遮断装置には，真空遮断器を用いてはならない．
3	架空引込みの自家用高圧受電設備に地絡継電装置付高圧交流負荷開閉器（G付PAS）を設置する場合の記述として誤っているものは.	イ．電気事業用の配電線への波及事故の防止に効果がある． ロ．この開閉器を設置する主な目的は，短絡事故電流の自動遮断である． ハ．自家用の引込みケーブル等の電路に地気を生じたとき自動遮断する． ニ．電気事業者との保安上の責任分界点又はこれに近い箇所に施設する．
4	次の記述の空欄箇所 A 及び B にあてはまる語句の組合せとして，正しいものは． 断路器は受電設備の点検作業などの際，回路を電源から切り離す目的で使用するものであり，A を開閉する性能を有しないため，開閉操作をするときは，B 状態とすることが必要である．	イ．A 充電電流 B 定格負荷　　ロ．A 負荷電流 B 無負荷 ハ．A 負荷電流 B 定格負荷　　ニ．A 充電電流 B 無負荷
5	高圧で受電する需要設備の進相用コンデンサの施設に関する記述として，誤っているものは.	イ．高圧進相用コンデンサに直列リアクトルを設置するとコンデンサにはもとの電圧より高い電圧が印加される． ロ．負荷設備が低圧のみの場合，進相用コンデンサは高圧側に設置する方が低圧側に設置する場合より電路の電力損失を少なくできる． ハ．高圧進相用コンデンサの保護装置には限流ヒューズを用いる． ニ．高圧進相用コンデンサは電路の高調波電流を増幅する可能性があり，直列リアクトルを設置することが望ましい．

	問 い	答 え
6	高圧受電設備内で使用する高圧進相コンデンサ（放電抵抗内蔵形）に関する記述として誤っているものは.	イ．コンデンサ回路の保護装置として限流ヒューズを用いる. ロ．コンデンサ投入時の突入電流を抑制するために直列リアクトルを設置する. ハ．正常時の外箱のふくらみの程度を確認しておく必要がある. ニ．点検の際には，コンデンサの線路端子間の絶縁抵抗を絶縁抵抗計で測定し良否を判断する.
7	高調波の発生源とならない機器は.	イ．交流アーク炉 ロ．半波整流器 ハ．動力制御用インバータ ニ．進相コンデンサ
8	高調波に関する記述として，誤っているものは.	イ．整流器やアーク炉は高調波の発生源にならないので，高調波抑制対策は不要である. ロ．高調波は進相コンデンサや発電機に過熱などの影響を与えることがある. ハ．進相コンデンサには高調波対策として，直列リアクトルを設置することが望ましい. ニ．電力系統の電圧，電流に含まれる高調波は，第5次，第7次などの比較的周波数の低い成分が大半である.
9	半導体応用機器から発生する高調波電流による被害を防止するために，発生源の高調波電流を打ち消すような高調波電流を発生する装置が使われている．その装置の方式は.	イ．半導体応用機器整流の多相化方式 ロ．LCフィルタ方式 ハ．アクティブフィルタ方式 ニ．受電系統の低インピーダンス方式

保護継電器と保護協調　　変電所の施設 4

Q
1. VT，CTはどう使用するか．
2. 保護継電器はどう動作するか．
3. 保護協調とはどのようなことか．

スタディポイント　VT，CTの使用法

VT（計器用変圧器） 回路の高電圧を計器や継電器，表示灯などに適した低電圧に変成する装置．変圧器と同様，巻線を使用する巻線形とコンデンサで分圧するコンデンサ形がある．

定格電圧 二次電圧は110V，一次電圧は6.6kV，66kV，110kV，154kVなどの公称電圧とし，変成比を整数とする．

負担 二次端子に接続された負荷．〔V・A〕で表す．

CT（変流器） 回路の大電流を計器や継電器に適する5A以下の電流に変成する．巻線形・棒形（貫通形），ブッシング形などがある．

定格電流 二次電流は5A．一次電流は温度上昇，過電流強度などが規格の値を超えない電流．

VT，CTの使用法をまとめると表1となる．

表1　VTとCTの使用法の比較

	VT	CT
一　次　側	主回路に並列	主回路に直列
二次接続負荷	電圧計 継電器の電圧コイルなどのインピーダンスの大きい負荷	電流計 継電器の電流コイルなどのインピーダンスの小さい負荷
二次誘起電圧	定格電圧（110V，100V）	低電圧 （二次電流×二次インピーダンス）
使用上の注意	二次側は開放	二次側は短絡

MOF（計器用電圧電流変成器）
　高電圧回路で電力量計を使用する場合の変成器で，一つの箱内にVTとCTを三相結線して入れたもの．

スタディポイント　保護継電器の動作

　系統に短絡・地絡などの事故や異常運転が行われた場合に，異常状態を検出しその部分を系統から切離す指令を出すのが任務である．大別してアナログ形とディジタル形があるが，この試験に出題されるのはアナログ形である．

過電流継電器（誘導円板形）
　電流が規定値以上になったときに動作し，動作時間が定限時のものと電流値が大きくなる

と動作時間が短くなる反限時特性のものが用いられている．図1は過電流継電器の原理，図2は動作時間特性である．

継電器の感度や動作時間は電流タップやタイムレバーで調整できる．

電流タップ　図1の円板を駆動する一次コイルには図3のようにいくつかのタップがあり，最小動作電流値を切替えることができるようになっている．タップの範囲は4～15A程度である．たとえば，400/5AのCTに継電器をつなぎタップを6Aに整定すると，6×400/5＝480Aで継電器が動作する．

タイムレバー　可動接点の位置を調整するためのレバーである．たとえば，レバーを10の位置にしておくと固定接点と可動接点の距離は最大に開いているが，5の位置ではこの距離が1/2になる．このようにレバーの位置を調整することで動作時間を定めることができる．図4はレバーの位置による動作特性の変化を示している．

地絡方向継電器

地絡電流の方向が定められた方向のとき動作する．入力には零相電流と零相電圧を用いる．この継電器は電圧・電流ともある値以上のときに動作する．図5にこの継電器の接続を示す．

方向要素を持たない「地絡継電器」は，継電器の設置点より電源側の地絡事故の場合，非接地系統では負荷側のケーブルなどの電荷がZCTを通って放電するため，誤動作する場合がある．

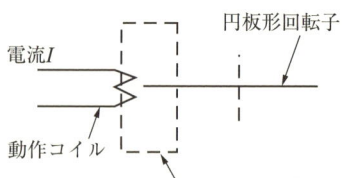

図　1　過電流継電器の原理

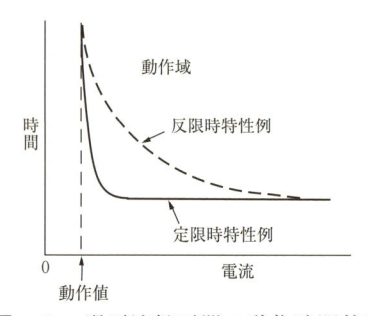

図　2　過電流継電器の動作時間特性

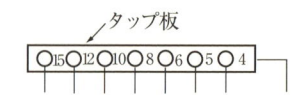

図　3　電流タップ板

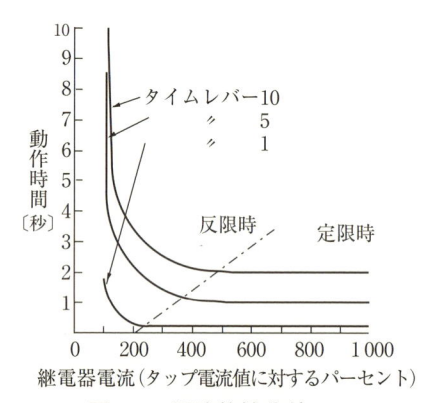

図　4　限時特性曲線

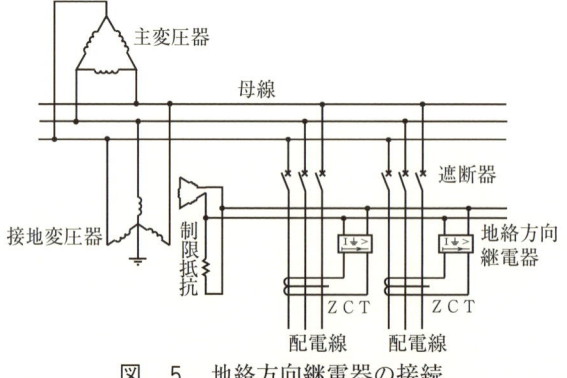

図　5　地絡方向継電器の接続

差動継電器

保護区間に流入する電流と流出する電流の差によって動作し，自家用では変圧器の保護に使用される．この継電器はCTの誤差により保護区間外の事故で動作する場合があるので，各線の電流を抑制コイルに流し，（動作電流／抑制電流）の比が予定値より大きい場合に動作する「比率差動継電器」が使用されることが多い．

スタディポイント　保護協調

停電範囲をできるだけ狭くするためには事故にできるだけ近い箇所で遮断するのがよく，このため継電器の動作時間や感度に差をつける．当然，事故点に近いほど動作時間が早く，遠くなるほど遅くする．このような差を動作時間でつけるのを「時間協調」，感度でつけるのを「感度協調」という．

時間協調　自家用の構内系統は図7のような樹枝状をしているのが普通である．A点で事故が生じると故障電流はRy1, 2, 3を流れる．Ry3の整定値を0.2秒（瞬時要素付き）とし，Ry2の動作時間を0.4秒，Ry1を0.6秒に順次遅く整定しておくと，A点故障に対してはRy3がまず応動しCB3で遮断する．これに失敗すると次いでRy2が動作することになり，停電範囲を局限することができる．

感度協調　図7の系統で事故時に$I_3 = I_2$とは限らず，健全線を流れるI_3'の影響で$I_2 > I_3$となる場合もある．ここでRy2とRy3の感度を等しく整定しておくと，Ry2が動作してRy3が不動作となり選択遮断ができない．これを防ぐため図8のように感度協調も図る必要がある．

配電用変電所の過電流継電器と自家用受電設備との保護協調には図8の関係が適用でき，自家用内の事故には受電点の遮断器が先に動作するRy3の特性を選び，配電用変電所にはRy2の特性を適用する．

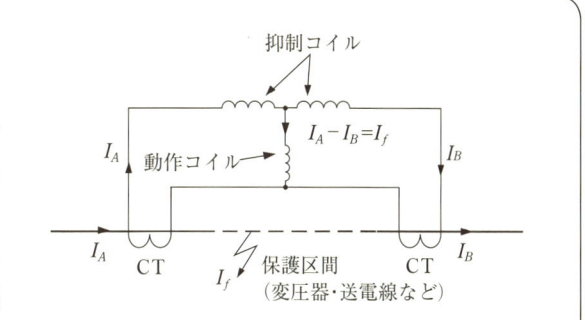

図　6　差動継電器の回路

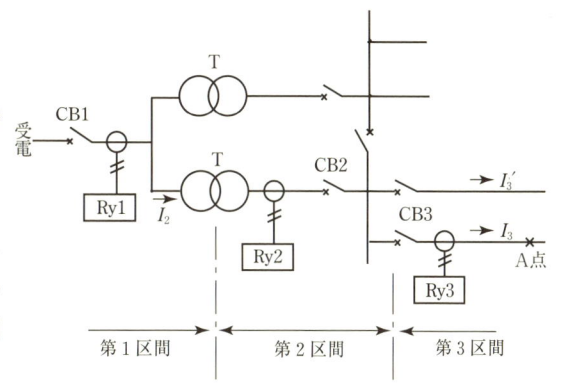

図　7　自家用構内系統

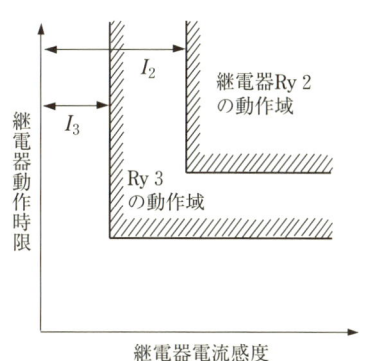

図　8　Ry2とRy3の感度協調
I_2, I_3：継電器Ry2とRy3の電流感度

[練習問題]

	問い	答え
1	定格電圧3000〔V〕，定格容量100〔kV・A〕の三相負荷の制御盤に施設するのに適当な変流器の定格一次電流〔A〕は．	イ．15　　ロ．30　　ハ．40　　ニ．50
2	6.6〔kV〕三相3線式受電設備の契約電力が470〔kW〕，力率0.8のとき，受電用配電盤に施設する変流器の定格一次電流〔A〕として適当なものは．	イ．5　　ロ．25　　ハ．40　　ニ．75
3	変流比50/5〔A〕の変流器を用いている受電設備において，250〔A〕の過電流が流れたとき，過電流継電器の動作時間〔s〕は． ただし，過電流継電器の限時動作特性は図に示すとおりであり，タップ整定値は5〔A〕，レバーは1に整定されているものとする．	イ．0.4　　ロ．0.5　　ハ．0.6　　ニ．0.85
4	高圧受電設備の短絡保護装置として，適切な組合せは．	イ．過電流継電器 　　高圧気中負荷開閉器 ロ．地絡継電器 　　高圧真空遮断器 ハ．過電流継電器 　　高圧真空遮断器 ニ．不足電圧継電器 　　高圧気中負荷開閉器
5	変電所等の大型変圧器の内部故障を電気的に検出する一般的な保護装置は．	イ．距離継電器　　　　ロ．比率差動継電器 ハ．不足電圧継電器　　ニ．過電圧継電器

	問 い	答 え
6	図のような高圧受電設備内において，事故が発生した時の保護協調に関する記述で望ましくないものは．	イ．①で短絡事故が発生した時，コンデンサ回路の PC の限流ヒューズが溶断した． ロ．②で短絡事故が発生した時，VCB が動作した． ハ．③で地絡事故が発生した時，G 付 PAS が動作した． ニ．④で地絡事故が発生した時，配電用変電所の遮断器が動作した．
7	図のような，配電用変電所から引き出された高圧配電線に接続する高圧受電設備内の×印の事故点で事故が発生した場合，保護協調上最も望ましいものは．	イ．×印の事故点で地絡事故が発生したとき，遮断器Ⓐが動作した． ロ．×印の事故点で地絡事故が発生したとき，遮断器ⒶとG付PASⒷが同時に動作した． ハ．×印の事故点で短絡事故が発生したとき，遮断器Ⓒが動作した． ニ．×印の事故点で短絡事故が発生したとき，限流ヒューズⒹが溶断した．
8	限流ヒューズとその負荷側の保護機器の保護協調について，限流ヒューズが通常時に不要動作しないように検討するために用いる限流ヒューズの特性曲線は．	イ．溶断特性（溶断時間—電流特性） ロ．遮断（動作）特性（動作時間—電流特性） ハ．許容時間電流特性（許容時間—電流特性） ニ．限流特性
9	CB形高圧受電設備と配電用変電所の過電流継電器との保護協調がとれているものは． ただし，図中①の曲線は配電用変電所の過電流継電器動作特性を示し，②の曲線は高圧受電設備の過電流継電器動作特性＋CBの遮断特性を示す．	イ．　　　　ロ．　　　　ハ．　　　　ニ．

	問 い	答 え
10	高圧受電設備の非方向性高圧地絡継電装置が，電源側の地絡事故によって不必要な動作をするおそれがあるものは． ただし，答えの欄の需要家構内とは受電点に取り付けた ZCT の負荷側をいう．	イ．事故点の地絡抵抗が高い場合． ロ．需要家構内の B 種接地工事の接地抵抗が低い場合． ハ．需要家構内の電路の対地静電容量が小さい場合． ニ．需要家構内の電路の対地静電容量が大きい場合．
11	高圧受電用地絡方向継電装置に関する次の記述の空欄箇所 A 及び B にあてはまる用語の組合わせとして正しいものは． 地絡事故が発生すると，零相変流器により検出した A と接地用コンデンサ（零相基準入力装置）により検出した零相電圧との B により地絡方向継電器を動作させる．	イ．A 対地充電電流　　ロ．A 対地充電電流 　　B 位相関係　　　　　B 積 ハ．A 零相電流　　　　ニ．A 零相電流 　　B 積　　　　　　　　B 位相関係
12	次の記述の空欄箇所①，②及び③にあてはまる語句の組合せとして，正しいものは． 高圧需要家の構内に布設されている高圧ケーブルが ① と，受電点より電源側で発生した ② 事故により，需要家の保護継電装置が不必要動作する場合がある．これを防ぐためには ③ を持つ保護継電装置を使用するか，電気事業者と協議して継電器の感度を下げる（整定値を上げる）ことが必要である．	イ．① 短い　　　　　　ロ．① 長い 　　② 地絡　　　　　　　② 地絡 　　③ 距離特性　　　　　③ 方向性 ハ．① 長い　　　　　　ニ．① 短い 　　② 短絡　　　　　　　② 短絡 　　③ 距離特性　　　　　③ 方向性
13	次の記述の空欄箇所 A 及び B にあてはまる語句の組合せとして，正しいものは． 高圧需要家構内の地絡事故による波及事故防止のためには，需要家の遮断装置が配電用変電所の遮断器 A 動作することが必要である．そのためには一般に，それらの箇所に設置されている地絡継電器の B に差を設けている．	イ．A よりも早く　　　ロ．A よりも遅く 　　B 動作時間　　　　　B 動作時間 ハ．A と同時に　　　　ニ．A よりも遅く 　　B 位相特性　　　　　B 位相特性

電気工事と継電器の試験　　変電所の施設　5

Q 1　停電工事の注意ポイントは．
　　2　過電流継電器の試験はこう進める．

スタディポイント　停電工事

　電源を遮断して停電して行う電気工事で，バイパス工法により工事部分のみを停電させて行う工事も含む．感電災害は発生しないはずであるが，

　1　開放しておいた開閉器の誤投入
　2　停電回路と充電回路の混触
　3　コンデンサの残留電荷

などによる災害が発生している．

災害防止対策

　1　開放した開閉器の施錠，通電禁止の表示，監視員の配置などで誤投入を防止
　2　高圧・特別高圧の場合は，検電器で停電の確認．他電路との混触や誘導による感電防止のため確実に短絡接地を行う．
　3　電力ケーブル，電力コンデンサがある場合は，残留電荷を確実に放電させる．
　4　作業終了時は，作業者の安全確認と短絡接地器具の取外しを確認のうえ通電する．

災害防止器具

　検電器　電線路・電気機器の充電の有無，変圧器・電動機ケースなどの非充電部分の充電の有無などを簡便に検出する器具．発光式と音響式がある．電路の停電操作を完了し作業を始める際には，検電器で停電を確認する．

　停電接地器具　停電した電路の各相を短絡し，短絡線を一括して接地する．図1はフック形の短絡接地器具である．高圧架空電線は絶縁電線であるから，フックの取付箇所は絶縁被覆をはぎ取る必要がある．短絡導線の太さは，短絡電流により電源遮断器が動作するまで溶断しない太さである．

　　短絡接地器具を取付ける場合は，先に接地クリップを接地棒または接地線に接続し，次にフックを電線に取付ける．撤去する場合は逆の順序で行う．

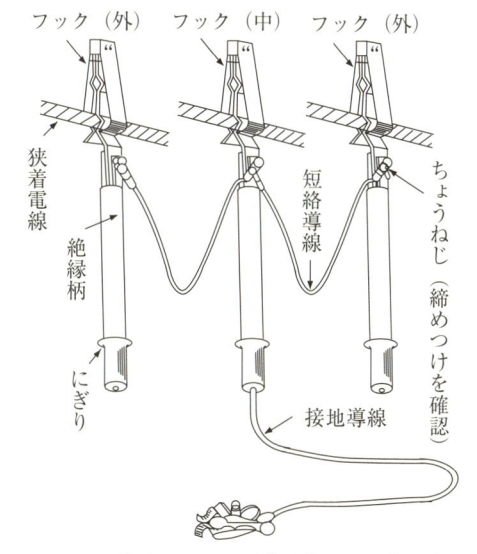

図　1　短絡接地器具

スタディポイント　保護継電器の試験

過電流継電器の試験　最小動作電流試験・限時特性試験・瞬時動作試験などがあり，試験方法には単体試験と連動試験がある．

試験装置の配置は図2に，この回路を図3に示す．試験は次の順序で進める．

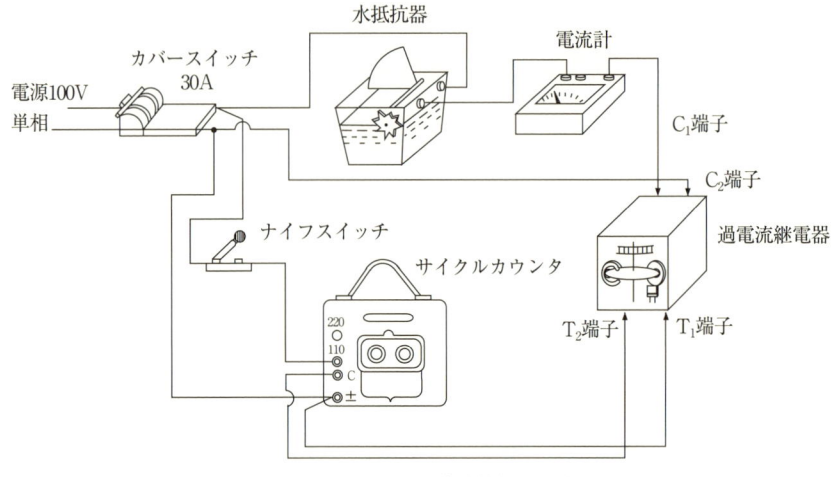

図　2　試験装置の配置

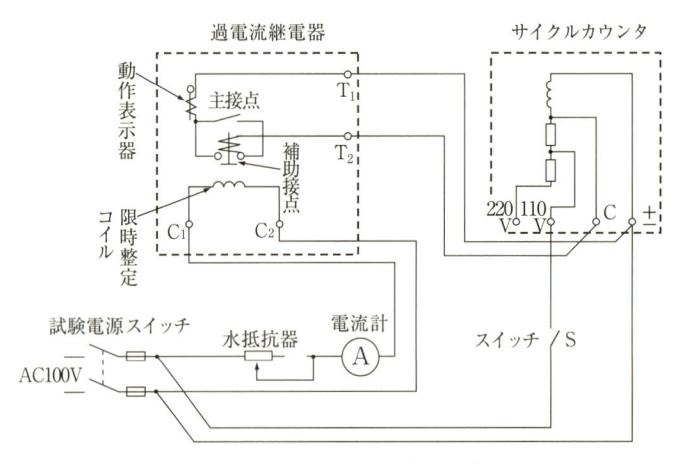

図　3　試験回路

最小動作電流試験　過電流継電器の円板が回転し，主接点が完全に閉じる最小電流の測定．

1　タップ値を確認
2　試験電源スイッチを入れる．
3　水抵抗器を調整して電流を徐々に増加させる．
4　円板が動作を始める電流値を読む．
5　始動したら主接点が閉じるまで確認し，水抵抗器をそのままの位置にしておく．
6　主接点が閉じターゲットが出たら，試験電源スイッチを開く．

限時特性試験　円板が回転を始め，主接点が閉じるまでの時間を測定する．

1　レバーを10にする．

2 初めに300％限時動作試験を行う．
3 300％はタップ値の3倍であるから，電流は9Aとなる．
4 9Aの電流が流れるように水抵抗器を調整，その間円板を押さえている．
5 電流を整定した後，試験電源スイッチを切る．
6 サイクルカウンタ回路のスイッチを入れる．
7 ふたたび試験電源スイッチを入れ，円板の主接点が閉じたら試験電源スイッチを開く．
8 サイクルカウンタで時間を読む．

瞬時動作電流試験 瞬時要素のあるもののみ実施する．
1 瞬時要素の整定値を読む．
2 電流計を見ながら継電器が動作する整定値まで電流をいっきに流す．その間限時要素が動作しないように円板を押さえている．
3 試験電源スイッチを開く．

これらの結果をまとめたのが表1である．

表 1　過電流継電器の試験結果例

種別	製造番号形式		（整定電流）最小動作電流	（瞬時整定電流）瞬時動作電流	動作時間〔秒〕レバー10		成績
					300％	700％	
OCR	H社	999999	(3)	(30)	〔6〕	〔1.3〕	良
		IO－OI J－R	2.7	28	5.8	1.3	
OCR	H社	999998	(3)	(30)	〔6〕	〔1.3〕	良
		IO－OI J－R	2.9	32	5.9	1.4	

（注）継電器試験の欄で（ ）内は整定値，また〔 〕内は特性グラフ値を示す．

連動試験 継電器と遮断器を組合わせた試験である．500kW未満の自家用で電流引きはずし方式の継電器では，変流器の二次側に電流を流し，継電器を動作させ，遮断器が開くまでの時間を測定する．

　連動試験であるから，サイクルカウンタの読みは（継電器の動作時間＋遮断器の開極時間）である．継電器の動作時間だけでないので注意を要する．

[練習問題]

	問 い	答 え
1	高圧受電設備の停電作業を行う場合，引込み口の主開閉器（主遮断装置及び断路器）を開放した後に行う措置として不適当なものは．	イ．充電部周辺をロープで区画し，立ち入り禁止の表示をした． ロ．電路に進相用コンデンサが接続されていたので，その残留電荷を放電させた． ハ．主開閉器の近傍の見やすい位置に通電禁止の表示をした． ニ．検電器により停電を確認したので短絡接地器具による電路の接地を省略した．
2	高圧電路を停止して短絡接地器具の取付け，取外し作業を行う場合の作業方法で，誤っているものは．	イ．短絡接地器具の取付けに先立ち，検電器により停電状態を確認する． ロ．短絡接地器具の取付けは高圧電路から行い，取外しは接地側を最後に行う． ハ．短絡接地器具の取付け，取外しのときは，安全のため作業責任者の監視のもとに行う． ニ．短絡接地器具の取付け，取外しをするときは，高圧ゴム手袋を着用する．
3	過電流継電器の限時特性試験（動作時間特性試験）を行う場合，必要でないものは．	イ．サイクルカウンタ　　　ロ．電圧調整器 ハ．電流計　　　　　　　ニ．電力計
4	高圧受電設備に使用されている誘導形過電流継電器（OCR）の試験項目として，誤っているものは．	イ．遮断器を含めた動作時間を測定する連動試験 ロ．整定した瞬時要素どおりに OCR が動作することを確認する瞬時要素動作電流特性試験 ハ．過電流が流れた場合に OCR が動作するまでの時間を測定する動作時間特性試験 ニ．OCR の円板が回転し始める始動電圧を測定する最小動作電圧試験
5	高圧受電設備に使用されている高圧地絡遮断装置の動作試験に関する記述として，誤っているものは．	イ．動作電流試験は，零相変流器の試験端子に電流を流し，これを徐々に増加させて遮断器が動作したときの電流値を測定する． ロ．動作電流値は，各整定電流値に対してその誤差が ±10〔％〕の範囲以内であることを確認する． ハ．方向性を有する継電器は，動作電流を流した方向とは逆方向に，整定値の 200〔％〕程度の電流を流して動作しないことを確認する． ニ．各整定電流値 300〔％〕，500〔％〕等における動作時間を測定し，反限時特性（電流が増えると動作時間が短くなる特性）を確認する．

8 検査方法

自家用電気工作物の検査
絶縁抵抗と接地抵抗
接地工事と接地抵抗
地絡事故と遮断装置の設置
絶縁耐力試験

自家用電気工作物の検査　　検査方法　1

Q 1　自家用電気工作物とはどんな設備か．
　　2　検査にはどんな種類があり，どう実施されるか．

スタディポイント　自家用電気工作物

自家用電気工作物とは
　電気事業法では「自家用電気工作物」とは，電気事業用電気工作物および一般用電気工作物以外の電気工作物と定義されているが，具体的には次の設備である．
1　特別高圧（7kVを超える電圧）で受電する設備．
2　高圧（交流600V, 直流750Vを超え，7kV以下）で受電する設備．
3　受電電線路以外の電線路で構外の設備と電気的に接続している設備．
4　小出力発電設備以上の発電電圧・容量の発電設備をもつもの．

　　小出力発電設備　　発電電圧が600V以下．

　　　　　　　　　　太陽電池発電設備　　50kW未満　　　風力発電設備　　20kW未満
　　　　　　　　　　内燃力発電設備　　　10kW未満
　　　　　　　　　　水力発電設備　　　　20kW未満及び最大使用水量1m³/秒未満
　　　　　　　　　　　　　　　　　　　　（ダムを伴うものを除く．）
　　　　　　　　　　燃料電池発電設備　　10kW未満（個体高分子型又は個体酸化物型の
　　　　　　　　　　　　　　　　　　　　もの）
　　　　　　　　　（出力の合計が50kW以上となるものを除く）

自主保安体制の整備
・電気主任技術者の選任
　自家用電気工作物の設置者は，電気主任技術者を選任し，工作物の工事・維持・運用の監督を行わせる．
・保安規程の作成と報告
　受電電圧を変更した場合や電気事故が発生した場合に報告規則により報告する義務がある．

波及事故の防止
　自家用電気工作物の事故により電力会社の高圧配電線が停電する事故である．事故は，受電用遮断器の電源側にあるケーブル本体や端末部，開閉器に多く発生している．事故原因は，設備の自然劣化，雷害および保守不良などである．

スタディポイント　検査の種類と順序

電気工作物の検査には，竣工検査，定期検査，臨時検査などがある．

竣工検査
自家用電気工作物が新設され，または変更の工事が完成したとき，電気設備技術基準に適合しているかを使用開始前に検査する．検査は次の順序で実施される．ただし，2，3 は順不同．

1　外観検査　目視点検
2　接地抵抗測定　接地抵抗計（アーステスタ）
3　絶縁抵抗測定　絶縁抵抗計（メガー）
4　絶縁耐力試験
5　保護継電器試験
6　試送電（通電試験）

1　外観検査

屋外電線路　支持物の施設方法，電線・ケーブルの種類と太さ，メッセンジャーワイヤと吊架方法，接地線と施設方法など

変電設備　変電室の広さ・高さ，電気機器・配線などの離隔距離，受変電室の危険表示，露出した充電部分の防護（日常点検時の危険防止），変圧器の端子接続，保護継電器のタップ・レバー位置の確認など

ジスコン棒，操作ハンドル，高圧ゴム手袋などの用意，消火器などの配置

2　接地抵抗測定

各接地工事の接地抵抗値の測定と規定値以内であることの確認

A 種，C 種を共用とし，B 種は単独接地，避雷器は単独の A 種接地とすることが多い．

3　絶縁抵抗測定

配線および機器の大地からの絶縁状態の良否判定で，絶縁抵抗値を測定する．

4　絶縁耐力試験

配電線からの雷電圧進入，開閉操作時の異常電圧など常用電圧以上の電圧に対する耐力を確認する．

5　保護継電器試験

保護対象である短絡，地絡，過負荷などに対して連動し遮断器を動作させる能力の確認．

定期検査
電気設備技術基準に適合しているかを，年に 1 回以上定期的に行う検査で

1　外観検査　発熱状態，錆や腐食の発生などの検査
2　接地抵抗測定
3　絶縁抵抗測定
4　保護継電器試験

などが行われる．

[練習問題]

	問い	答え
1	受電電圧 6600〔V〕の受電設備における竣工検査で一般に行われないものは.	イ．避雷器の接地抵抗測定 ロ．地絡継電器の動作試験 ハ．変圧器の温度上昇試験 ニ．計器用変成器一次側の絶縁耐力試験
2	電気工事の施工が完了したときに行う試験等で一般に行わないものは.	イ．電路の絶縁抵抗測定 ロ．電路の導通試験 ハ．配線用遮断器の短絡遮断試験 ニ．接地抵抗の測定
3	高圧受電設備の定期点検で通常用いないものは.	イ．高圧検電器　　　　ロ．短絡接地用具 ハ．絶縁抵抗計　　　　ニ．検相器
4	高圧受電設備におけるシーケンス試験として，行わないものは.	イ．保護継電器が動作したときに遮断器が確実に動作することを試験する． ロ．警報及び表示装置が正常に動作することを試験する． ハ．インタロックや遠隔操作の回路がある場合は，回路の構成及び動作状況を試験する． ニ．制御回路の絶縁状態及び温度上昇を試験する．

絶縁抵抗と接地抵抗　　検査方法　2

Q
1. 絶縁性能はどう定められているか．
2. 絶縁抵抗はどう測定するか．
3. 接地抵抗はどう測定するか．

スタディポイント　絶縁性能の値

電路は，原則として大地から絶縁する．
（電技第5条）

・低圧電線路の絶縁性能（電技第22条）

電線と大地の間，電線の線心相互の絶縁抵抗は漏れ電流が最大供給電流の1/2000を超えないような値にする．

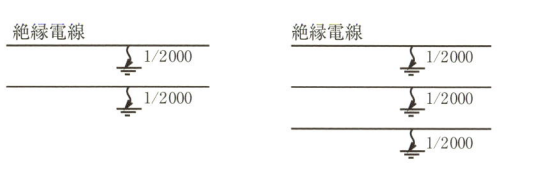

(a) 単相2線式　　(b) 単相3線式　三相3線式

図　1　絶縁電線の数と漏れ電流の値

（注）漏れ電流が1/2000というのは1線あたりについてである．図1(a)のように単相2線式であれば電線数は2本であるから漏れ電流は2/2000になり，(b)のように電線が3本の場合は3/2000になる．

・低圧の電路の絶縁性能（電技第58条）

電気使用場所での低圧電路の電線相互間または電路と大地の間の絶縁抵抗は表1の値以上．

表　1　絶縁抵抗の値と測定部分

回路の電圧区分	回路のどの部分か	絶縁抵抗値
対地電圧（非接地式は線間電圧）150V以下	電線相互間〔電気機械器具を取り外し開閉器や点滅器を「入」にして線間を測る．〕	0.1 MΩ 以上
使用電圧 300V以下		0.2 MΩ 以上
使用電圧 300Vを超える	電路と大地間〔電気機械器具を接続し開閉器や点滅器を「入」にして電路と大地間を測る．〕	0.4 MΩ 以上

表1で使用電圧が2倍になると絶縁抵抗値も2倍になっている．この関係を明確に規定しているのが電技解釈第14条である．

・電路の絶縁抵抗及び絶縁耐力（電技解釈第14条）

低圧電路で絶縁抵抗の測定が困難な場合には，上記の表1の回路の電圧区分に応じ，それぞれ漏れ電流を1mA以下に保つこと．

（注）OAやFA機器の普及により，測定のために停電することは困難になりつつある．また，500Vメガーによりこれらの機器に故障を引き起こす問題も出てきている．このため，高感度クランプ式電流計を使用して2本または3本の電線をはさみ込んで漏れ電流を測定し，絶縁性能を確認している．

スタディポイント　絶縁抵抗の測定

漏れ電流は絶縁物を通して流れる電流で，そのとき加えた電圧を漏れ電流で割った値が「絶縁抵抗」である．漏れ電流には，絶縁体の中を流れる電流と表面を流れる電流があり，前者が体積抵抗により，後者が表面抵抗により流れる．

測定の方法

一般に，電気機器や電路を停電して「絶縁抵抗計（メガー）」で測定する．停電できない場合はクランプ式電流計により漏れ電流を測定し，絶縁抵抗値を求める．

1　絶縁抵抗計

電池式と手回し発電機式があるが，最近はほとんどが図2の電池式である．絶縁抵抗計のアース端子（E）に接続されたリード線のクリップを機器の接地部分にはさみ，ライン端子（L）のリード線を機器の導電部分に接触させ，計器のスイッチを入れると絶縁抵抗値を指示する．

ガード端子（G）はケーブルの絶縁抵抗を正確に測定するために用いるもので，この端子を使用することで，表面抵抗を除外し体積抵抗のみを測定できる．

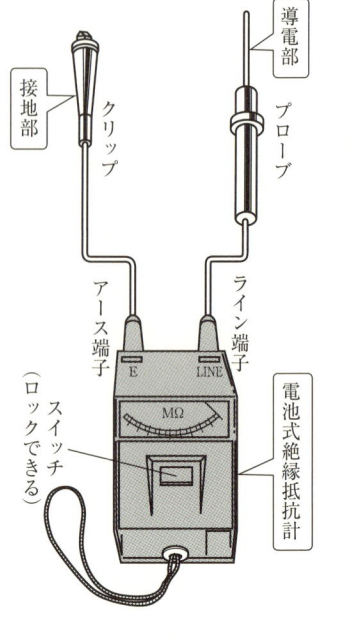

図2　絶縁抵抗計

2　絶縁抵抗計の選定と測定法

低圧の電路や機器には500Vメガーを，高圧設備には1000Vメガーを使用する．

ケーブルの絶縁抵抗を測定する場合，測定開始直後は静電容量のため充電電流が流れるので絶縁抵抗値は非常に低く徐々に抵抗値が高くなり一定値に落ち着く．この値を絶縁抵抗値とする．

スタディポイント　接地抵抗の測定

接地抵抗とは，接地導体と大地間の抵抗で，接地導体と十分離れた大地間の抵抗である．

測定の方法

図3のように接地抵抗計と2本の補助接地棒を用いて行う．

接地抵抗計の接地端子(E)を測定する接地極へ，電圧端子(P)を第1接地棒へ，電流端子(C)を第2接地棒へ接続する．接地極と補助接地棒は一直線上に配置し，図3のように補助接地極間の間隔は10m以上，一般には20m程度は必要である．

このように接続した後，測定ボタンを押せば接地抵抗値を直読できる．

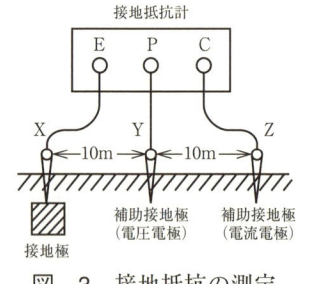

図3　接地抵抗の測定

補助接地極が使用できない場合

1　水道管などの利用　接地抵抗の値がわかっている金属製の水道管，建物の鉄骨などが補助電極として利用できる．この場合，接地抵抗計のP-C端子を短絡して上記の接地に接続する．測定値は両方の接地抵抗値の合計となるので，測定値から補助接地の抵抗値を差

引する.
2　高圧変圧器の B 種接地の利用　B 種接地を上記の補助接地と同様に利用する．B 種接地極を被測定接地極より 10m 以上離れた地点にえらび，相互間の抵抗値を測定する．この値から B 種接地抵抗値を差し引けば接地抵抗値が求められる．

[練習問題]

	問い	答え
1	電気設備に関する技術基準において，定格容量 10〔kVA〕，一次電圧 6600〔V〕，二次電圧 210〔V〕の単相変圧器に接続されている単相 2 線式の電線路における電線 1 条と大地との間の漏えい電流の最大値〔mA〕は．	イ．10.0　　ロ．11.9　　ハ．23.8　　ニ．47.6
2	低圧屋内配線の開閉器又は過電流遮断器で区切ることのできる電路ごとの絶縁性能として，適切なものは．	イ．使用電圧三相 200〔V〕の電動機回路の絶縁抵抗を測定した結果 0.1〔MΩ〕であった． ロ．使用電圧 100〔V〕の電灯回路の絶縁抵抗を測定した結果，0.05〔MΩ〕であった． ハ．使用電圧 100〔V〕のコンセント回路の漏えい電流を測定した結果，2〔mA〕であった． ニ．使用電圧 100〔V〕の電灯回路の漏えい電流を測定した結果，0.5〔mA〕であった．
3	電気使用場所における使用電圧が 200〔V〕の三相 3 線式電路の，開閉器又は過電流遮断器で区切ることができる電路ごとに，電線相互間及び電路と大地との間の絶縁抵抗の最小限度値〔MΩ〕は．	イ．0.1　　ロ．0.2　　ハ．0.4　　ニ．1.0
4	使用電圧 400〔V〕の低圧配線の電路と大地間の絶縁抵抗の最小値〔MΩ〕は．	イ．0.1　　ロ．0.2　　ハ．0.3　　ニ．0.4
5	直読式接地抵抗計（アーステスタ）で接地抵抗を測定する場合，端子の接続方法で正しいものは． ただし，X は測定する接地極，Y は補助接地極（電圧電極），Z は補助接地極（電流電極）とする． なお，接地極は一直線上に配置する．	イ．X Y Z　　ロ．Y X Z　　ハ．Z Y X　　ニ．Z X Y （各図とも接地抵抗計の端子 E P C に接続，10m／10m 間隔）

接地工事と接地抵抗

検査方法 3

Q
1. 接地工事にはどんな種類がありどこに使用されるか．
2. Ｂ種接地工事の適用される場所と接地抵抗値は．
3. 接地工事はどのように施設するか．

スタディポイント *接地工事の種類と適用*

接地工事は，A，B，C，D の 4 種類である．

表 1 接地工事の種類と適用箇所

接地工事の種類	接 地 工 事 箇 所
A 種接地工事	特高と高圧との混触予防装置
	特高計器用変圧器二次側電路
	高圧または特高電路に施設する機械器具の鉄台および金属製外箱
	避雷器および放出保護筒
	特高と道路等との接近交さの保護網
B 種接地工事	高圧または特高と低圧の混触防止施設
D 種接地工事	高圧の計器用変圧器二次側電路
	高圧地中電線路に接続する配電変圧器の金属製変圧塔
	300V 以下の低圧電路に施設する機械器具の鉄台および金属製外箱
	架空ケーブル工事のちょう架線
	保護網，保護線の施設
	金属線等
	特高電線路の木柱の腕金など
	地中電線を収める金属被覆・接続箱など
C 種接地工事	300V を超える低圧電路に施設する機械器具の鉄台および金属製外箱

表 2 接地抵抗値と接地線の太さ

接地工事の種類	接 地 抵 抗 値	接地線の太さ	備 考
A 種接地工事	10Ω 以下	2.6mm 以上	危険度の大きい場合
B 種接地工事	$\dfrac{150}{\text{高圧電路の1線地絡電流〔A〕}}$〔Ω〕以下 高圧と低圧が混触したとき低圧電路の対地電圧が150Vを超えた場合に ・1秒を超え2秒以内に高圧電路を遮断　150を300に ・1秒以内に遮断　150を600に	4.0mm 以上 高圧電路又は特別高圧架空電線路の電路と低圧電路とを変圧器により結合する場合は，2.6mm 以上	変圧器の低圧側中性点（端子）を接地する場合
D 種接地工事	100Ω 以下 （低圧電路に地気を生じた場合に 0.5秒以内に自動的に電路を遮断する装置を設けた時は500Ω以下）	1.6mm 以上	危険度の度合が少ない場合
C 種接地工事	10Ω 以下 （同上）	1.6mm 以上	D 種接地工事の場合より危険度が高く，接地抵抗値を A 種接地工事なみにする場合

接地工事の特例（電技解釈第17条）

D種接地工事を施す金属体の接地抵抗値が100Ω以下の場合，D種接地工事を施したものとみなす．C種についても同様で，接地抵抗値が10Ω以下であれば接地工事を施したものとみなす．

スタディポイント　B種接地工事

B種接地工事は低高圧が混触したときに，高圧側からの流入電流による低圧側の対地電位の上昇を150V以下にするために行われる．接地に必要な点は図1に示す．（電技解釈第24条）

変圧器の二次側接地
（300V以下の場合の例外規定）

変圧器の二次側接地
（中性点接地が原則）

変圧器の二次側接地
（300V以下の場合の例外規定）

変圧器の二次側接地
（中性点接地が原則）

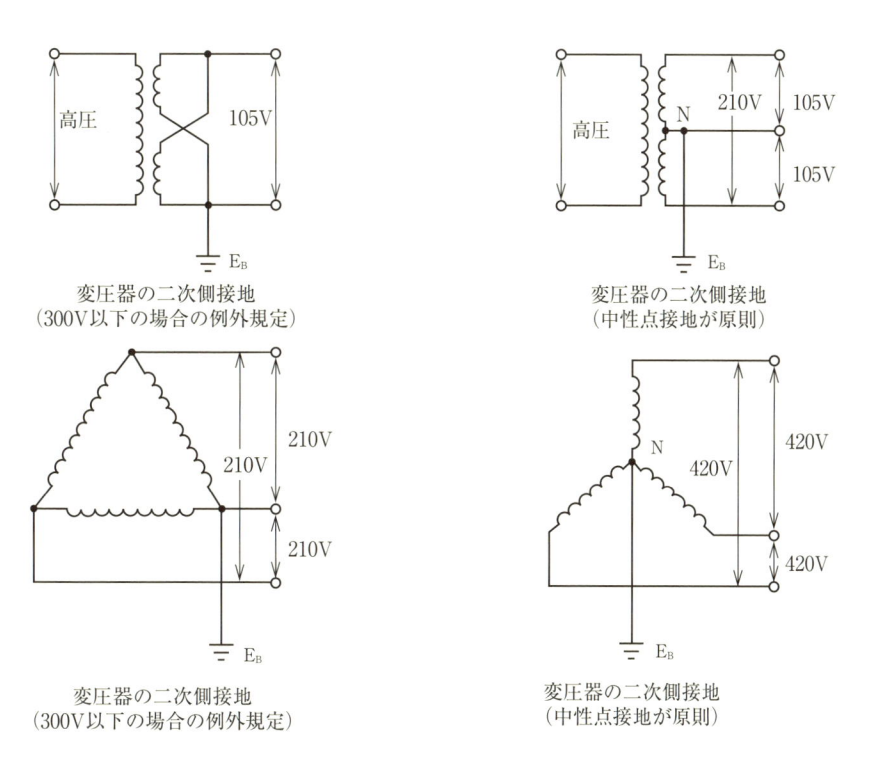

図　1　B種接地工事の接地点

1線地絡電流の大きさは，電路の構成に応じて電技解釈第17条「接地工事の種類及び施設方法」に示されている公式により計算する．

スタディポイント　接地工事の施設

接地電極の材料　銅覆鋼棒（直径 14mm，長さ 1500mm）が最もよく使用され，亜鉛めっき鋼管，ステンレス覆鋼棒，銅板，裸導線なども用いられる．埋設方法には水平または垂直に，単独または並列にといろいろあり，現場の状況に応じて選ばれる．

接地工事の方法　図 2 に接地工事の方法を示す．

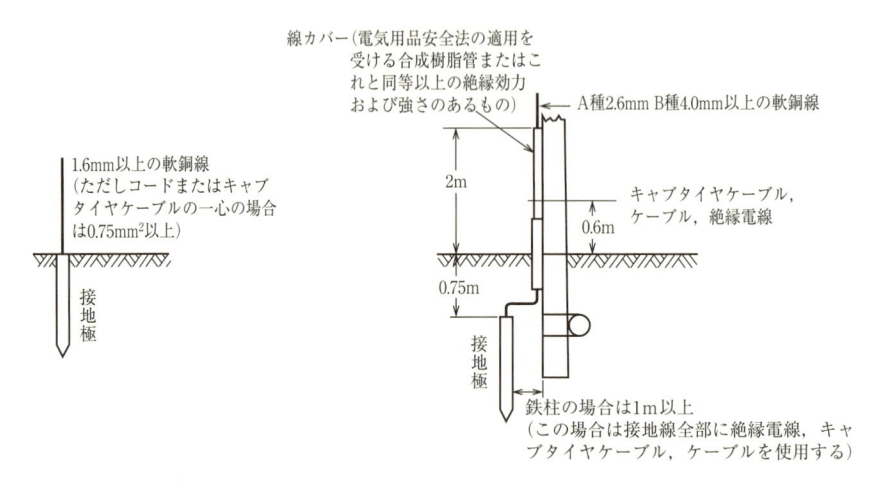

(a) D種接地工事　　　　(b) A種および B種接地工事

図　2　接地工事の方法

(b)図の接地極は，鉄柱の下 30cm 以上の深さに埋設すれば 1m 以内でよく，同じ深さの場合に 1m 以上離すことになる．

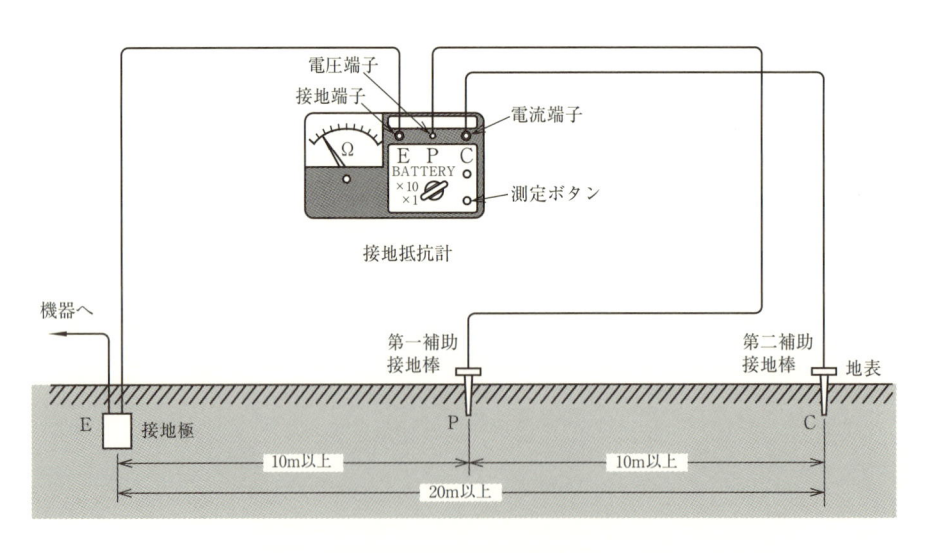

図　3　接地抵抗の測定

[練習問題]

	問　い	答　え
1	電気設備に関する技術基準を定める省令において，次の記述の空欄箇所①及び②にあてはまる数値の組合せとして正しいものは． 　D種接地工事の接地抵抗値は100〔Ω〕（低圧電路において，当該電路に地絡を生じた場合に ① 秒以内に自動的に電路を遮断する装置を施設するときは ② 〔Ω〕）以下である．	イ．① 0.5　② 500　　ロ．① 0.5　② 600 ハ．① 1.0　② 500　　ニ．① 1.0　② 600
2	電気設備に関する技術基準において，C種接地工事を施さなければならない電路又は機器の接地箇所は．	イ．定格電圧400〔V〕の電動機の鉄台 ロ．高圧計器用変成器の二次側電路 ハ．高圧変圧器の低圧側の中性点 ニ．高圧避雷器
3	B種接地工事（第2種接地工事）の接地抵抗値を決めるのに関係のあるものは．	イ．変圧器の低圧側電路の長さ〔m〕 ロ．変圧器の高圧側電路の1線地絡電流〔A〕 ハ．変圧器の容量〔kVA〕 ニ．変圧器の高圧側ヒューズの定格電流〔A〕
4	高圧配電線路の1線地絡電流が2〔A〕のとき，6kV変圧器の二次側に施すB種接地工事の接地抵抗の最大値〔Ω〕は． 　ただし，高圧配電線路には，高低圧電路の混触時に1秒以内に自動的に電路を遮断する装置が取り付けられているものとする．	イ．75　　　　　　　　ロ．100 ハ．150　　　　　　　 ニ．300
5	地中に埋設する接地極の材料として一般に用いられないものは．	イ．アルミ板 ロ．銅板 ハ．銅覆鋼棒 ニ．亜鉛メッキ鋼管

地絡事故と遮断装置の設置

検査方法 4

Q
1. 地絡遮断装置はどこに設置すればよいか．
2. 漏電遮断器が省略できるケースは．
3. 地絡事故で機械器具外箱の電圧はどの位上昇するか．

スタディポイント　地絡遮断装置の設置

地絡遮断装置の施設（電技第 15 条，電技解釈第 36 条）

電路に地絡が生じた場合に，電線や電気機械器具の損傷，感電や漏電火災を防止するため，地絡遮断装置などの施設を規定している．地絡遮断装置を施設する箇所を図で示すと，図 1 のようになる．

金属製外箱を有する使用電圧が 60V を超える低圧の機械器具に接続する電路には地絡を生じたときに，自動的に電路を遮断する漏電遮断器を施設しなければならない．ただし，下記の場合は，漏電遮断器の施設を省略できる．

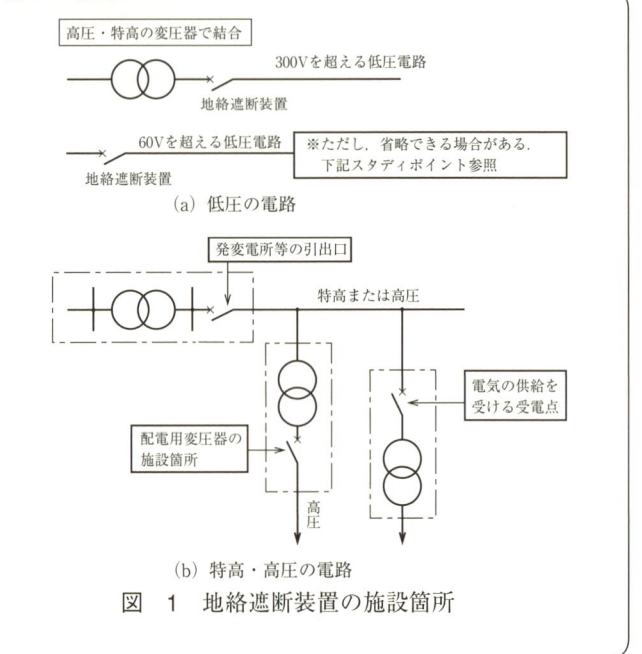

(a) 低圧の電路
※ただし，省略できる場合がある．下記スタディポイント参照

(b) 特高・高圧の電路

図 1　地絡遮断装置の施設箇所

スタディポイント　漏電遮断器の省略（電技第 15 条，電技解釈第 36 条）

下記に示すような場所や機械器具の場合は，漏電遮断器の設置を省略できる．

1. 機械器具に簡易接触防護措置を施す場合（金属製の防護措置は省略できない場合がある）
2. 機械器具を次のいずれかの場所に施設する場合
   ・変電室または受電室などで電気取扱者以外の者が立入らない場所に施設する場合
   ・乾燥した場所
   ・機械器具の対地電圧 150V 以下で，水気のある場所以外の場所
3. 機械器具が次のいずれかに該当する場合
   ・電気用品安全法の適用を受ける二重絶縁構造の機械器具（電動工具・庭園灯など）
   ・ゴム，合成樹脂，その他の絶縁物で被覆したもの
   ・誘導電動機の二次側電路に接続されるもの（抵抗器）
   ・その他
4. 機械器具に施されたＣ種，Ｄ種接地工事の接地抵抗値が 3Ω 以下の場合
5. 電源側に絶縁変圧器（線間電圧が 300V 以下）を施設し，かつ当該電路を接地しない場合
6. 電路が管灯回路である場合
7. その他

左ページの内容に該当しても次の場合は省略できない.
1. 特高・高圧と変圧器で結合している 400V 電路
2. 屋内の 200V 機器に電気を供給する電路
3. 火薬庫内の電気工作物に電気を供給する電路
4. 電熱器具に電気を供給する電路
　　フロアヒーティング,造営材に固定した電熱ボード・電熱シート,パイプラインの電熱装置,電気温床線,プール用水中照明灯など
5. コンクリートに直埋する臨時配線

スタディポイント　*漏電電圧の計算*

図 2 (a) のように,電源変圧器が B 種接地されている回路で負荷の電気機械器具が地絡事故(漏電)を起こした場合,D 種接地が施されている機械器具の外箱にどの位の電圧が加わるかの計算である.地絡電流は,ΔΔ 結線の変圧器二次側 (電圧 220V) より電気機械器具の地絡点を通して外箱に漏れ,D 種接地・B 種接地をへて変圧器へもどる.

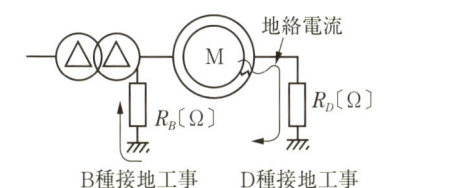

(a) 漏電により流れる地絡電流　　　(b) 地絡事故の等価回路

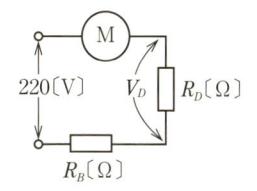

図 2　外箱に表れる電圧

この等価回路は (b) 図のようになり,外箱に表れる電圧 V_D [V] は電源電圧 220V が R_D と R_B で分圧された R_D にかかる電圧である.

$$V_D = 220 \times \frac{R_D}{R_B + R_D} \text{[V]} \quad (1)$$

(注) この説明では,変圧器二次側の電圧を 220V としたが,もちろん 110V の場合もある.

[練習問題]

	問　　い	答　　え
1	図のような配電線路に定格電圧 100 [V] の単相誘導電動機 IM が接続されており,変圧器 T の低圧側の 1 端子には B 種接地工事 E_B (接地抵抗値 30 [Ω]),電動機外箱には D 種接地工事 E_D が施されている.電動機内の配線が外箱に地絡した場合に外箱の対地電圧を 50 [V] 以下に抑えるために必要な,外箱の D 種接地工事 E_D の接地抵抗の最大値 [Ω] は.	イ.10　　ロ.20 ハ.30　　ニ.100

-157-

絶縁耐力試験

検査方法 5

Q 1 どの位の電圧を何分間かければよいか．
2 試験回路はどう接続すればよいか．

スタディポイント　試験電圧と印加時間

高圧機器や電路の絶縁耐力試験電圧および電圧を加える時間は表1のとおりである．

表　1　試験電圧と試験時間

設備の種別	電圧印加部分	試験電圧〔V〕	試験時間〔分〕	
7000V以下の電路	電路と大地の間	最大使用電圧の1.5倍	連続10分間	電技解釈第15条
7000V以下の回転機	巻線と大地の間	最大使用電圧の1.5倍（最低500V）	連続10分間	電技解釈第16条
7000V以下の変圧器	巻線と他の巻線，鉄心および外箱の間	最大使用電圧の1.5倍（最低500V）	連続10分間	電技解釈第16条

いずれも，試験電圧は最大使用電圧の1.5倍，試験時間は10分間とおぼえておけばよい．

スタディポイント　試験回路の接続

電源変圧器は2台用意し，試験のための高電圧を得るために，一次並列，二次直列に接続する．

試験回路は図1のようになる．

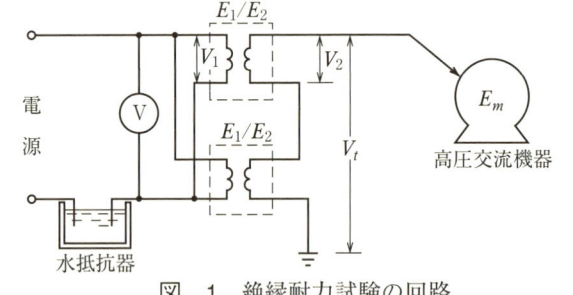

試験電圧は最大使用電圧の1.5倍であるから，

$$V_t = E_m \times 1.5 〔V〕 \quad (1)$$

図　1　絶縁耐力試験の回路

2台の変圧器の二次側は直列であるから，各変圧器の二次電圧 V_2 は試験電圧の1/2になる．電圧計 Ⓥ の指示は一次電圧 V_1 であるから，変圧器の電圧比により試験に必要な一次電圧 V_1 は

$$V_1 = V_2 \times \frac{E_1}{E_2} = \frac{V_t}{2} \times \frac{E_1}{E_2} = \frac{1.5 E_m}{2} \times \frac{E_1}{E_2} 〔V〕 \quad (2)$$

変圧器の一次巻線および二次巻線の試験回路は図2のようになる．

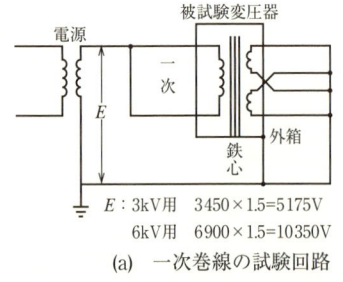

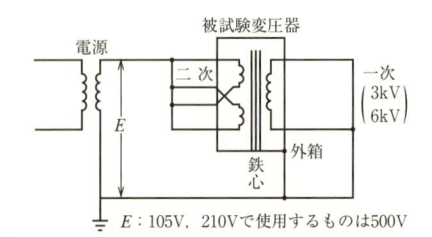

(a) 一次巻線の試験回路
E：3kV用　$3450 \times 1.5 = 5175V$
　　6kV用　$6900 \times 1.5 = 10350V$

(b) 二次巻線の試験回路
E：105V，210Vで使用するものは500V

図　2　変圧器の絶縁耐力試験

ケーブルなどの絶縁耐力試験（電技解釈第15, 16条）

　ケーブルなど静電容量の大きい設備は，交流の場合，試験電源の容量が大きくなるので直流による試験が認められている．電路の種類や試験電圧は表2に示す．

表 2　交流電路の直流絶縁耐力試験電圧

交流電路の種類	直流絶縁耐力試験電圧倍数
ケーブル（接続線，母線を含む）	交流試験電圧の2倍
回転機（回転変流機を除く）	交流試験電圧の1.6倍

[練習問題]

	問　　い	答　　え		
1	最大使用電圧 6900〔V〕の高圧受電設備を一括して，交流で絶縁耐力試験を行う場合の試験電圧と試験時間の組合せとして，適切なものは．	イ．8625〔V〕　1分 ロ．8625〔V〕　10分 ハ．10350〔V〕　1分 ニ．10350〔V〕　10分		
2	タップ電圧 6300/105〔V〕の単相変圧器2台を用いて，6600〔V〕の電路の絶縁耐力試験を行うときの結線で正しいものは．	イ．〔回路図〕　ロ．〔回路図〕 ハ．〔回路図〕　ニ．〔回路図〕		
3	6300/210〔V〕の単相変圧器2台を図のように接続し，最大使用電圧 6900〔V〕の電路の絶縁耐力試験を行う場合，試験電圧を発生させるために変圧器の低圧側に加える電圧〔V〕は．〔回路図：変圧器 210/6300V〕	イ．110.0 ハ．165.5		ロ．115.0 ニ．172.5

電気工事の施工法

9

施設場所と工事の種別
幹線と分岐回路
屋内配線との離隔距離
高圧屋内配線
管工事の施設
ダクト工事
ケーブル工事・地中電線路
電熱装置の施設

施設場所と工事の種別 電気工事の施工法 1

Q
1 屋内の施設はどう制限されているか．
2 施設場所により工事方法はどれを選べるか．
3 特殊場所でできる工事は．

スタディポイント 屋内施設の制限

1 対地電圧の制限　原則として150V以下，指定の条件を満足すれば300V以下にできる．（電技解釈第143条）
2 裸電線の使用　原則として使用禁止．例外規定あり．（電技解釈第144条）
3 屋内配線用電線　直径1.6mm以上の軟銅線，断面積$1mm^2$以上のMIケーブル．対地電圧300V以下の場合，例外規定あり．（電技解釈第146条）
4 引込口の施設　引込口には開閉器を施設する．分岐線の長さ15m以下の場合，例外規定あり．（電技解釈第147条）

スタディポイント 屋内工事の種類（電技解釈第156条）

使用電圧の区分による屋内工事を表1に示す．

表 1 施設場所と工事の種類

(a) 300V以下の場合

配線方法	屋内 露出場所 乾燥した場所	屋内 露出場所 湿気の多い場所または水気のある場所	屋内 隠ぺい場所 点検できる 乾燥した場所	屋内 隠ぺい場所 点検できる 湿気の多い場所または水気のある場所	屋内 隠ぺい場所 点検できない 乾燥した場所	屋内 隠ぺい場所 点検できない 湿気の多い場所または水気のある場所
がいし引配線	○	○	○	○	×	×
金属管配線	○	○	○	○	○	○
合成樹脂管(CDを除く)	○	○	○	○	○	○
金属可とう管配線 一種可とう管	○	×	○	×	×	×
金属可とう管配線 二種可とう管	○	○	○	○	○	○
金属線ぴ配線	○	×	○	×	×	×
フロアダクト配線	×	×	×	×	△	×
セルラダクト配線	×	×	○	×	△	×
金属ダクト配線	○	×	○	×	×	×
ライティングダクト配線	○	×	○	×	×	×
バスダクト配線	○	×	○	×	×	×
ケーブル配線（キャブタイヤケーブル除く）	○	○	○	○	○	○
平形保護層配線	×	×	□	×	×	×

○：施設できる．
×：施設できない．
△：コンクリートなどの床内にかぎる．
□：高温な場所，可燃性または腐食性ガスなどの存在する場所，危険物などの存在する場所は除く．

(b) 300Vを超える場合

配線方法	屋内 露出場所 乾燥した場所	屋内 露出場所 湿気の多い場所・水気のある場所	隠ぺい場所 点検できる 乾燥した場所	隠ぺい場所 点検できる 湿気の多い場所・水気のある場所	隠ぺい場所 点検できない 乾燥した場所	隠ぺい場所 点検できない 湿気の多い場所・水気のある場所
がいし引配線	○	○	○	○	×	×
金属管配線	○	○	○	○	○	○
合成樹脂管（CDを除く）	○	○	○	○	○	○
金属可とう管配線 一種可とう管	□	×	□	×	×	×
金属可とう管配線 二種可とう管	○	○	○	○	○	○
金属ダクト配線	○	×	○	×	×	×
バスダクト配線	○	×	○	×	×	×
ケーブル配線（キャブタイヤケーブル除く）	○	○	○	○	○	○

○：施設できる．
×：施設できない．
□：電動機に接続する短小な部分で，可とう性を必要とする部分の配線にかぎり施設することができる．

　すべての場所に適用できるのは，電線管工事（1種可とう電線管を除く）とケーブル工事である．

スタディポイント　特殊場所の工事

次のような危険性の高い場所では表2に示す工事が指定されている．

1　粉塵の多い場所（電技解釈第175条）
　　爆燃性粉塵，可燃性粉塵，粉塵の3種に分類
2　可燃性ガスのある場所（電技解釈第176条）
3　危険物（セルロイド，マッチ，石油類）のある場所（電技解釈第177条）
4　火薬庫（電技解釈第178条）

表　2　特殊場所での工事の種類

場所の区分	工事法
可燃性ガス，爆発性粉塵	金属管工事，ケーブル工事
可燃性粉塵	金属管，ケーブル，合成樹脂管工事
粉塵の多い所	がいし引き工事，合成樹脂管工事，金属管工事，金属可とう電線管工事，金属ダクト工事，バスダクト工事（換気型を除く），ケーブル工事
火薬庫	原則として不可

金属管工事の場合は，
1　薄鋼管以上のものを使用し5山以上ねじ合わせて堅牢に接続
2　電気機械器具は粉塵防爆特殊防塵構造を使用

[練習問題]

高圧屋内配線

	問　い	答　え
1	高圧屋内配線を乾燥した展開した場所で，接触防護措置が施された場所に施設する方法として，不適切なものは．	イ．高圧ケーブルを金属管に収めて施設した． ロ．高圧絶縁電線を金属管に収めて施設した． ハ．高圧ケーブルを金属ダクトに収めて施設した． ニ．高圧絶縁電線をがいし引き工事により施設した．

低圧屋内配線

	問　い	答　え
2	乾燥した場所の低圧屋内配線工事に関する記述として，不適切なものは．	イ．使用電圧 400〔V〕の配線を展開した場所に，金属線ぴ工事により施工した． ロ．使用電圧 400〔V〕の配線を点検できる隠ぺい場所に金属ダクト工事により施工した． ハ．使用電圧 200〔V〕の配線を点検できない隠ぺい場所にセルラダクト工事により施工した． ニ．使用電圧 100〔V〕の配線を展開した場所にライティングダクト工事により施工した．
3	使用電圧 300〔V〕以下の低圧屋内配線を施工する工事の種類として，不適切なものは．	イ．水気のある展開した場所に，屋外用バスダクトを使用しバスダクト工事を行った． ロ．湿気のある展開した場所に，金属ダクト工事を行った． ハ．乾燥した点検できない隠ぺい場所に，セルラダクト工事を行った． ニ．乾燥した点検できる隠ぺい場所に，ライティングダクト工事を行った．
4	使用電圧 100〔V〕の低圧屋内配線の施設場所における工事の方法で誤っているものは．	イ．乾燥した点検できない隠ぺい場所に金属線ぴ工事を行った． ロ．水気のある展開した場所にビニルキャブタイヤケーブル工事を行った． ハ．湿気の多い点検できない隠ぺい場所に合成樹脂管（CD管を除く）工事を行った． ニ．水気のある点検できない隠ぺい場所に金属管工事を行った．
5	低圧屋内配線を湿気のある点検できる隠ぺい場所に施設する場合の工事方法の組合せとして，適切なものは．	イ．ケーブル工事 　　ライティングダクト工事 ロ．合成樹脂管工事（CD管を除く） 　　金属ダクト工事 ハ．金属管工事 　　可とう電線管工事 　　（1種金属製可とう電線管を除く） ニ．がいし引き工事 　　金属線ぴ工事

	問 い	答 え
6	点検できない隠ぺい場所において使用電圧 400〔V〕の低圧屋内配線工事を行う場合，適切でない工事方法は．	イ．金属ダクト工事 ロ．合成樹脂管工事 ハ．金属管工事 ニ．ケーブル工事

特殊場所の工事

	問 い	答 え
7	可燃性ガスの存在する場所に施設する施工方法として不適当なものは．	イ．配線は金属管工事により行い，付属品には耐圧防爆構造のものを使用した． ロ．可搬形機器の移動電線には3種クロロプレンキャブタイヤケーブルを使用した． ハ．スイッチ，コンセントは耐圧防爆構造のものを使用した． ニ．金属管工事において，電動機の端子箱との接続部に2種金属製可とう電線管を使用した．

幹線と分岐回路　電気工事の施工法 2

Q
1. 幹線の太さはどうきめるか.
2. 幹線に取付ける保護装置の容量はどうきめるか.
3. 分岐回路の電線太さと過電流遮断器の関係は.

スタディポイント　幹線の太さ（電技解釈第148条）

幹線とは，図1のように分電盤から配電盤にいたる電路で，負荷に流れる電流のすべてがここを流れる．この電流を求めるためには負荷の大きさ(kW)，力率（$\cos \theta$），需要率などの数値が必要である．

1 幹線電流 (I) の計算

図1の各負荷合計を力率で割算をして各負荷の電流を求める．

それぞれの負荷電流の合計に需要率をかけて幹線電流 (I) を計算する．

2 幹線の太さをきめる電流

上記の方法で求めた電流値をもとに電動機の有無により次の公式で幹線電流をきめる．

(1) 電動機のないとき
　　負荷電流の合計が幹線電流
(2) 電動機があるとき
　　(1) $I_L \geq I_M$ の場合　$I \geq I_L + I_M$ （負荷電流の合計）
　　(2) $I_M > I_L$ の場合　50Aが境になる．
　　　　$I_M > 50A$　　$I \geq 1.1 I_M + I_L$
　　　　$I_M \leq 50A$　　$I \geq 1.25 I_M + I_L$

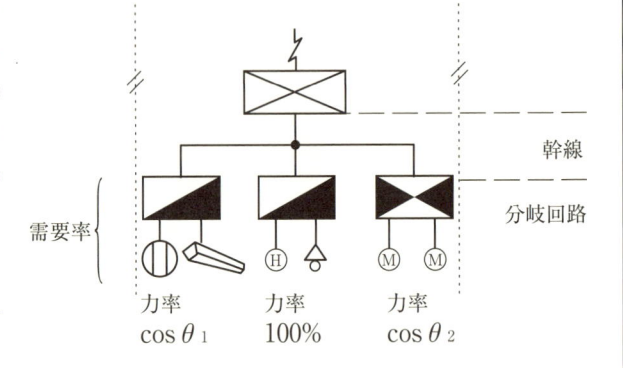

図 1　幹線と分岐回路

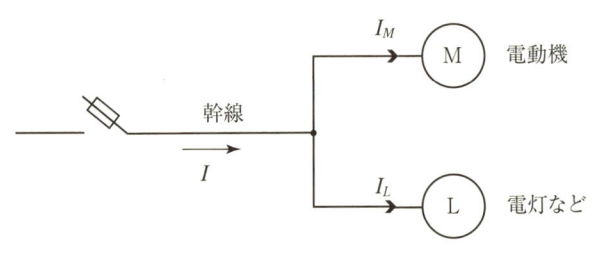

図 2　電動機のある負荷

スタディポイント　幹線の保護装置（電技解釈第148条）

屋内幹線の電源側電路には図3のように過電流遮断器（ヒューズ）を設置する．

過電流遮断器（ヒューズ）の容量は
1　電動機がないとき　幹線の許容電流以下の定格電流のもの．

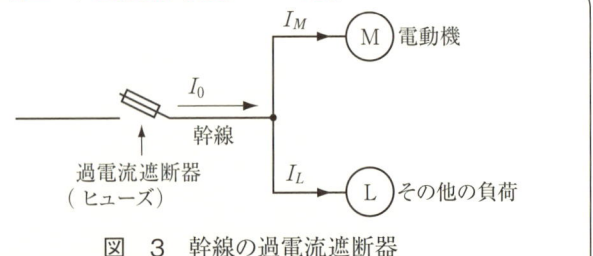

図 3　幹線の過電流遮断器

2　電動機があるとき

　　ヒューズ容量 $\leq 3I_M + I_L$　　　I_M；電動機の定格電流，I_L；その他の負荷の定格電流

　ただし，その値が幹線の許容電流の 2.5 倍を超えるときは，2.5 倍以下とする．

（注）ヒューズ容量の計算結果がたとえば 85A となったときは，直近の下位の定格 75A を採用する．

スタディポイント　分岐回路の過電流遮断器（電技解釈第 149 条）

1　屋内幹線との分岐点から電線の長さが 3m 以内の所に開閉器・過電流遮断器を取付ける．（原則）

　上記以外の場合，分岐回路の電線の太さは，

2　分岐点より 3m ～ 8m 以下の場所に取り付ける場合は，

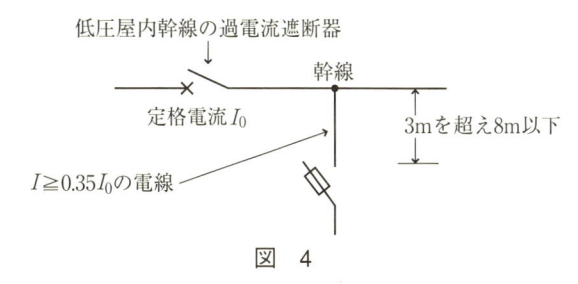

図 4

3　分岐点より 8m を超える場所に取り付ける場合は，

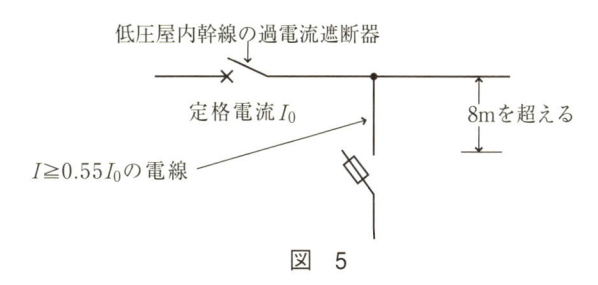

図 5

屋内配線に接続されるコンセントと電線の太さは表1に示す．

表 1　コンセントと屋内配線の太さ

低圧屋内電路の種類	コンセント	低圧屋内配線の太さ
定格電流が 15A 以下の過電流遮断器で保護	定格電流が 15A 以下	直径 1.6mm（MI ケーブル断面積 $1mm^2$）
定格電流 15A を超え 20A 以下の配線用遮断器で保護	定格電流が 20A 以下	直径 1.6mm（MI ケーブル断面積 $1mm^2$）
定格電流 15A を超え 20A 以下の過電流遮断器（配線用遮断器を除く．）で保護	定格電流が 20A	直径 2mm（MI ケーブル断面積 $1.5mm^2$）
定格電流 20A を超え 30A 以下の過電流遮断器で保護	定格電流が 20A 以上 30A 以下	直径 2.6mm（MI ケーブル断面積 $2.5mm^2$）
定格電流が 30A を超え 40A 以下の過電流遮断器で保護	定格電流が 30A 以上 40A 以下	断面積 $8mm^2$（MI ケーブル断面積 $6mm^2$）
定格電流が 40A を超え 50A 以下の過電流遮断器で保護	定格電流が 40A 以上 50A 以下	断面積 $14mm^2$（MI ケーブル断面積 $10mm^2$）

屋内配線の離隔距離

電気工事の施工法 3

Q 1 がいし引き工事での離隔距離は.
2 管工事・ダクト工事・線ぴ工事・ケーブル工事での離隔距離は.

スタディポイント　がいし引き工事での離隔距離（電技解釈第157, 167条）

電線と弱電流電線，水道管，ガス管との離隔距離は「10cm」
その他の造営材との離隔距離は図1に示す.
（電技解釈第157条）

造営材との離隔距離は300V以下2.5cm，300Vを超える場合は4.5cm以上であるが，乾燥した場所では2.5cm以上にできる．また，支持点間の距離は造営材の上面・側面に設置する場合は2m以下．使用電圧が300Vを超えるものにあっては6m以下．

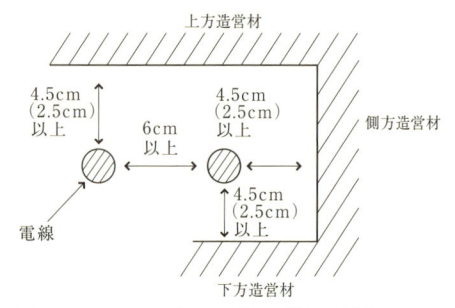

図 1　がいし引き工事の離隔距離

スタディポイント　管・ダクト・線ぴ・ケーブル工事での離隔距離

電線と弱電流電線を同じ管・ダクト・線ぴなどに施設することは禁止.
例外規定　表1に示す.

表　1　電線と弱電流電線を同じ管などに収める場合

事　　　項	施　設　上　の　制　限
合成樹脂管工事・金属管工事・金属線ぴ工事・可とう電線管工事のボックス・プルボックスの中に弱電流電線を収める工事	電線と弱電流電線との間に堅ろうな隔壁を設ける．ボックス，プルボックスにはC種接地工事を施す．
金属ダクト工事・フロアダクト工事・セルラダクト工事のダクト・ボックスの中に弱電流電線を収める工事	電線と弱電流電線との間に堅ろうな隔壁を設ける．ダクト，ボックスにはC種接地工事を施す．
制御回路等の弱電流電線をバスダクト工事以外の工事の管・線ぴ・ダクト，これらの付属品またはプルボックスの中に収める場合	弱電流電線には絶縁電線と同等以上のものを使用する．電線と弱電流電線は容易に識別できるようにする． 弱電流電線にC種接地工事を施した金属製の電気的遮へい層を有する通信用ケーブルを使用

[練習問題]

	問　　い	答　　え
1	低圧屋内配線と弱電流電線が接近又は交さする場合の施工方法として不適当なものは．	イ．低圧屋内配線を合成樹脂管工事とし，弱電流電線と接触しないように施工した． ロ．低圧屋内配線と弱電流電線（制御回路等の弱電流電線を除く．）を，ともに低圧ケーブルを使用して同一管内に収めた． ハ．低圧屋内配線を金属ダクト工事とし，電線と弱電流電線を互いの間に堅ろうな隔壁を設け，かつ，金属製部分にC種接地工事を施した同一ダクト内に収めた． ニ．低圧屋内配線を金属管工事とし，電線と制御回路用弱電流電線を，ともに同等の絶縁効力があり，かつ，互いに容易に識別できる絶縁電線を使用して同一管内に収めた．

高圧屋内配線

電気工事の施工法 4

Q
1. 高圧屋内配線はどう施設するか．
2. 高圧電気機器はどう施設するか．

スタディポイント　高圧屋内配線（電技解釈第168条）

　高圧屋内配線は「ケーブル工事」が原則．乾燥した展開した場所ではがいし引き工事ができる．施設の条件を表1，表2に示す．

表1　がいし引き工事による高圧屋内配線

電　　　線	高圧絶縁電線，特別高圧絶縁電線，第5条の規定に適合する引下げ用高圧絶縁電線	
電線支持点間の距離	一般の場合 造営材に沿う場合	6m以下 2m以下
線　間　距　離		8cm以上
電線と造営材との距離		5cm以上
が　　い　　し	絶縁性・難燃性・耐水性のもの	
配線の識別	低圧屋内配線と容易に識別できること	
他のがいし引配線との 離隔距離		15cm以上
	低圧屋内配線が裸線の場合	30cm以上
がいし引工事以外の高圧配線との離隔距離		15cm以上
弱電流電線・水管・ガス管 との離隔距離		15cm以上

表2　ケーブル工事による高圧屋内配線（300Vを超える場合）

ケーブルの防護装置	重量物の圧力または機械的衝撃を受けるおそれがある場合には適当な防護装置を設けること
ケーブルを造営材の面に沿って取り付ける場合	支持点間の距離2m以下（垂直取付6m以下） 被覆を損傷しないように取り付けること
ケーブルを収める金属製部分・金属製の電線接続箱・ケーブルの被覆に使用する金属体	一般の場合　A種接地工事
	接触防護措置を施す場合　D種接地工事
他の高圧屋内配線，低圧屋内配線，管灯回路の配線，弱電流電線，水管，ガス管との離隔距離	15cm以上（低圧屋内電線が裸線の場合は30cm以上）ただし相互の間に絶縁性の隔壁を設ける場合，ケーブルを耐火性のある堅ろうな管に収めて施設する場合，他の高圧屋内配線がケーブルの場合は制限はない．

スタディポイント 高圧電気機器の施設（電技解釈第21条）

高圧用の機械器具は，原則として発電所，変電所，開閉所等以外へは施設禁止．ただし，図1に示す条件により施設できる．

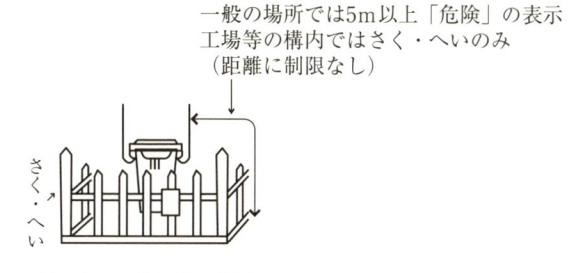

一般の場所では5m以上「危険」の表示
工場等の構内ではさく・へいのみ
（距離に制限なし）

さく・へい

(a) 地上に設置する場合

4.5m以上

(b) 柱上に設置する場合

コンクリート造り，金属製などのもの
金属製のときは金属部分にD種接地工事を施す．

充電部分が露出しないように設置

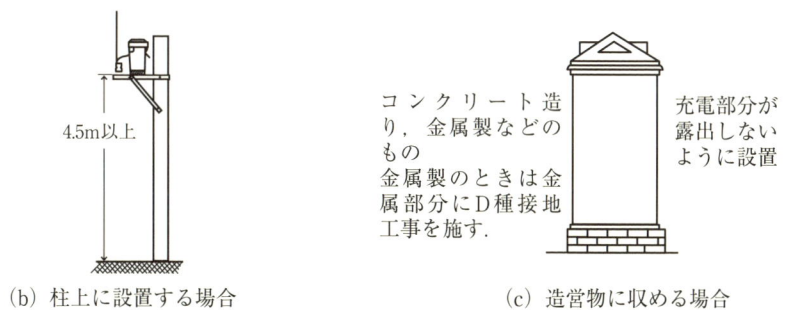

(c) 造営物に収める場合

図 1 高圧電気機械器具の施設

管工事の施設

電気工事の施工法 5

Q
1. 300Vを超える合成樹脂管工事はこう施設する．
2. 300Vを超える金属管工事はこう施設する．
3. 300Vを超える金属可とう電線管工事はこう施設する．

スタディポイント　300Vを超える合成樹脂管工事（電技解釈第158条）

　施設の制限は表1に示すように金属管工事とほぼ同じ．機械的衝撃に弱いので，重量物の圧力や激しい機械的衝撃を受けないように設置する．また，D種接地工事を施す必要がない．300Vを超える場合で，金属製プルボックスや防爆形フレクシブルフィッチングに接続する場合は，これらにC種接地工事を施す．接触防護措置を施す場合は，D種接地工事．

表1　合成樹脂管工事の制限

種別		制限事項
電線	種別	絶縁電線（屋外用ビニル絶縁電線を除く）
	心線	より線，短小な管におさめるものや直径3.2mm以下（アルミ線では4.0mm以下）のものは単線でもよい．
	接続	管内に接続点を設けないこと
管および付属品（レジューサを除く）	材質	管の厚さは2mm以上．電気用品安全法の適用を受けるもので，電線管やボックスその他の付属品は合成樹脂製のもの．ただし第159条4，5項に適合する粉塵防爆形フレクシブルフィッチングはこの限りでない．
	構造	端口および内面は電線の被覆を損傷しないよう，滑らかなこと
施設方法	管相互，管とボックスの接続	さし込み接続により堅ろうに接続する．さし込み深さは管の外径の1.2倍以上（接着剤を使用する場合は0.8倍以上）
	管の支持	支持点間の距離は1.5m以下とする．管端，管とボックスの接続点，管相互の接続点付近で支持する．
	湿気の多い場所または水気のある場所	防湿装置を施すこと．
	接地工事	300Vを超える場合，金属製のボックスやフレクシブルフィッチングに接続するときは，これらにC種接地工事を施す．（接触防護措置を施す場合はD種接地工事）

スタディポイント　300Vを超える金属管工事（電技解釈第159条）

金属管工事は，いずれの場所にでも施設できる応用範囲の広い工法である．工事の制限は図1に示す．

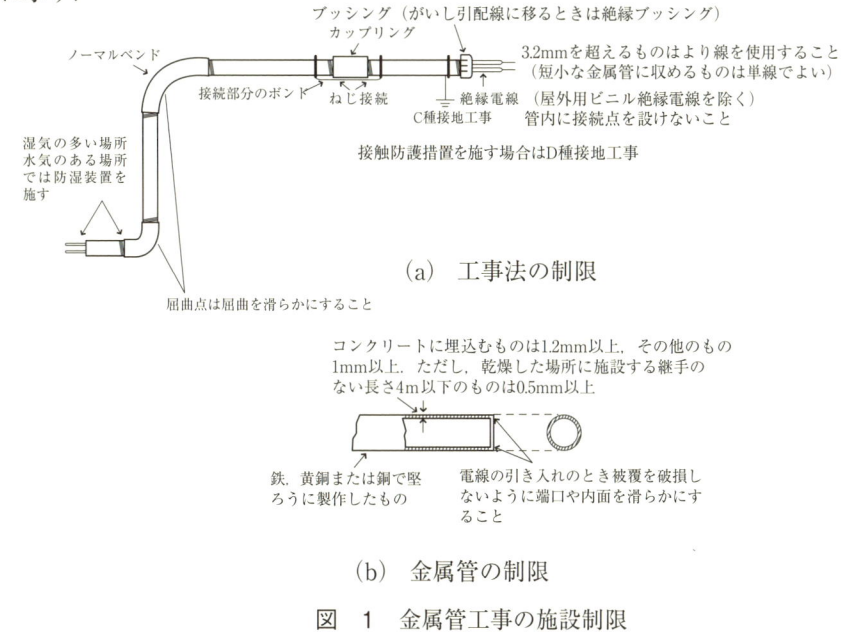

図の注記：
- ノーマルベンド
- ブッシング（がいし引配線に移るときは絶縁ブッシング）
- カップリング
- 接続部分のボンド
- ねじ接続
- 3.2mmを超えるものはより線を使用すること（短小な金属管に収めるものは単線でよい）
- 絶縁電線（屋外用ビニル絶縁電線を除く）
- 管内に接続点を設けないこと
- C種接地工事
- 接触防護措置を施す場合はD種接地工事
- 湿気の多い場所水気のある場所では防湿装置を施す
- 屈曲点は屈曲を滑らかにすること

（a）工事法の制限

- コンクリートに埋込むものは1.2mm以上，その他のもの1mm以上．ただし，乾燥した場所に施設する継手のない長さ4m以下のものは0.5mm以上
- 鉄，黄銅または銅で堅ろうに製作したもの
- 電線の引き入れのとき被覆を破損しないように端口や内面を滑らかにすること

（b）金属管の制限

図　1　金属管工事の施設制限

スタディポイント　300Vを超える金属可とう電線管工事（電技解釈第160条）

工場で電動機へ配線する場合，既設の建造物に配線する場合に採用される．外部からの力に弱いので，重量物の圧力のかかる場所や機械的衝撃を受ける場所への施設は禁止．

工事の制限は図2に示すが，これ以外の制限は次のとおりである．

1　原則として2種金属可とう電線管を使用．
　　1種金属可とう電線管を使用できる場合
　　・300V以下で展開した場所・点検できる隠ぺい場所で乾燥した場所
　　・300Vを超える電動機に接続し可とう性を要する部分
2　湿気の多い場所や水気のある場所では防湿装置を施す．

図の注記：
- サドル
- 2種金属製可とう電線管　1種金属製可とう電線管の場合は厚さ0.8mm以上
- 可とう電線管用カップリング
- 金属製可とう電線管内で接続点を設けないこと
- 可とう電線管の他端に接続
- 長さ4mを超える1種可とう電線管の場合1.6mm以上の軟銅線
- ストレートボックスコネクタ
- ブッシング
- 3.2mm超過はより線
- 絶縁電線（屋外用ビニル絶縁電線は除く）
- C種接地工事　長さ4m以下のものは省略できる（300V以下はD種接地工事）
- 内面は電線の被覆を損傷しないように滑らかにする

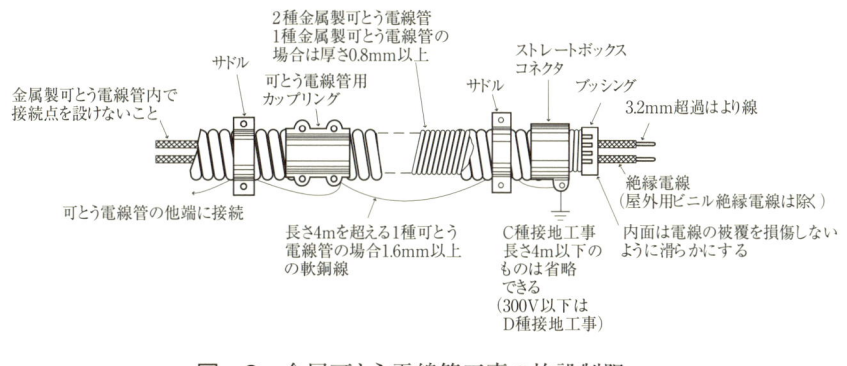

図　2　金属可とう電線管工事の施設制限

[練習問題]

問 い	答 え
1　金属管工事に使用できない絶縁電線の種類は． 　　ただし，電線の導体はより線とする．	イ．屋外用ビニル絶縁電線（OW） ロ．600V ビニル絶縁電線（IV） ハ．引込用ビニル絶縁電線（DV） ニ．600V 2種ビニル絶縁電線（HIV）
2　金属管工事で使用する材料は．	イ．ユニバーサル ロ．TS カップリング ハ．ストレートボックスコネクタ ニ．インサートマーカ
3　金属可とう電線管に関する記述として，誤っているものは．	イ．1種金属製可とう電線管は，2種金属製可とう電線管より防湿性に優れている． ロ．金属製可とう電線管は，電気用品安全法の適用を受ける． ハ．2種金属製可とう電線管は，点検できる隠ぺい場所の工事に使用することができる． ニ．2種金属製可とう電線管は，使用電圧が300〔V〕を超える低圧の工事に使用できる．

ダクト工事

電気工事の施工法 6

Q
1. 金属ダクト工事はこう施設する.
2. バスダクト工事はこう施設する.
3. フロアダクト工事はこう施設する.
4. ライティングダクト工事はこう施設する.
5. セルラダクト工事はこう施設する.

スタディポイント　金属ダクト工事（電技解釈第162条）

工場内やビルの変電室からの引出し口で多数の配線を収める部分の低圧屋内工事に採用される．金属ダクトの材質や構造，施設の制限は図1に示す．

図1　金属ダクト工事の施設制限

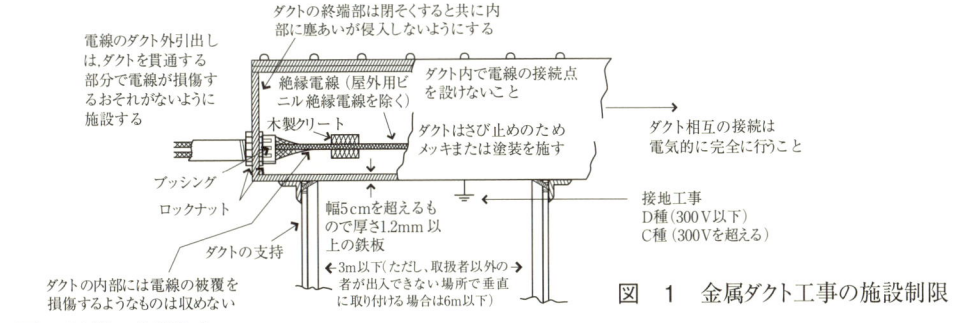

図1以外の制限は，
1. ダクト内の絶縁物も含めた電線の断面積は，ダクト内部断面積の20%以下．ただし，電光サイン，出退表示灯や制御回路の配線のみの場合は50%以下．
2. ダクト内での電線の接続は禁止されているが，接続点が容易に点検でき電線を分岐する場合は認められている．

スタディポイント　バスダクト工事（電技解釈第163条）

工場内で低圧大電流の回路や機械の配置変更や増設することが必要な回路に採用される．バスダクト工事の制限は図2に示す．

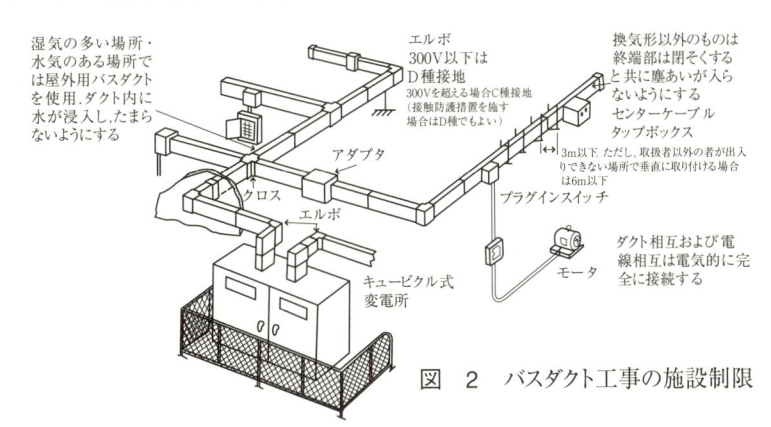

図2　バスダクト工事の施設制限

—175—

スタディポイント　フロアダクト工事（電技解釈第165条）

　事務室などで電話線のような弱電流電線と電気スタンド，扇風機などの強電流電線とを同じダクト内に設置する場合に利用される．フロアダクトの材質や構造施設方法は図3に示す．

図中ラベル（a フロアダクト工事の概観）：
- アウトレットフィッティング
- インサートホール
- ダクト
- コンクリートスラブ
- 床
- ジャンクションボックス
- インサートホール
- 金属管
- ダクト
- ダクトは水が溜まらないようにする

図中ラベル（b フロアダクト）：
- インサートホール
- 電線被覆を損傷しないように内面を滑らかにする
- 絶縁電線（屋外用ビニル絶縁電線を除く）3.2mm超過はより線
- ダクト内で接続点を設けないこと
- 鋼鈑製，亜鉛メッキを施すかエナメルで被覆すること
- 2mm以上
- D種接地工事
- 屋内配線
- 弱電流電線
- C種接地工事

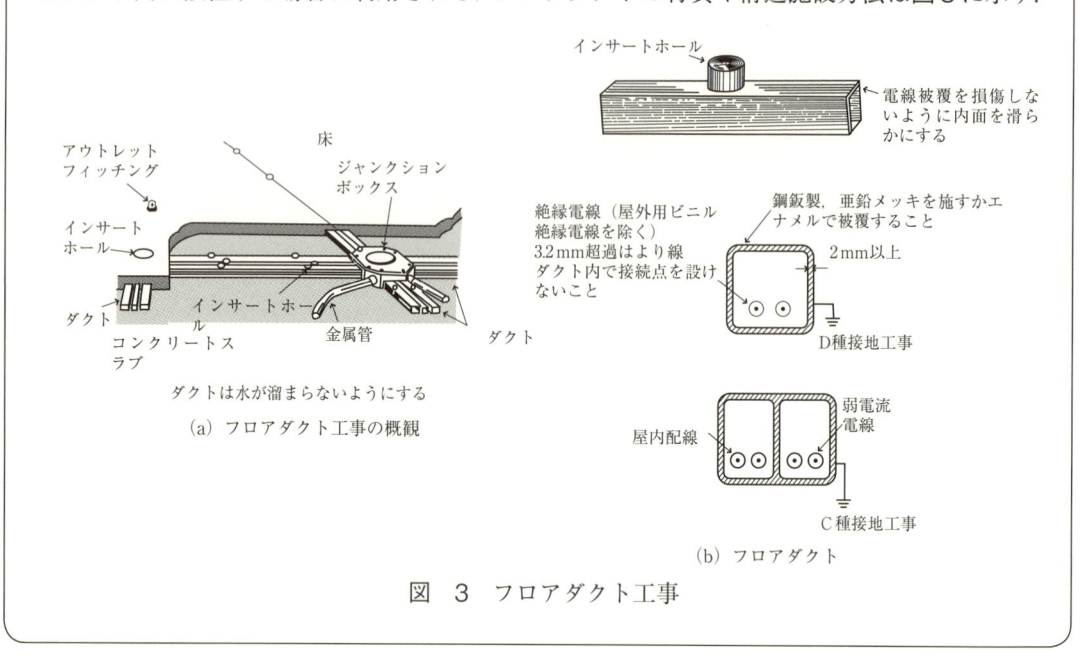

（a）フロアダクト工事の概観
（b）フロアダクト

図 3　フロアダクト工事

スタディポイント　ライティングダクト工事（電技解釈第165条）

　商店や集会場などの照明器具に電気を供給する配線として採用される．ダクトの開口部がプラグの受口となっていて照明器具の位置をダクトにそって自由に移動できる利点がある．
　設備の詳細を図4に示す．

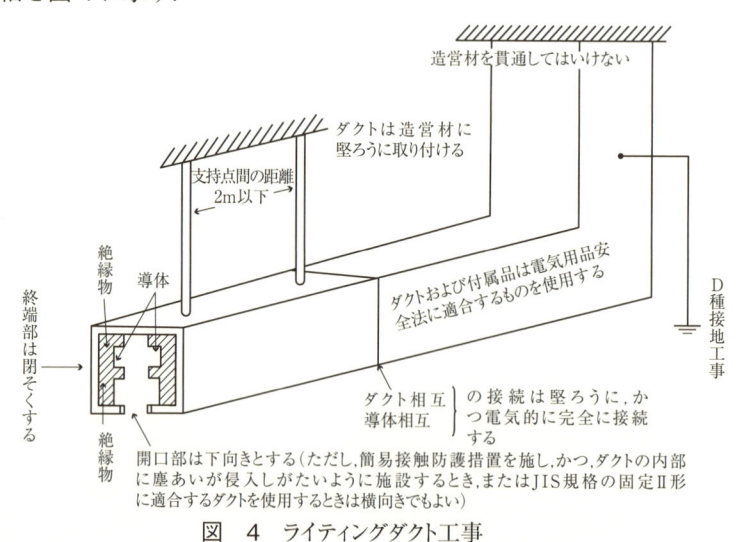

図中ラベル：
- 造営材を貫通してはいけない
- ダクトは造営材に堅ろうに取り付ける
- 支持点間の距離 2m以下
- 終端部は閉そくする
- 絶縁物
- 導体
- 絶縁物
- ダクトおよび付属品は電気用品安全法に適合するものを使用する
- D種接地工事
- ダクト相互 導体相互 の接続は堅ろうに，かつ電気的に完全に接続する
- 開口部は下向きとする（ただし，簡易接触防護措置を施し，かつ，ダクトの内部に塵あいが侵入しがたいように施設するとき，またはJIS規格の固定II形に適合するダクトを使用するときは横向きでもよい）

図 4　ライティングダクト工事

- 接地工事の省略　対地電圧150V以下でダクト長が4m以下の場合
- 地絡遮断装置の省略　ダクトに簡易接触防護措置（金属製のもの例外あり）を施す場合

スタディポイント　セルラダクト工事（電技解釈第165条）

　建物の床を波形の鋼板（デッキプレート）で形成し，その上部を軽量コンクリートで被覆した床で，波形の多数のセル（蜂の巣のような空洞）に電線を引き入れる．床上にはスタットにより電線を取り出し，また，下の階の天井内にも配線できる．セルにはこれと直交するヘッダダクトをへて分電盤や端子盤から配線する．施設の詳細は図5に示す．

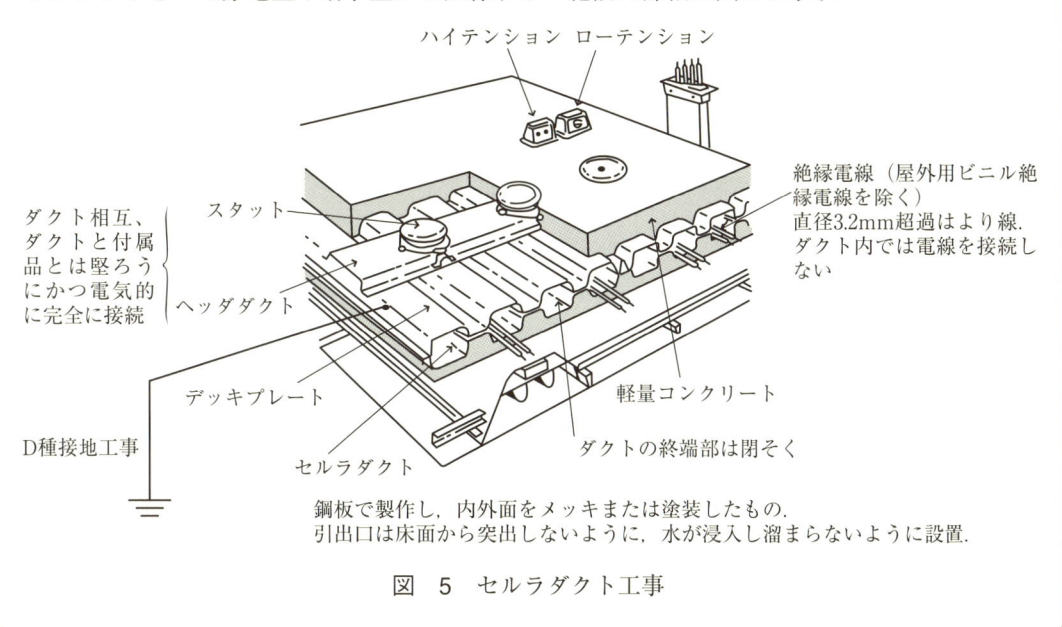

図の構成要素：
- ハイテンション　ローテンション
- スタット
- ダクト相互，ダクトと付属品とは堅ろうにかつ電気的に完全に接続
- ヘッダダクト
- デッキプレート
- セルラダクト
- 軽量コンクリート
- 絶縁電線（屋外用ビニル絶縁電線を除く）直径3.2mm超過はより線．ダクト内では電線を接続しない
- ダクトの終端部は閉そく
- D種接地工事
- 鋼板で製作し，内外面をメッキまたは塗装したもの．引出口は床面から突出しないように，水が浸入し溜まらないように設置．

図　5　セルラダクト工事

[練習問題]

	問　　い	答　　え
1	金属ダクト工事で，低圧屋内配線と弱電流電線との間に堅ろうな隔壁を設けて施設するときのダクトの接地工事は．	イ．A種接地工事　　ロ．B種接地工事　　ハ．D種接地工事　　ニ．C種接地工事
2	簡易接触防護措置を施していない場所に施設するライティングダクト工事に関する記述として誤っているものは．	イ．ダクトは2〔m〕以下の間隔で堅固に固定した． ロ．乾燥した場所なので漏電遮断器の施設を省略した． ハ．ダクトの開口部は下向きに施設した． ニ．ダクトの長さが4〔m〕以下であり，電路の対地電圧が150〔V〕以下なので，D種接地工事を省略した．
3	床配線方式として，波形デッキプレートの溝を配線用のダクトとして使用する工事は．	イ．バスダクト工事 ロ．フロアダクト工事 ハ．金属ダクト工事 ニ．セルラダクト工事

ケーブル工事・地中電線路　電気工事の施工法 7

Q
1. 300Vを超えるケーブル工事はこう施工する．
2. 地中電線路はこう施設する．

スタディポイント　300Vを超えるケーブル工事（電技解釈第164条）

低圧ケーブル工事は屋内ではすべての場所に利用できる．

1　ケーブルの防護
重量物の圧力や機械的衝撃を受けるおそれがある場合は，適当な防護装置を設ける．一般にケーブルを金属管に収める方法がとられる．

2　ケーブルの支持
ケーブルを造営材にそって施設する場合，下面または側面への設置は表1に示す距離ごとにサドルで支持する．

表1　ケーブルの支持点間の距離

ケーブルの種類	キャブタイヤケーブル	ケーブル	
支持間の距離	1m以下	一般の場合	接触防護措置を施した場所で垂直に取り付ける場合
		2m以下	6m以下

3　接地工事
防護装置の金属製部分，金属製の電線接続箱，電線の金属製被覆に接地工事を行う．
300Vを超える場合　C種接地工事
　　　　　　　　　接触防護措置を施す場合　D種接地工事
300V以下　　　　　D種接地工事

4　接地工事の省略
・乾燥した場所に施設される4m以下の金属管
・簡易接触防護措置を施すとき又は，乾燥した場所の8m以下の金属管（直流300V以下，交流対地電圧150V以下に限る）

5　コンクリートに直接埋設
表2に示す制限がある．

表2　ケーブルを直接コンクリートに埋設する場合の施設方法

使用電線		MIケーブル，CDケーブル，コンクリート直埋用ケーブル，がい装ケーブル
電線の接続		コンクリート内では接続点を設けない
ボックス	規格	ボックスは，電気用品安全法の適用を受ける．金属製／合成樹脂製のもの，又は黄銅もしくは銅で堅ろうに製作したもの
	電線の引込方法	電線をボックスまたはプルボックス内に引込む場合はボックス内に水が侵入しないように適当な構造のブッシングを使用すること

スタディポイント　地中電線路の施設（電技解釈第120条）

1　地中電線路の設置

地中電線路は電線に「ケーブル」を使用し，直接埋設式，暗きょ式，管路式で施設するが，低圧の施設では「直接埋設式」を採用することが多い．

管路式または暗きょ式で設置する場合は，需要場所設置の長さ15m以下の高圧地中電線路を除き，「物件の名称・管理者名および電圧」を2m間隔で表示する．

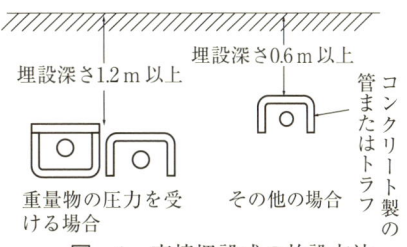

図　1　直接埋設式の施設方法

直接埋設式では，埋設深さを十分とりコンクリート製の堅ろうな管またはトラフに収めて図1のように設置する．

直接埋設式の場合でも，図2の場合は管やトラフに収める必要はない．

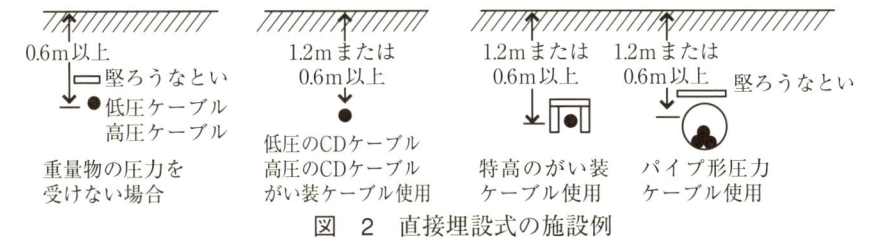

図　2　直接埋設式の施設例

2　地中弱電流電線との接近（電技解釈第125条）

地中電線の故障時のアークにより地中弱電流電線に損傷を与えないように，相互が60cm以内に接近するときは図3に示すように堅ろうな耐火性の隔壁を設ける．

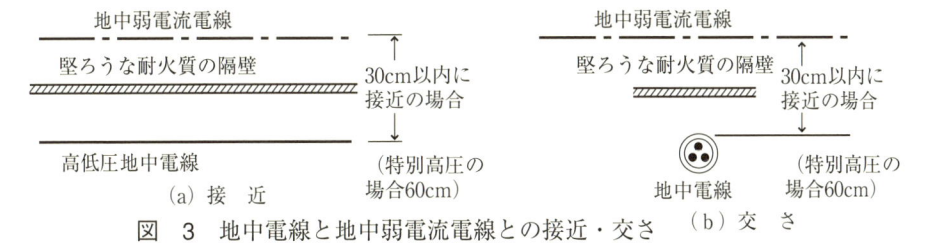

図　3　地中電線と地中弱電流電線との接近・交さ

耐火性の隔壁を設けない場合は，地中電線を堅ろうな不燃性または自消性の管に収め，地中弱電流電線と接触しないように設置する．

3　地中電線相互の接近・交さ（電技解釈第125条）

低圧地中電線と高圧地中電線が15cm以内，低高圧地中電線と特別高圧地中電線とが30cm以内に接近する場合は図4のように設置するか，または次のように設置する．

図　4　地中電線相互の接近・交さ

・それぞれの地中線が，自消性のある難燃性の被覆を持つか管に収められる．
・いずれかの地中線が不燃性の被覆を持つか，堅ろうな不燃性の管に収められる．

[練習問題]

	問 い	答 え
1	高圧 CV ケーブルを屋内に施設する場合の施設方法として，不適切なものは．	イ．展開した場所に施設した金属管内に高圧 CV ケーブルを収め，金属管には A 種接地工事を施した． ロ．高圧 CV ケーブルを造営材の側面に沿って取り付ける場合ケーブルの支持点間の距離を 2〔m〕とした． ハ．高圧 CV ケーブルを人が接近または接触しないよう防護措置を施した場所で造営材に垂直に取り付ける場合，ケーブルの支持点間の距離を 6〔m〕とした． ニ．同一のケーブルラック上に高圧 CV ケーブルと低圧ケーブルとを 10〔cm〕離して施設した．
2	屋内に施設するケーブル工事の施工に関する記述として，不適切なものは．	イ．MI ケーブルをコンクリート内に直接埋設して施設した． ロ．低圧屋内配線の移動電線に 0.75〔mm²〕以上の 2 種のキャブタイヤケーブルを使用した． ハ．電気専用のパイプシャフト内に CVT ケーブルを垂直に施設し，8〔m〕ごとに支持した． ニ．高圧ケーブルと低圧ケーブルを同一のケーブルラックに施設し，離隔距離を 15〔cm〕以上とした．
3	高圧屋側電線路を展開した場所において，ケーブルに接触防護措置を施設する場合，誤っているものは．	イ．電線として，高圧架橋ポリエチレンケーブルを使用した． ロ．ケーブルを堅ろうな金属管に収めて施設し，金属管には D 種接地工事を施した． ハ．ケーブルを造営材の側面に垂直に取り付けた箇所では，支持点間の距離を 4〔m〕とした． ニ．ケーブルを造営材の下面に沿って取り付けた箇所では，支持点間の距離を 2.5〔m〕とした．
4	次の施設方法のうち誤っているものは．	イ．対地電圧 200〔V〕の低圧屋内配線を平形保護層工事で施設した． ロ．合成樹脂製可とう管（PF 管）と金属管をカップリング等の接続器具を用いて接続した． ハ．フリーアクセス床（二重床）内をケーブル工事により施設し，弱電流電線等と交さする部分は，絶縁性の堅ろうな隔壁を設け，両者が接触しないように施設した． ニ．構内の地中電線路を管路式（管路引入れ式）により，重量物の圧力に耐える管を使用し，地表面（舗装がある場合は舗装下面）から 30〔cm〕埋設して施設した．

電熱装置の施設

電気工事の施工法 8

Q 1 フロアヒーティングはこう施設する．
2 ロードヒーティングはこう施設する．

スタディポイント **フロアヒーティング（電技解釈第195条）**

屋内には，原則として電熱線を施設してはならないが，機械器具の内部に安全に施設できる場合，電気温床等の施設，コンクリート養生線の施設などコンクリートその他の堅ろうで耐熱性のある床に施設する場合（フロアヒーティング）に限り認められている．

施設の条件をまとめると表1のようになる．

表 1 フロアヒーティングの施設

		施 設 上 の 制 限
対 地 電 圧		発熱線　300V以下 電熱ボードまたは電熱シート　150V以下
発熱線	種 類	MIケーブル JIS C 3651に適合するもの
	施設方法	人が触れるおそれがなく，かつ，損傷をうけるおそれがないように施設する． 温度が80℃を超えないように施設する． 他の電気工作物・弱電流電線・水管・ガス管もしくはこれに類するものに電気的，磁気的または熱的な障害を及ぼさないように施設する．
発熱線と直接接続する電線の種類		クロロプレン外装ケーブル（絶縁体がブチルゴム混合物，エチレンプロピレンゴム混合物のものに限る） MIケーブル 発熱線接続用ケーブル
発熱線相互または発熱線と電線との接続方法		電流による接続部分の温度上昇が，接続部分以外の温度上昇より高くならないようにする． 接続部分は接続管その他の器具を使用し，またはろう付けし，かつ，その部分を発熱線の絶縁物と同等以上の絶縁効力のあるもので十分被覆する． MIケーブル，発熱線の被覆に使用する金属体を接続する場合は，接続部分の金属体を電気的に完全に接続する．
接 地 工 事		300V以下　　D種接地工事 300Vを超える　C種接地工事
保 護 装 置		専用の開閉器および過電流遮断器を各極（多線式電路の中性極を除く）に施設する． 電路に地絡を生じたとき自動的に電路を遮断する装置（漏電遮断器）を施設する．

— 181 —

スタディポイント ロードヒーティング(電技解釈第195条)

屋側または屋外には,原則として発熱体を施設することは禁止されているが,機械器具の内部に安全に施設できる場合,路面の氷結を防止するために,セメントコンクリートやアスファルトコンクリートの内部に表2により施設する場合や,パイプライン,電気温床,コンクリート養生線,鉄道の敷地内に転てつ装置の氷結を防止するための電熱装置の設置は認められている.

表 2 ロードヒーティングの施設

		施 設 上 の 制 限
対 地 電 圧		表皮電流加熱装置 300V以下
発熱線	種類	MIケーブル JIS C 3651に適合するもの
	施設方法	人が触れるおそれがなく,かつ,損傷をうけるおそれがないように堅ろうで耐熱性のあるものの内に施設する. 温度が120℃を超えないように施設する. 他の電気工作物・弱電流電線・水管・ガス管もしくはこれに類するものに電気的,磁気的または熱的な障害を及ぼさないように施設する.
発熱線と直接接続する電線の種類		クロロプレン外装ケーブル(絶縁体がブチルゴム混合物,エチレンプロピレンゴム混合物のものに限る) MIケーブル
発熱線相互または発熱線と電線との接続方法		電流による接続部分の温度上昇が,接続部分以外の温度上昇より高くならないようにする. 接続部分はろう付けし,かつ,その部分を発熱線の絶縁物と同等以上の絶縁効力のあるもので十分被覆する. (接続管等の器具を使用して接続する場合は,ろう付けしなくてよい) MIケーブル,発熱線の被覆に使用する金属体を接続する場合は,接続部分の金属体を電気的に完全に接続する.
MIケーブル,発熱線の被覆に使用する金属体の接地		D種接地工事
開閉器,過電流遮断器の施設		専用の開閉器および過電流遮断器を各極(多線式電路の中性極には遮断器は施設しない)に施設する. 電路に地絡を生じたとき自動的に電路を遮断する装置(漏電遮断器)を施設する.

屋根の積雪や氷結を防止するため,屋根に電熱装置を施設する場合は,表3のような制限がある.屋側や屋外に施設する電熱装置に接続する電線は,熱のために電線の被覆が損傷しないように施設する.

表 3 屋根の積雪・氷結防止のための電熱装置

対 地 電 圧		150V以下
電熱装置	種類	電気用品安全法の適用をうけるもの
	金属製外箱の接地	D種接地工事
電熱装置に電気を供給する電路		専用の開閉器および過電流遮断器を各極(多線式電路の中性極には遮断器は施設しない)に施設する. 電路に地気を生じたときに自動的に,電路を遮断する装置を設ける.

[練習問題]

問 い	答 え
1　発熱線又は電熱ボードを造営材に固定して施設するフロアヒーティングに関する記述として，不適当なものは．	イ．発熱線に電気を供給する電路には，専用の漏電遮断器を施設した． ロ．発熱線に電気を供給する電路の対地電圧は 300〔V〕以下とした． ハ．電熱ボードに電気を供給する電路の対地電圧は 150〔V〕以下とした． ニ．発熱線には 600V 2種ビニル絶縁電線を使用した．

保安に関する法令

10

電気事業法
電気工事業法
電気工事士法
電気用品安全法

電気事業法

保安に関する法令 1

Q
1. 電気工作物は三種類に分けられる．
2. 太陽光発電設備を持つものは自家用電気工作物か．
3. 事故報告 発生を知ったときからと発生したときからとの違いは．
4. 一種電気工事士は電気主任技術者になれるか．

スタディポイント　電気工作物の3種類

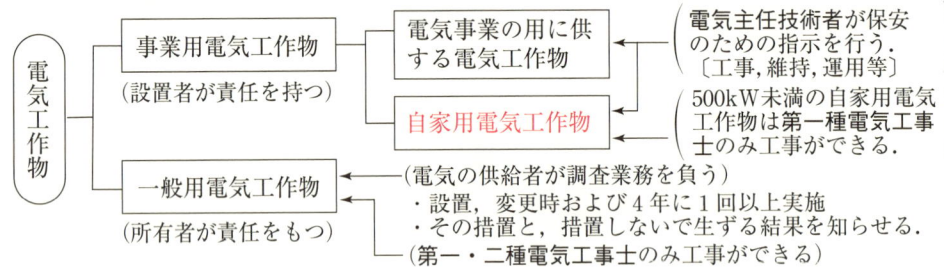

1　電気工作物の種類

電気工作物は図1のように，電気事業の用に供する電気工作物，自家用電気工作物，一般用電気工作物の3種に分けられる．

```
電気工作物 ┬ 事業用電気工作物 ┬ 電気事業の用に供する電気工作物 ← (電気主任技術者が保安のための指示を行う．〔工事,維持,運用等〕)
          │ (設置者が責任を持つ) └ 自家用電気工作物 ← (500kW未満の自家用電気工作物は第一種電気工事士のみ工事ができる．)
          └ 一般用電気工作物 ← (電気の供給者が調査業務を負う)
            (所有者が責任をもつ)   ・設置，変更時および4年に1回以上実施
                                ・その措置と，措置しないで生ずる結果を知らせる．
                                (第一・二種電気工事士のみ工事ができる)
```

図　1　電気工作物の種類

2　自家用電気工作物とは

電気事業の用に供する電気工作物及び一般用電気工作物以外の電気工作物をいう．
次の各項目に該当する電気工作物である．
(1) 自家発電設備（非常用発電装置を含む）を有するもの．
(2) 特別高圧（7kVを超える）または高圧（交流600V，直流750Vを超え7kV未満）で受電するもの．
(3) 構外にわたる電線路を有するもの．
(4) 火薬類を製造する事業場に設置するもの．

3　一般用電気工作物とは

低圧（交流600V，直流750V以下）受電で，受電の場所と同一の構内で使用するもの．同じ構内で連係して使用する小出力発電設備も含む．

・**小出力発電設備**とは　発電電圧600V以下で出力が下記のもの．

　太陽電池発電設備　　50kW未満
　風力発電設備　　　　20kW未満
　水力発電設備　　　　20kW未満　及び最大使用水量1m³/秒 未満（ダムを伴うものを除く）
　内燃力発電設備　　　10kW未満
　燃料電池発電設備　　10kW未満（固体高分子型又は固体酸化物型のもの）
　出力の合計が50kW以上となるものを除く

スタディポイント　事故報告

報告には概要と詳細の2種類があり，自家用についての事故の種類は
1. 感電死傷事故
2. 電気火災事故
3. 電気工作物に係る感電以外の死傷事故
4. 電力会社への波及事故

これらについての報告をまとめると表1となる．

表 1　電気事故と報告の方式・期限・報告先

事故の種類	報告の方式と期限		報 告 先
	概　要	詳　細	
(1) 感電死傷事故（死亡又は病院等に治療のため入院した場合） (2) 電気火災事故（工作物にあっては，半焼以上の場合） (3) 主要電気工作物の破損事故 (4) 電圧3 000V以上の自家用電気工作物の故障，損傷，破壊等により一般電気事業者または特定電気事業者に供給支障を発生させた事故	事故の発生を知ったときから24時間以内，可能な限り速やかに	事故の発生を知った日から起算して30日以内	所轄の産業保安監督部長

スタディポイント　許可主任技術者

　一種電気工事士は，経済産業大臣または所轄産業保安監督部長の許可を受ければ，その設備に限り電気主任技術者として選任されることができる．これを「許可主任技術者」という．
　許可主任技術者の許可される範囲は次のとおりである．
・最大電力500kW未満の需要設備
・出力500kW未満の発電所
・電圧10 000V未満の変電所
・電圧10 000V未満の送電線路又は配電線路を管理する事業場（経済産業省内規）

[練習問題]

	問　　　　い	答　　　　え
1	電気事業法に基づく一般用電気工作物に該当するものは.	イ．受電電圧 200〔V〕，受電電力の容量 35〔kW〕で，発電電圧 100〔V〕，出力 5〔kW〕の太陽電池発電設備を有する事務所の電気工作物 ロ．受電電圧 200〔V〕，受電電力の容量 30〔kW〕で，発電電圧 200〔V〕，出力 10〔kW〕の内燃力による非常用予備発電装置を有する映画館の電気工作物 ハ．受電電圧 6.6〔kV〕，受電電力の容量 45〔kW〕の遊技場の電気工作物 ニ．受電電圧 6.6〔kV〕，受電電力の容量 100〔kW〕のポンプ場の電気工作物
2	一般用電気工作物の適用を受ける小出力発電設備は.	イ．出力 15〔kW〕の太陽電池発電設備 ロ．出力 15〔kW〕の内燃力を原動機とする火力発電設備 ハ．出力 20〔kW〕の水力発電設備 ニ．出力 30〔kW〕の風力発電設備
3	受電電圧 6.6〔kV〕の需要設備を新設する場合，電気事業法に基づいて，所轄産業保安監督部長に手続きが必要なものの組合せとして，正しいものは.	イ．電気主任技術者選任に関する手続き 　　保安規程の届出 ロ．電気主任技術者選任に関する手続き 　　工事計画の届出 ハ．保安規程の届出 　　使用開始の届出 ニ．工事計画の届出 　　使用開始の届出
4	電気事業法において，第一種電気工事士試験の合格者を電気主任技術者として選任しようとする場合，許可が受けられない事業場又は設備は.	イ．出力 450〔kW〕の発電所 ロ．電圧 6000〔V〕の変電所 ハ．最大電力 800〔kW〕の需要設備 ニ．電圧 6000〔V〕の配電線路を管理する事業場
5	電気関係報告規則に基づき，自家用電気工作物を設置する者が，感電死傷事故が発生したとき，所轄産業保安監督部長に対して概要を報告しなければならない期限は，事故の発生を知ったときから何時間以内か.	イ．12 時間　　　　　　ロ．24 時間 ハ．36 時間　　　　　　ニ．48 時間
6	自家用電気工作物を設置する者は，感電死傷事故が発生したとき，電気関係報告規則に基づいて所轄産業保安監督部長に報告しなければならない概要及び詳細の報告期限（事故の発生を知った時から）の組合せとして，正しいものは.	イ．概要は 24 時間以内，詳細は 30 日以内 ロ．概要は 24 時間以内，詳細は 60 日以内 ハ．概要は 48 時間以内，詳細は 30 日以内 ニ．概要は 48 時間以内，詳細は 60 日以内

	問　　い	答　　え
7	電気関係報告規則において，6.6〔kV〕で受電する自家用電気工作物設置者が，自家用電気工作物について事故が発生したときに所轄の産業保安監督部長に報告しなくてもよいものは．	イ．感電死傷事故 ロ．電気火災事故 ハ．一般電気事業者に供給支障事故を発生させた事故 ニ．停電作業中における高所作業車からの墜落死傷事故

電気工事業法

保安に関する法令 2

Q
1 工事業の登録は都道府県知事か経済産業大臣か．
2 3年，5年と電気工事業との関係は．
3 検電器は省令で定められる備えねばならない計器か．

スタディポイント　電気工事業法

目　的　電気工事業を営む者の登録および業務の規制を行うことにより，一般用および自家用電気工作物の保安を確保することである．規定の内容は次のとおりである．

1　電気工事士でない者を電気工事の作業に従事させてはならない．
2　登録を受けた電気工事業者でない者を下請けに使ってはならない．
3　電気用品安全法に適合した電気用品以外を使用してはいけない．
4　営業所ごとに，絶縁抵抗計，回路計，接地抵抗計等を備える．
5　営業所および工事施工場所ごとに見やすい場所に標識を掲示する．
6　営業所ごとに帳簿を備え，5年間保存する．

登録電気工事業者
1　一府県のみで営業の場合　都道府県知事に登録する．
2　二府県以上の場合　経済産業大臣に登録する．

通知電気工事業者
自家用電気工作物に係る工事のみを営む者．

スタディポイント　電気工事業での年限

1　主任電気工事士
　営業所ごとに，第一種電気工事士又は第二種電気工事士免状取得後3年以上の実務経験者を「主任電気工事士」としておく．

2　業務の登録更新
　5年ごとに更新の登録をする．
　変更・廃止は30日以内に登録申請した都道府県知事に届け出る．

3　帳簿の保存期限　5年
　帳簿の内容は，注文者の氏名・名称・住所，施工年月日，主任電気工事士および作業者の氏名，配線図，検査結果

スタディポイント　検査器具の備え付け

一般用電気工事と自家用電気工事に分けて次のように定められている．

1　自家用電気工事の場合
　常備する計器　絶縁抵抗計，接地抵抗計，回路計，低圧検電器，高圧検電器
　必要なとき使用できる計器　継電器試験装置，絶縁耐力試験装置

2　一般用電気工事の場合
常備する計器　絶縁抵抗計，接地抵抗計，回路計

[練習問題]

	問 い	答 え
1	電気工事業の業務の適正化に関する法律において，電気工事業者の業務に関する記述として，誤っているものは．	イ．営業所ごとに電気工事に関し，法令に定められた事項を記載した帳簿を備えなければならない． ロ．営業所ごとに絶縁抵抗計の他，法令に定められた器具を備えなければならない． ハ．営業所ごとに，法令に定められた電気主任技術者を選任しなければならない． ニ．営業所及び電気工事の施工場所ごとに，法令に定められた事項を記載した標識を掲示しなければならない．
2	電気工事業の業務の適正化に関する法律において，自家用電気工事の業務を行う営業所に関する記述として，誤っているものは．	イ．営業所及び電気工事の施工場所ごとに標識を掲示しなければならない． ロ．営業所ごとに電気主任技術者を置かなければならない． ハ．営業所ごとに継電器試験装置を備えるか又は必要なときに使用し得る措置が講じられていなければならない． ニ．営業所ごとに電気工事に関する事項を記載する帳簿を備えなければならない．
3	電気工事業の業務の適正化に関する法律による登録電気工事業者の登録の有効期間は．	イ．2 年　　　　　　　　ロ．3 年 ハ．5 年　　　　　　　　ニ．7 年
4	電気工事業の業務の適正化に関する法律において，自家用電気工作物の電気工事を行う電気工事業者の営業所に備えることを義務づけられていない器具は．	イ．絶縁抵抗計 ロ．抵抗及び交流電圧を測定することができる回路計 ハ．接地抵抗計 ニ．特別高圧検電器
5	電気工事業の業務の適正化に関する法律で，電気工事業者が一般用電気工事のみの業務を行う営業所に備えることを義務づけられている器具の組合せは．	イ．絶縁抵抗計 　　接地抵抗計 　　回路計（交流電圧と抵抗が測定できるもの） ロ．絶縁抵抗計 　　接地抵抗計 　　低圧検電器 ハ．接地抵抗計 　　低圧検電器 　　回路計（交流電圧と抵抗が測定できるもの） ニ．絶縁抵抗計 　　クランプ形電流計 　　回路計（交流電圧と抵抗が測定できるもの）

電気工事士法

保安に関する法令 3

Q
1. 電気工事士でなければできない電気工事は.
2. 第一種電気工事士の資格とできる電気工事は.
3. 第一種・第二種以外の電気工事士等の資格は.

スタディポイント　電気工事士法

目　的　電気工事の作業に従事する者の資格および義務を定め，電気工事の欠陥による災害の発生を防止する.

電気工事とは　一般用または自家用電気工作物を設置または変更する工事で，「軽微な工事」を除外する．また，電気工事士の免状を受けている者のみが電気工事に従事できる．

・自家用電気工作物　最大電力500kW未満の需要設備
　　　　　（電気事業法では，発電所，変電所，500kW以上の需要設備や送電線も含まれる）

・軽微な工事
1. 600V以下で使用するソケット，スイッチ等にコード等を接続する工事
2. 600V以下で使用する電気機器等の端子に電線をネジ止めする工事
3. 600V以下で使用する電力計および電流制限器を取付けまたは取外す工事
4. ベル，インターホン，火災感知器などに使用する36V以下の配線工事
5. ヒューズを取付けまたは取外す工事
6. 電柱等の設置または変更等の工事
7. 地中電線用の暗渠または管を設置し，変更する工事

スタディポイント　第一種電気工事士

第一種電気工事士は，図1のように自家用および一般用電気工作物の工事ができる.

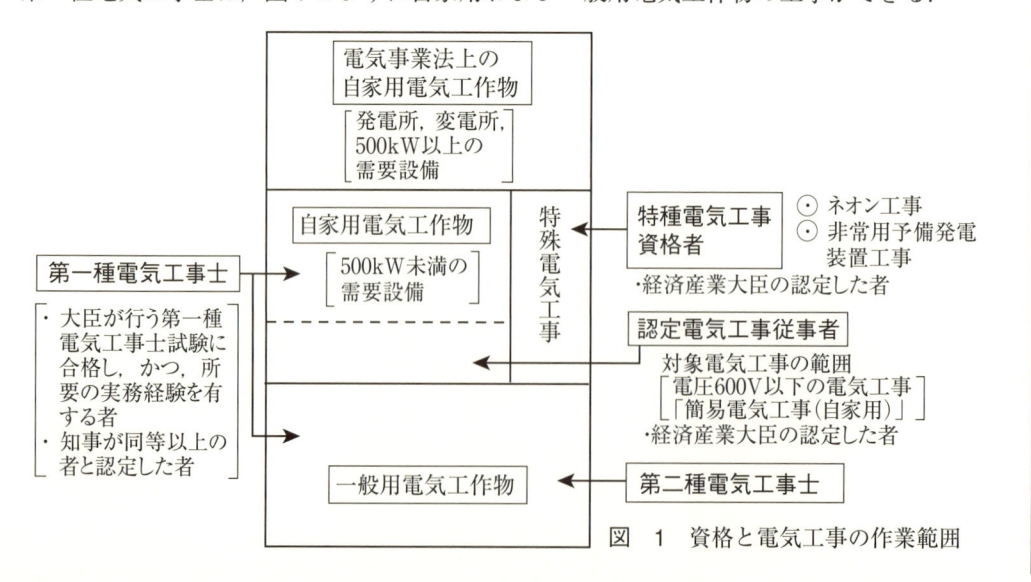

図1　資格と電気工事の作業範囲

― 192 ―

資　格　第一種電気工事士試験（筆記および実技試験）に合格し，3～5年（学歴により差がある）以上の実務経験が必要．第一種電気工事士試験に合格すれば，実務経験がなくても「認定電気工事従事者」になれ，「簡易電気工事」―自家用内の600V以下の低圧電気工事―に従事できる．

義　務
1. 技術基準に適合するように作業を行う．
2. 電気工事の作業に従事するときは，常に免状を携行する．
3. 5年に一度，自家用電気工作物の保安に関する講習を受ける．

免　状
1. 免状には次の項目が記載してあり，これらに変更があった場合は，交付を受けた都道府県知事に書き替えを申請する．
   ・免状の種類
   ・免状の番号および交付年月日
   ・氏名・生年月日
   　住所を変更した場合は，届け出る必要はなく自分で書き換えればよい．

スタディポイント　特種電気工事資格者

自家用電気工作物のうちネオン工事と非常用予備発電装置工事は「特殊電気工事」といい，「特種電気工事資格者」の資格が必要である．

ネオン工事

ネオン用として設置される分電盤，主開閉器（電源側の電線との接続部を除く），タイムスイッチ，点滅器，ネオン変圧器，ネオン管およびこれらの附属装置の工事

非常用予備発電装置工事

非常用予備発電装置として設置される原動機，発電機，配電盤（他の需要設備との間の電線との接続部分を除く），およびこれらの附属設備に関する電気工事

[練習問題]

	問い	答え
1	第一種電気工事士の免状の交付を受けている者でなければ従事できないものは.	イ．最大電力 800〔kW〕の需要設備の 6.6〔kV〕受電用ケーブルを管路に収める作業 ロ．出力 500〔kW〕の発電所の配電盤を造営材に取り付ける作業 ハ．最大電力 400〔kW〕の需要設備の 6.6〔kV〕変圧器に電線を接続する作業 ニ．配電電圧 6.6〔kV〕の配電用変電所内の電線相互を接続する作業
2	電気工事士法において，第一種電気工事士免状の交付を受けている者でなければ電気工事（簡易な電気工事を除く）の作業（保安上支障がない作業は除く）に従事してはならない自家用電気工作物は.	イ．送電電圧 22〔kV〕の送電線路 ロ．出力 2000〔kV·A〕の変電所 ハ．出力 300〔kW〕の水力発電所 ニ．受電電圧 6.6〔kV〕，最大電力 350〔kW〕の需要設備
3	電気工事士法において，第一種電気工事士に関する記述として誤っているものは. ただし，ここで自家用電気工作物とは，最大電力 500〔kW〕未満の需要設備のことである.	イ．第一種電気工事士免状は，都道府県知事が交付する． ロ．第一種電気工事士の資格のみでは，自家用電気工作物の非常用予備発電装置工事の作業に従事することができない． ハ．第一種電気工事士免状の交付を受けた日から7年以内に自家用電気工作物の保安に関する講習を受けなければならない． ニ．第一種電気工事士は，一般用電気工作物に係る電気工事の作業に従事することができる．
4	電気工事士法において，自家用電気工作物の低圧の工事又は作業で，a, b ともに第一種電気工事士又は認定電気工事従事者でなければ従事してはならないものは.	イ．a ベル用小形変圧器（二次電圧 24〔V〕）の二次側の配線工事 　　b がいしに電線を取り付ける作業 ロ．a ソケットにコードを接続する工事 　　b 接地極と接地線を接続する作業 ハ．a ローゼットに絶縁電線を接続する作業 　　b 金属管に電線を収める作業 ニ．a 埋込形コンセントに電線を接続する作業 　　b 露出形点滅器を取り換える作業
5	電気工事士法において，第一種電気工事士の資格のみでは従事できない自家用電気工作物（最大電力 500〔kW〕未満）の工事は.	イ．屋内配線工事 ロ．高圧受電設備の工事 ハ．高圧架空電線路の工事 ニ．非常用予備発電装置の工事

	問　い	答　え
6	電気工事士法における自家用電気工作物（最大電力500〔kW〕未満の需要設備）であって，電圧600〔V〕以下で使用するものの工事又は作業のうち，第一種電気工事士又は認定電気工事従事者の資格がなくても従事できるものは．	イ．配線器具を造営材に固定する． ロ．接地極を地面に埋設する． ハ．電線管相互を接続する． ニ．電気機器の端子に電線をねじ止め接続する．
7	電気工事士でなくてもできる軽微な作業又は工事は．	イ．金属製のボックスを造営材その他の物件に取り付ける作業． ロ．配電盤を造営材に取り付ける作業． ハ．接地極を地面に埋設する作業． ニ．地中電線用の管を設置する工事．
8	第一種電気工事士は，自家用電気工作物の保安に関する定期講習を，免状の交付を受けた日から何年以内ごとに受けなければならないか．	イ．3年　　　ロ．5年　　　ハ．7年　　　ニ．10年

電気用品安全法

保安に関する法令 4

Q
1. 電気用品安全法が規制しているものは．
2. 絶縁電線はすべて特定電気用品か．

スタディポイント　電気用品安全法

目　的　電気用品の製造・販売を規制し，電気用品の安全性の確保につき民間事業者の自主的な活動を促進することにより，電気用品による危険や障害の発生を防止する．

電気用品とは
1. 一般用電気工作物の部分となり，これに接続して使用される機械器具・材料など
2. 携帯発電機

「特定電気用品」と「それ以外の電気用品」に分けられる．

特定電気用品とは，構造・使用方法や使用状況からみて特に危険または障害の発生するおそれが多い電気用品である．

規制の内容
1. 製造・輸入業者に対する規制
   - 製造・輸入事業者の経済産業大臣への届出（届出事業者）
   - 電気用品の適合性検査　検査記録の保存
   - 電気用品の技術基準適合義務
   - 型式マークの表示　適合電気用品には次のマークを表示する．
     特定電気用品　　表示 ⟨PS/E⟩　届出業者名
     上記以外の電気用品　表示 (PS/E)
   - 危険等防止のための回収措置
2. 販売事業者・使用者に対する規制
   - 販売・使用の制限　不適合電気用品の販売・使用の禁止
   - 危険等防止のための回収措置

スタディポイント　特定電気用品とは

特定電気用品
1. 工事材料
   - 絶縁電線（100〜600V，導体の公称断面積100mm^{2}以下）
     ゴム絶縁電線，合成樹脂絶縁電線
   - ケーブル（100〜600V，導体の公称断面積22mm^{2}以下，線心7本以下）
   - コード
   - キャブタイヤケーブル（100〜600V，導体の公称断面積100mm^{2}以下，線心7本以下）
2. 配線器具
   - ヒューズ（交流用100〜300V，定格1〜200A，電動機用12kW以下）　温度ヒューズ，その他のヒューズ

- スイッチ類（30A 以下）
- 開閉器（100A 以下，電動機用 12kW 以下），箱開閉器，配線用遮断器，漏電遮断器
- 接続器（50A 以下）
- 電流制限器（交流用 100〜300V，100A 以下）

3　電気機械器具
- 小型単相変圧器（100〜300V，50 または 60Hz，500V·A 以下）：家庭機器用・電子応用機器用
- 放電灯用安定器（同上）：蛍光灯用・水銀灯用・オゾン発生器用
- 電熱器具（交流用 100〜300V，10kW 以下）
  電気便座，電気温蔵庫，水道凍結防止器，電気温水器など
- 電動力応用機械器具（交流用 100〜300V）
  電気ポンプ，冷蔵用ショーケース，電気マッサージ器，自動販売機，電動おもちゃなど

特定電気用品以外のもの

1　工事材料
- 蛍光灯電線，ネオン電線（導体の公称断面積 100mm^2 以下）
- ケーブル（100〜600V，導体の公称断面積 22〜100mm^2，線心 7 本以下）
- 電線管（銅製・黄銅製，防爆型を除く内径 120mm 以下）

2　配線器具
- ヒューズ（100〜300V，1〜200A，電動機用 12kW 以下）筒型ヒューズ・栓型ヒューズ
- リモコンリレー（30A 以下）
- 開閉器（100A 以下），カバー付きナイフスイッチなど
- 小型単相変圧器（100〜300V，50 または 60Hz，500V·Λ 以下）ベル用変圧器・ネオン変圧器

3　電気機械器具
- 単相電動機（100〜300V）
- かご型三相誘導電動機（100〜300V，3kW 以下）
- 電熱器具（交流 100〜300V，10kW 以下）
  電気足温器，電気ざぶとん，電気毛布，電気こたつ，電磁誘導加熱式調理器，電気乾燥器
- 電動力応用機器
  ベルトコンベアー，電気冷蔵庫，電動ミシン，電気芝刈り機など

[練習問題]

	問　　　　い	答　　　　え
1	電気用品安全法の適用を受ける特定電気用品は.	イ．100〔V〕携帯発電機 ロ．200〔V〕進相コンデンサ ハ．100〔V〕電力量計 ニ．電線管
2	電気用品安全法において，電気用品の適用を受けるケーブルは. 　ただし，電圧はケーブルの定格電圧，太さは導体の公称断面積である.	イ．600 V，150 mm² 3心のケーブル ロ．600 V，100 mm² 3心のキャブタイヤケーブル ハ．6 600 V，100 mm² 3心のケーブル ニ．600 V，150 mm² 2心のキャブタイヤケーブル
3	電気用品安全法の適用を受ける配線用遮断器の定格電流の最大値〔A〕は.	イ．50　　ロ．100　　ハ．150　　ニ．200

配線図

11

高圧受電設備の構成
受電設備の図記号
負荷設備の結線
負荷設備の図記号
計器・保護継電器の接続

高圧受電設備の構成

配線図　1

Q 1　高圧受電設備はどう構成されているか．
　　2　計器や保護継電器の接続はどうなっているか．

― **スタディポイント**　**高圧受電設備の標準構成** ―――――――――――――

　高圧（6.6 kV）受電設備の標準的な構成（単線結線図）を図1に示す．遮断器や負荷開閉器，断路器，ヒューズなどの開閉装置の配置，避雷器や電力用コンデンサの接続位置，VT，CT，ZCTなど計器や保護継電器への信号変換装置の配置をその目的も含めてよく理解しておく必要がある．

　負荷設備としては，図1のように，電力用コンデンサ，高圧電動機，低圧単相負荷や低圧三相負荷への変圧器などがあるが，高圧電動機には過電流保護や低電圧保護があるので，これらのためのCTやOC，UVなどの継電器への接続，さらに継電器から遮断器トリップコイルへの接続が重要である．

　電源側から負荷側に向って，接続されている機器の機能や目的は次のようになる．

断路器（DS）図下の遮断器（CB）で負荷を遮断した後に開いて，負荷側を無電圧にする．これを開くことで，すぐ下のZCTやケーブルヘッド，VCTの点検や修理が可能になる．

零相変流器（ZCT）地絡電流を検出，下のZPCよりの零相電圧とともに地絡方向継電器（DG）を動作させる．

ケーブルヘッド　これより負荷側は高圧CVケーブル（丸型）で配電する．

取引用変成器（VCT）二次側に「取引用電力量計」を接続する．MOFとも呼ぶ．

避雷器（LA）雷撃や開閉サージによる異常電圧を大地に放電させる．無電圧にして点検するため断路器を通して系統に接続されている．

零相コンデンサ（ZPC）負荷側地絡時の地絡電圧を検出する．

計器用変圧器（VT）主回路の高電圧を低電圧（110V）に変成する．直列に接続されているPF（電力ヒューズ）はVT内での短絡保護のためである．二次側に電圧計を接続する．

遮断器（CB）負荷側の過負荷や短絡，地絡事故時に回路を遮断する．CBに代えてPF付負荷開閉器（LBS）が使用される場合もある．

変流器（CT）負荷の大電流を小電流（5A）に変成する．二次側に電流計や過電流継電器を接続する．

電力用コンデンサ（SC）力率改善のためである．直列リアクトルや放電抵抗も接続されている．

高圧電動機（M）始動のための始動器や過負荷保護のための過電流継電器（OC）や遮断器（CB）も使用される．

変圧器（TR）低圧三相3線式や単相2線式配電のための変圧器で，ΔΔ結線，V結線，異容量V結線などいろいろな結線方式がある．

図 1 高圧受電設備の標準構成

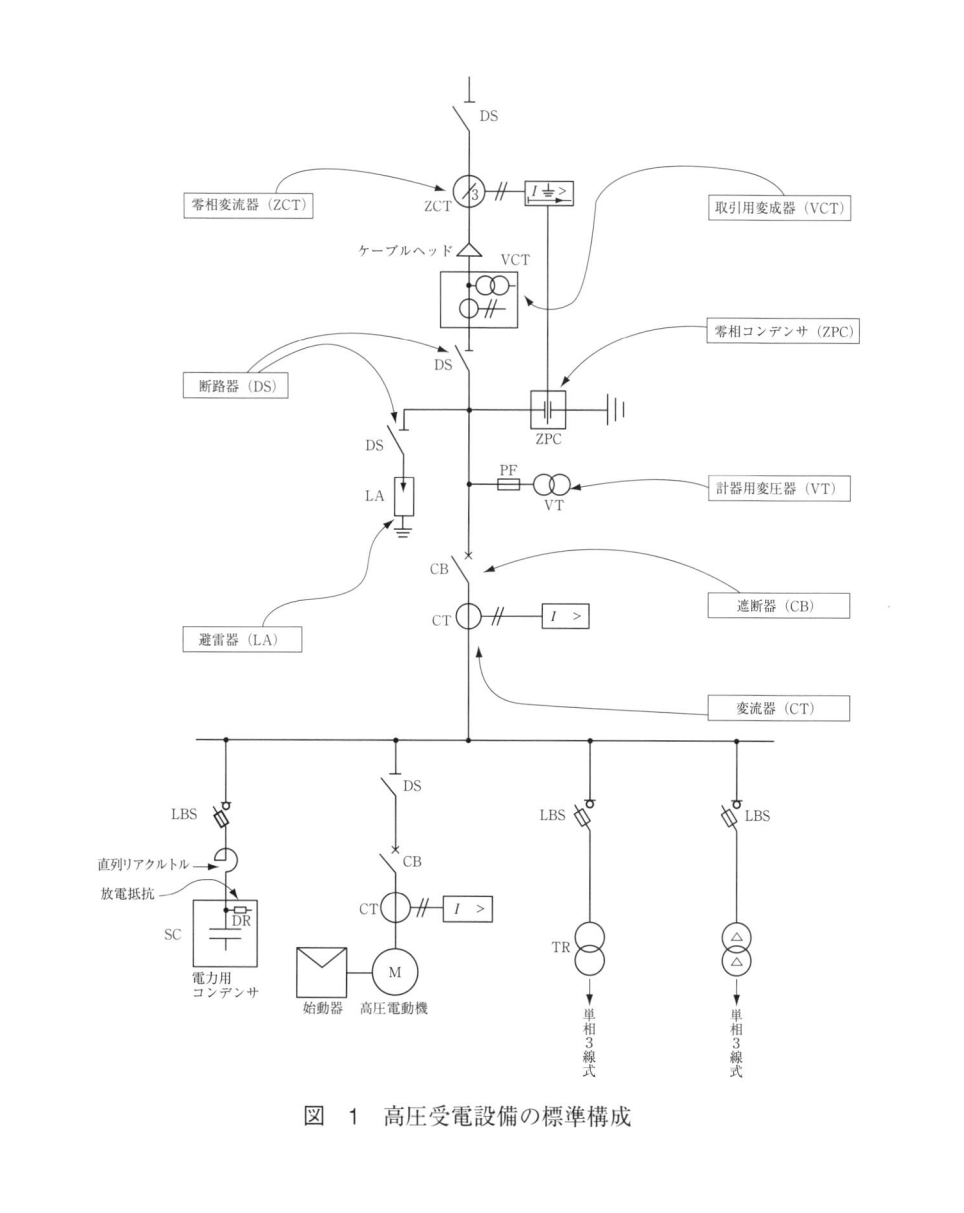

スタディポイント 計器・保護継電器の接続

高圧受電設備の計器や保護継電器の標準的な配置を図2に示す．電源側より負荷側に向かってそれぞれの機能を説明する．

地絡方向継電器（DGR） 地絡電流の方向を判断し，自回線の場合のみ回路を遮断する．出力は図下の遮断器トリップコイルへ．

不足電圧継電器（UVR） 負荷に高圧電動機がある場合に，停電時に電動機回路を切り離す機能を持っている．出力は高圧電動機専用遮断器へ．

過電流継電器（OCR） 負荷側の過電流を検出する．出力はOCR上の遮断器トリップコイルへ．入力電流が大きいほど動作時間が短い「反限時特性」を持っている．

地絡過電流継電器（OCGR） 地絡電流のみで動作する．直近上位の遮断器をトリップさせる．

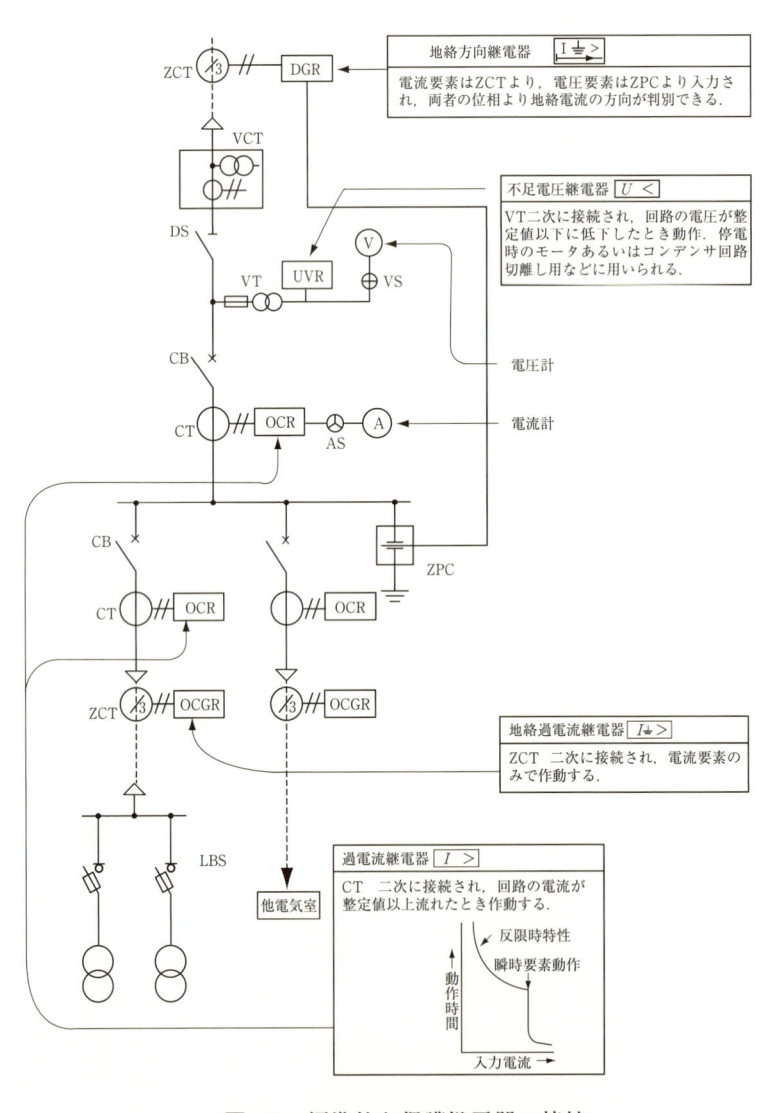

図 2 標準的な保護継電器の接続

受電設備の図記号

配線図 2

Q
1. 図記号でわかる開閉能力
2. 保護装置や制御装置はどう表すか．
3. 計測装置の記号と接続は．

スタディポイント　*開閉能力を表す図記号*

電力用開閉器

電力回路を開閉する装置で，回路を開閉するのみの「断路器」，定格負荷電流が開閉できる「負荷開閉器」，過負荷や短絡電流などを開閉できる「遮断器」などがある．

図記号	名称（略号）	機　　　　能
	断路器（DS）	負荷電流の開閉ができない． 誤操作防止のため主遮断器投入時は操作できない．
	電力ヒューズ（PF）	過電流や短絡電流が流れたときにヒューズエレメントが溶断して回路を遮断する．電路を開閉する能力はない．
	ヒューズ付断路器 （PF付DS）	過負荷電流，短絡電流はヒューズで遮断する．
	負荷開閉器（S）	負荷電流やコンデンサ電流は開閉できるが，短絡電流は遮断できない． 高圧受電設備の責任分界点の開閉器として「気中交流負荷開閉器（AS）」が使用される．
	ヒューズ付負荷開閉器 （PF付LBS）	配電用変圧器の一次側やコンデンサ回路用に使用される． 定格負荷電流は開閉できるが，開閉寿命が小さい．
	遮断器（CB）	短絡電流の投入・遮断能力がある． 油入遮断器（OCB），磁気遮断器（MBB），真空遮断器（VCB），ガス遮断器（GCB）などがある．
ACB	気中遮断器（ACB）	AC600V，DC750V以下の低圧回路保護用，MCCBに比べ大容量で開閉頻度の大きい回路に使用される．
MCCB	配線用遮断器（MCCB）	低圧回路の過電流・短絡保護用．過電流検出装置，引外し装置，開閉機構などをモールドケース内に一体に組み立ててある．
MC	電磁接触器（MC）	電磁石の吸引力を利用して接触部を動作させるもので，定格電流の数倍の電流を多頻度開閉可能である． 高圧電動機の運転や変圧器の一次開閉用に使用される． 気中電磁接触器(MC)，真空電磁接触器(VMC)，ガス電磁接触器(GMC)

スタディポイント　保護装置や制御装置の図記号

図記号	名称（略号）	機　　　能
	避雷器（LA）	雷サージや開閉サージのような異常電圧を大地に放電させる．異常電圧を低下させるとともに続いて流れる放電電流（続流）を遮断する能力がある．
	直列リアクトル（SR）	電力用コンデンサに直列に接続して，電路の電圧の波形改善，電力用コンデンサ投入時の突入電流抑制のために用いる．
	電力用コンデンサ（SC）	負荷力率を改善するために使用．コンデンサを切り離した場合に残留する電荷を放電させるため，放電抵抗または放電リアクトルなどの放電装置が内蔵されている．
	電動機始動器	電動機の始動装置である．
	スターデルタ始動器	三相誘導電動機の Y∆ 始動用の装置．

スタディポイント　計測装置・保護継電器の図記号

図記号	名称（略号）	機　　　能
	計器	○の中に種類を示す記号を記入する． V 電圧計，A 電流計，W 電力計
	積算計	□の中に種類を示す記号を記入する． Wh 電力量計
	ランプ	⊗の中の＋記号が斜め．電圧計切換スイッチ ⊕ と混同しないように注意．
	変流器（CT）	主回路の大電流を小電流に変成し，計器や継電器に供給する．一般には二次定格電流 5〔A〕．
	零相変流器（ZCT）	地絡事故時の地絡電流を検出する．出力を地絡継電器（GR），方向地絡継電器（DGR）に供給する．
	計器用変圧器（VT）	主回路の高電圧を低電圧に変成し，電圧計や継電器に供給する．一般には二次定格電圧 110〔V〕．

	零相コンデンサ (ZPC)	地絡事故時の零相地絡電圧を検出し，地絡方向継電器（DGR）に供給する．
$I >$	過電流継電器 (OCR)	CT 二次回路に接続．回路電流が整定値を超えたときに動作する．過負荷・短絡保護用に一般に使用される．
$I \doteq >$	地絡過電流継電器 (OCGR)	ZCT 二次回路に接続．地絡電流が流れたときに動作する．
$I \doteq >$	地絡方向継電器 (DGR)	ZCT より電流を，ZPC より電圧を入力し，両者の位相を判定して地絡の位置を区別して地絡回線を選択遮断する．
$U <$	不足電圧継電器 (UVR)	VT 二次に接続され，回路電圧が整定値以下で動作する．停電時の電動機停止やコンデンサ回路の切離しに使用．
$U >$	過電圧継電器 (OVR)	VT 二次に接続され，回路電圧が整定値以上で動作する．地絡事故時の過電圧，力率の過補償などのときに並列機器保護に使用される．
⊕ ⊻	計器用切換スイッチ (VS, AS)	⊕ は，電圧計切換スイッチ（VS） ⊻ は，電流計切換スイッチ（AS）

負荷設備の結線

配線図 3

Q
1. 負荷設備はどう構成されているか．
2. 電力用コンデンサはどう接続されているか．
3. 高圧電動機はどう接続されているか．
4. 変圧器のいろいろな接続法

スタディポイント　負荷設備の構成と機能

高圧受電している需要家の負荷は大きく分けて

1. 高圧電動機
2. 電力用コンデンサ
3. 一般負荷供給用変圧器（三相3線式，単相3線式）

の三つになり，単線結線図は図1のようになる．図1を複線で画いたのが図2の複線結線図である．この図では，一般負荷へは三相3線式と単相3線式の2基の変圧器で供給されているが，三相3線式をVV結線とし，Vの片方の巻線より単相3線式の配電を行う異容量V結線が採用される場合もある．

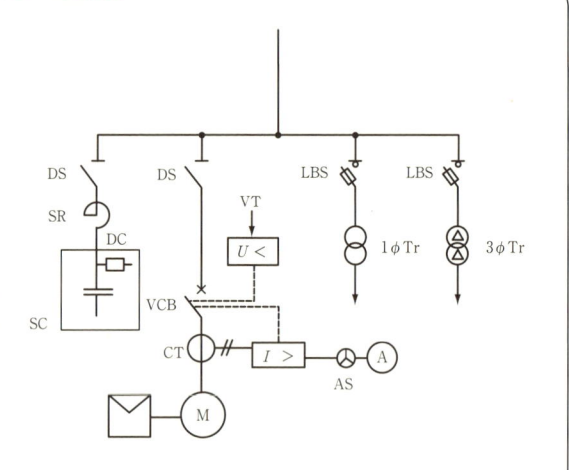

図 1　負荷設備の単線結線図

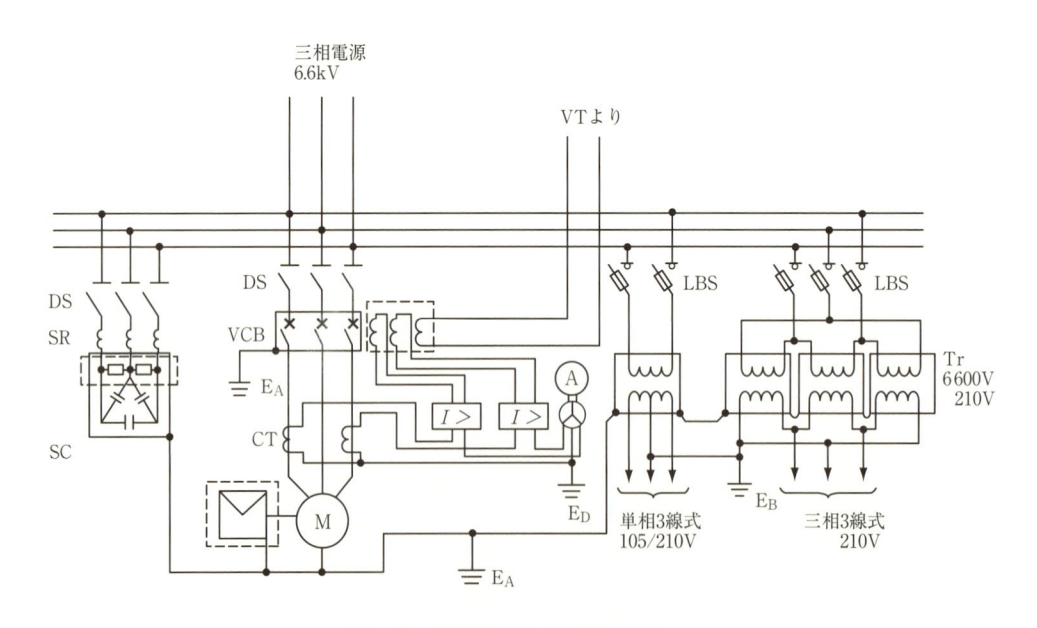

図 2　負荷設備の複線結線図

スタディポイント　高圧電動機回路の構成

　図1または図2の高圧電動機の回路を電源からたどると，断路器（DS），遮断器（VCB），変流器（CT），高圧電動機（M）となり，かご型誘導電動機の場合は電動機に始動器が接続される．

　遮断器は電動機を始動・停止させるためのもので，断路器（DS）は遮断器で回路を遮断した後に開き，負荷側を無電圧にするために設置されていて，これを開放することで遮断器やその周辺の点検が安全に行える．

　遮断器には三つのトリップコイルがあり，次の二つの場合に自動遮断する．

　一つは，遮断器と電動機の間にあるCTと過電流継電器で電動機の過電流を検出した場合で，この場合は回路を遮断して電動機を停止させる．このためのトリップコイルは二つある．

　他は，停電した場合で，VTと低電圧継電器（UVR）により電源電圧低下を検出して遮断器を開放する．復電時に突然電動機が始動し，不測の事故が生ずるのを防ぐためである．

　また，図2のように，遮断器の金属製ケースや電動機・始動器の外箱などは，高圧であるからA種接地工事が施される．

　CTの二次側は過電流継電器と電流計切換スイッチをへて電流計に接続される．CT二次回路の1線にはD種接地工事を行う．

スタディポイント　電力用コンデンサの構成と接続

　図2の複線結線図の左端，電力用コンデンサの回路を電源からたどる．まず断路器（DS）があり，コンデンサを回路から切離せるようになっている．コンデンサ周辺を無電圧にして安全に点検作業を行うためのものである．

　直列リアクトル（SR）には次の二つの機能がある．

　一つは電源からの高調波の流入により電圧波形ひずみの拡大を防止する機能で，リアクタンス値はコンデンサリアクタンスの6％程度に選び，第5調波以上に対して誘導的になるようにしている．もう一つは，コンデンサ投入時の突入電流を防止する機能である．

　コンデンサと並列に放電装置が接続されている．コンデンサを系統から切離したときに残留電荷を放電させるもので，放電抵抗は開放後5分以内に50V以下に，放電コイルは5秒以内に50V以下に低下させる機能を持っている．

　コンデンサ本体は図のように単相コンデンサをΔ接続してあり，金属製の外箱は高圧であるからA種接地工事を行う．

スタディポイント　変圧器の接続

　一般負荷へは図2右端の変圧器から供給される．図では単相負荷と三相負荷へは別個の変圧器から供給され，変圧器一次は電源とPF付の高圧交流負荷開閉器（LBS）で接続されている．

　単相負荷へは単相3線式（105/210V）で，三相負荷へは三相3線式（210V）で配電する．

　三相変圧器の接続　図3に示すΔΔ接続，VV接続，異容量VV接続の三つの方式があるが，負荷容量が小さい場合は，(c)図の結線により三相と単相を同時に供給することもある．

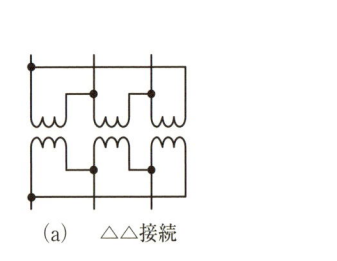

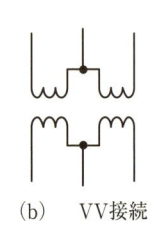

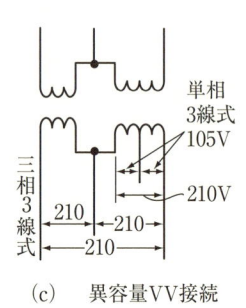

(a)　ΔΔ接続　　　(b)　VV接続　　　(c)　異容量VV接続

図3　変圧器の接続

　変圧器の金属製外箱にはA種接地工事，単相3線式の中性線，三相3線式の1線は変圧器二次であるからB種接地工事が施される．

負荷設備の図記号　　　配線図 4

Q1　変圧器の接続をどう読み取るか．

スタディポイント　変圧器の接続

変圧器の接続には，三相では，単相変圧器3台（V結線では2台）と三相変圧器1台の場合があり，単相では，単相2線式と単相3線式がある．また，V結線では，異容量V結線として二次側で三相とVの片側の単相器より単相3線式を取り出す場合がある．このケースでは，単相3線式の中性線を接地する．

名　　　称	図記号	複線図	機　　　能
単相変圧器			2巻線の単相変圧器である．
三相変圧器	Y △		2巻線の三相変圧器．接続方式は○の中に記入する．上の○が一次巻線，下の○が二次巻線を示す．左図はYΔ結線である．
三相変圧器	Y △		単相変圧器3台の三相結線である．結線方式は○の外に記入する．左図は単相変圧器のYΔ接続を示す．
三相変圧器	V V		単相変圧器のVV接続である．二次巻線の片側を単相3線式とする場合もあり，この場合は，中性線を接地する．
回転機	○		○の中に種類を表す記号を記入する． 　M　電動機　　MS　同期電動機 　G　発電機
三相誘導電動機（かご型）	M 3〜	M 3〜	巻線型の場合は，◎とする．

計器・保護継電器の接続　　配線図 5

Q
1　VTや電圧計はどう接続するか．
2　CTと電流計はどう接続するか．
3　ZCT・ZPCはどう接続するか．
4　VCT（MOF）と電力量計はどう接続するか．
5　保護継電器入力・出力の接続と動作は．

スタディポイント　VTと電圧計などの接続

VTは図1のように接続し，一次回路には短絡保護のためヒューズを入れる．二次側の1回路は電圧計切換スイッチ（VS）をへて電圧計に接続され，スイッチを切替えて各線間電圧を測定する．二次側の他の回路は，方向地絡継電器（DGR）や低電圧継電器（UVR）に接続される．二次側の1線にはD種接地工事を行う．

VTの二次は絶対に短絡しないように注意する．二次定格電圧は110Vである．

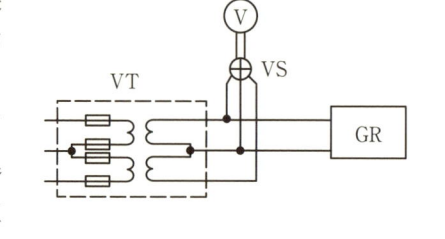

図 1　VTと二次回路の接続

スタディポイント　CTと電流計などの接続

CTは図2のように接続する．二次側の1回路は電流計切換えスイッチ（AS）をへて電流計に接続され，スイッチを切替えて各相の電流を測定する．二次側の他の回路は過電流継電器（OCR）に接続される．二次回路の1線にはD種接地工事を行う．

CTの二次は絶対に開放しないように注意する．二次定格電流は5Aである．

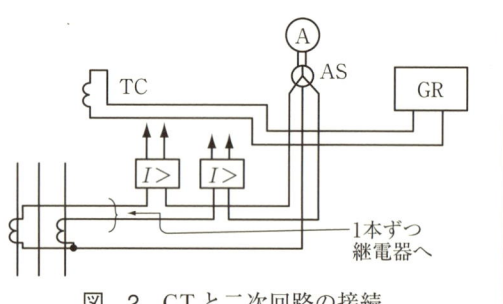

図 2　CTと二次回路の接続

スタディポイント　ZCT・ZPC の接続

ZCT（零相変流器）

　ZCT は一次主回路の電流に含まれる零相電流を変成する変流器で，高圧（6.6 kV 以下）の地絡故障を検出する地絡継電器用に接続される．接続回路は図3に示すが，ZCT の構造には一次導体付きのものとケーブルを貫通させるケーブル貫通形との2種類がある．二次回路は地絡継電器（GR）や方向地絡継電器（DGR）に接続される．ケーブル遮へい用銅テープの接地線はケーブルとともに ZCT を貫通させてから接地線に接続する．接地線が断線すると地絡保護ができなくなるので注意を要する．

　CT と同様に，二次回路は開放しないように注意する．

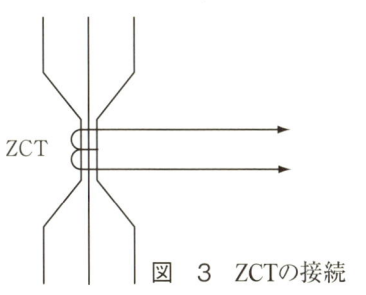

図 3　ZCTの接続

ZPC（零相コンデンサ）

　非接地系統で EVT（接地型計器用変圧器）を使用できない場合に採用され，高圧受電設備に適用される．6.6 kV 受電の需要家で零相電圧を検出するのに VT，EVT による接地を行うと，電力会社の配電線メガリングに支障を来たしたり，地絡継電器の検出感度に影響を与えるなどのトラブルが生ずるためである．

　接続は図4に示すようにコンデンサを Y 接続して零相電圧を検出し，さらにコンデンサで分圧して方向地絡継電器に供給している．

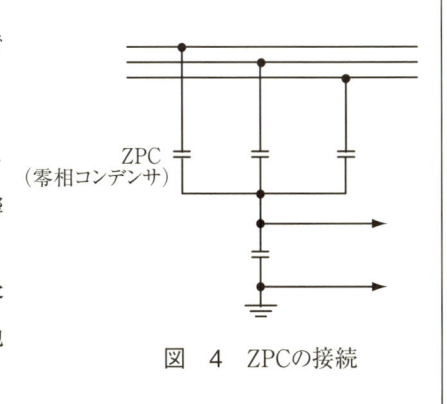

図 4　ZPCの接続

スタディポイント　VCT と電力量計の接続

　VT と CT を一つのケースに収めたもので，電力会社との取引用電力量計専用に使用される．

　計器を接続するための検出器ということで，MOF（Metering Out Fit）ともいう．電力量計との接続は図5のようになり，VT が電源側に，CT は負荷側に配置され，出力端子は電圧3個，電流4個である．VT および CT の1線には D 種接地工事を行う．

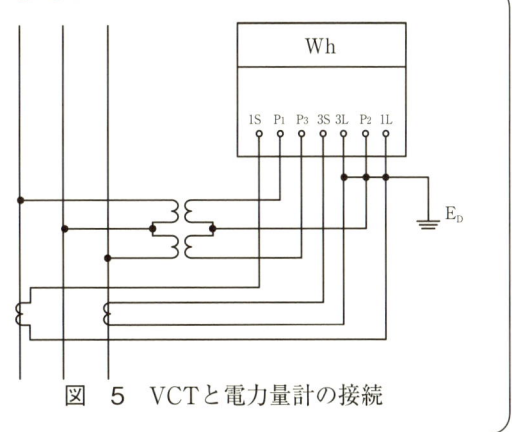

図 5　VCTと電力量計の接続

スタディポイント　保護継電器の入力と出力

保護継電器は，方向地絡継電器（DGR），地絡継電器（GR），過電流継電器（OCR），低電圧継電器（UVR）などが使用される．

地絡継電器（GR）へは，図6のように零相変流器（ZCT）から零相電流が入力される．この信号によりGRは地絡の発生を判断してトリップ信号を遮断器（VCB）のトリップコイル（TC）に送る．

過電流継電器（OCR）は図6のように遮断器（VCB）の負荷側に設置されたCTより電流信号を受取り，電流値が設定値を超えると遮断器のトリップコイル（TC）に信号を送って遮断器を動作させる．図6の回路では遮断器に二つのトリップコイルがあり，GRからの信号またはOCRからの信号で遮断器が開放することになる．

図7は高圧電動機の保護回路であるが，二つのCTで三相のうち二相の電流を監視している．

遮断器（VCB）には三つのトリップコイルがあり，うち二つには二相のCTそれぞれから電流信号を受取る過電流継電器（OCR）があり，いずれかの相が過電流となれば遮断器に信号を送りトリップさせる．またもう一つのトリップコイルには低電圧継電器（UVR）から電源停電の場合に信号が送られ，遮断器を開放する．

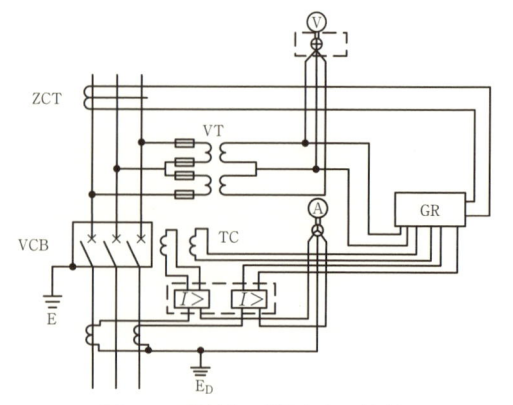

図　6　地絡継電器(G)の接続

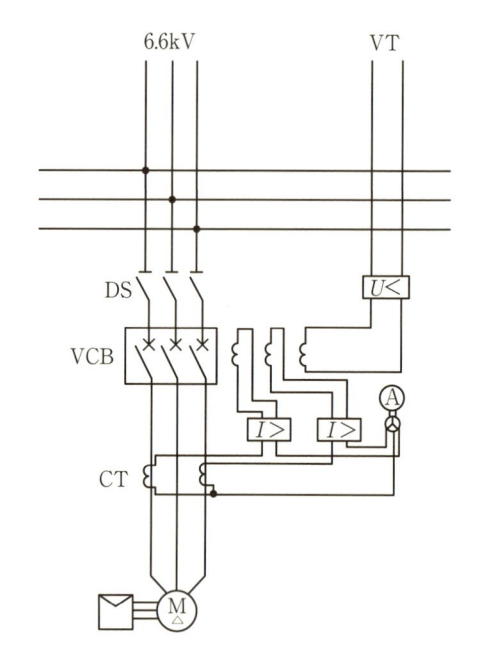

図　7　高圧電動機の保護回路

［練習問題　1］

　図は，高圧受電設備の単線結線図である．この図の矢印で示す10箇所に関する各問いには，4通りの答え（イ，ロ，ハ，ニ）が書いてある．それぞれの問いに対して，答えを1つ選びなさい．

　〔注〕1．図は，JIS C 0617 および JIS C 1082-1999 に準拠して示してある．

　　　2．図において，問いに直接関係のない部分は省略又は簡略化してある．

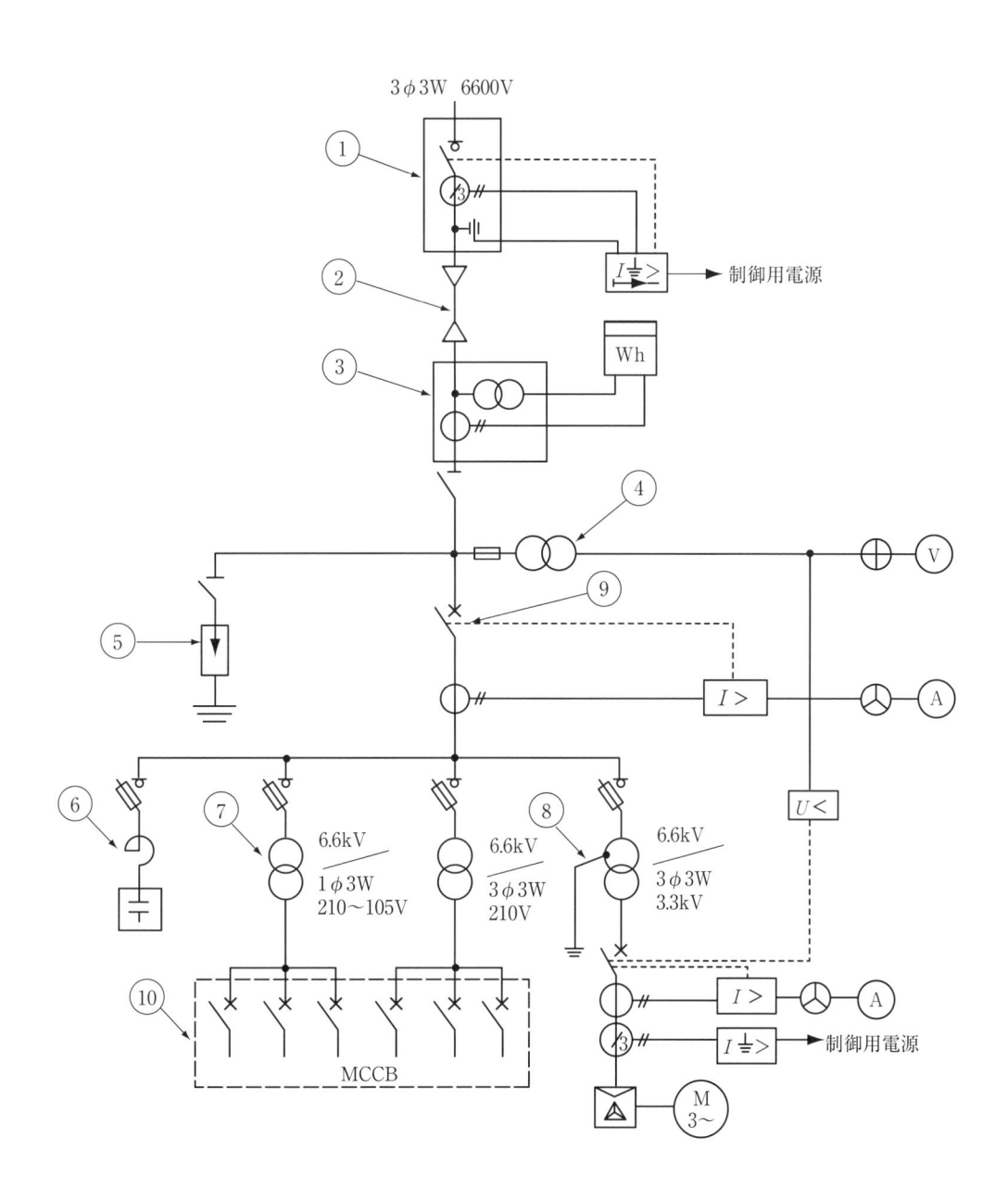

	問 い	答 え
1	①で示す機器の役割は.	イ．地絡事故発生時の電流を測定する． ロ．地絡事故発生時に交流遮断器を自動遮断する． ハ．電源側の地絡事故を検出し，断路器を自動遮断する． ニ．自家用設備側の地絡事故を検出し，高圧負荷開閉器を自動遮断する．
2	②で示すケーブルの種類を表す記号として適当なものは.	イ．OC　　　　ロ．CVT ハ．VCT　　　　ニ．VVR
3	③に使用する機器の名称は.	イ．計器用変圧器　　　ロ．電力需給用計器用変成器 ハ．計器用変流器　　　ニ．零相変圧器
4	④の部分に設置する機器の役割は.	イ．高電圧を低電圧に変成する． ロ．回路の電流を小電流に変成する． ハ．電路に侵入した過電圧を抑制する． ニ．電路の異常を警報する．
5	⑤で示す機器の役割は.	イ．作業時の誤送電による感電を防止する． ロ．機器等の短絡電流を遮断する． ハ．雷等による異常電圧を大地に放電する． ニ．機器等の地絡電流を大地に流す．
6	⑥で示す機器の役割として，誤っているものは.	イ．コンデンサ回路の投入時の突入電流を抑制する． ロ．第5調波等の高調波障害の拡大を防止する． ハ．コンデンサの残留電荷を放電する． ニ．回路電圧波形のひずみを軽減する．
7	⑦で示す機器の複線図は.	イ． ロ． ハ． ニ．
8	⑧の金属製外箱に施設する接地工事の種類は.	イ．A種接地工事　　　ロ．B種接地工事 ハ．D種接地工事　　　ニ．C種接地工事
9	⑨で示す部分の名称は.	イ．投入コイル ロ．直列リアクトル ハ．補償コイル ニ．引外しコイル
10	⑩で示す機器の使用目的は.	イ．低圧電路の地絡電流を検出し，電路を遮断する． ロ．低圧電路の過電圧を検出し，電路を遮断する． ハ．低圧電路の過負荷及び短絡を検出し，電路を遮断する． ニ．低圧電路の過負荷及び短絡を開閉器のヒューズにより遮断する．

[練習問題　2]

図は，高圧受電設備の単線結線図である．この図の矢印で示す10箇所に関する各問いには，4通りの答え（イ，ロ，ハ，ニ）が書いてある．それぞれの問いに対して，答えを1つ選びなさい．

〔注〕1. 図はJIS C 0617 および JIS C 1082-1999 に準拠して示してある．

2. 図において，問いに直接関係のない部分は省略又は簡略化してある．

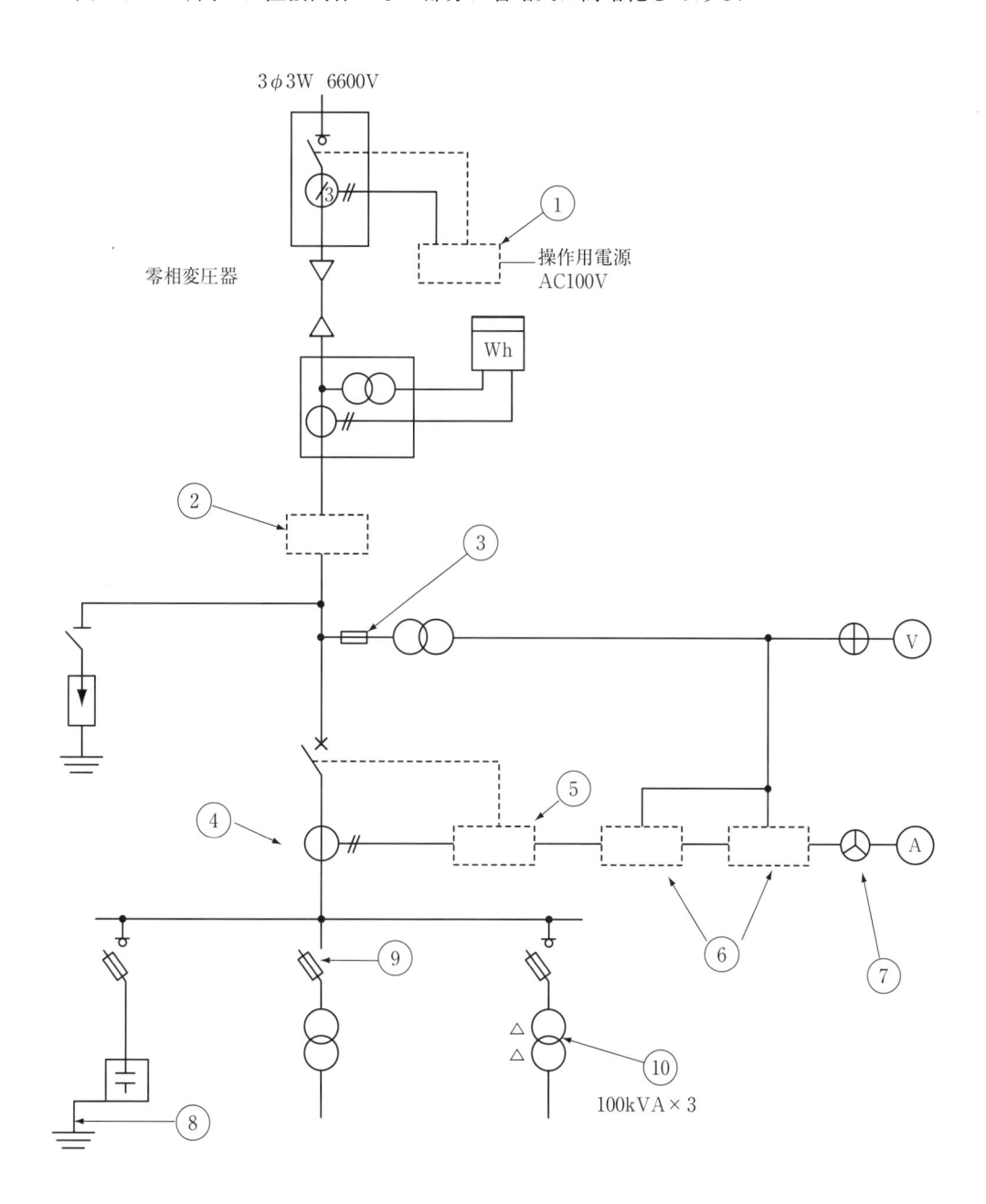

	問い	答え
1	①の部分に設置する機器のJISに定める単線図用図記号は.	イ. $I>$　ロ. $I\leftarrow$　ハ. $I{=}>$　ニ. $I<$
2	②の部分に設置する機器（断路器）のJISに定める単線図用図記号は.	イ.　ロ.　ハ.　ニ.
3	③の部分に設置する機器の主な目的は.	イ．計器用変圧器を雷害から保護する． ロ．計器用変圧器の過負荷を防止する． ハ．計器用変圧器の地絡事故が主回路に波及するのを防止する． ニ．計器用変圧器の短絡事故が主回路に波及するのを防止する．
4	④の部分の結線図をJISに定める図記号（複線図用）で表したものは.	イ.　ロ.　ハ.　ニ.
5	⑤の部分に設置する機器の名称は.	イ．地絡継電器　　ロ．過電流継電器 ハ．過電圧継電器　ニ．計器用切換開閉器
6	⑥の部分に設置する機器の組合せで正しいものは.	イ．計器用切換開閉器　ロ．力率計 　　電流計　　　　　　　電力計 ハ．周波数計　　　　　ニ．試験用端子 　　力率計　　　　　　　電圧計
7	⑦で示す機器の役割は.	イ．1個の電流計で各相の電流を測定するために相を切り換える． ロ．大電流から電流計を保護する． ハ．電流計で電流を測定するために適正な電流に変換する． ニ．電流計の目盛の零位を調整する．
8	⑧で示す接地工事の種類は.	イ．A種接地工事 ロ．B種接地工事 ハ．C種接地工事 ニ．D種接地工事
9	⑨の部分に設置する高圧カットアウト（PC）に関する説明で誤っているものは.	イ．塩害地域で屋外に使用する場合は，耐塩用のものを使用する． ロ．ヒューズの溶断は溶断表示筒の表示によって判断できる． ハ．ふたを閉じた場合，充電部が露出してはならない． ニ．変圧器容量が 300〔kV・A〕超過の場合に使用できる．
10	⑩の部分に設置する変圧器（単相変圧器 100〔kV・A〕3 台）に関する説明で誤っているものは.	イ．1 台が故障した場合，V 結線にして最大 141〔kV・A〕の負荷容量までしか使用できない． ロ．1 台が故障した場合，V 結線にして三相 3 線式回路を構成することができる． ハ．Δ 結線の場合各変圧器のタップ電圧を等しくする必要がある． ニ．無負荷状態でも二次側巻線に 1〔A〕程度の循環電流が流れることがある．

[練習問題 3]

図は，高圧受電設備の単線結線図である．この図の矢印で示す10箇所に関する各問いには，4通りの答え（イ，ロ，ハ，ニ）が書いてある．それぞれの問いに対して，答えを1つ選びなさい．

〔注〕1. 図は，JIS C 0617 および JIS C 1082-1999 に準拠して示してある．

2. 図において，問いに直接関係のない部分は省略又は簡略化してある．

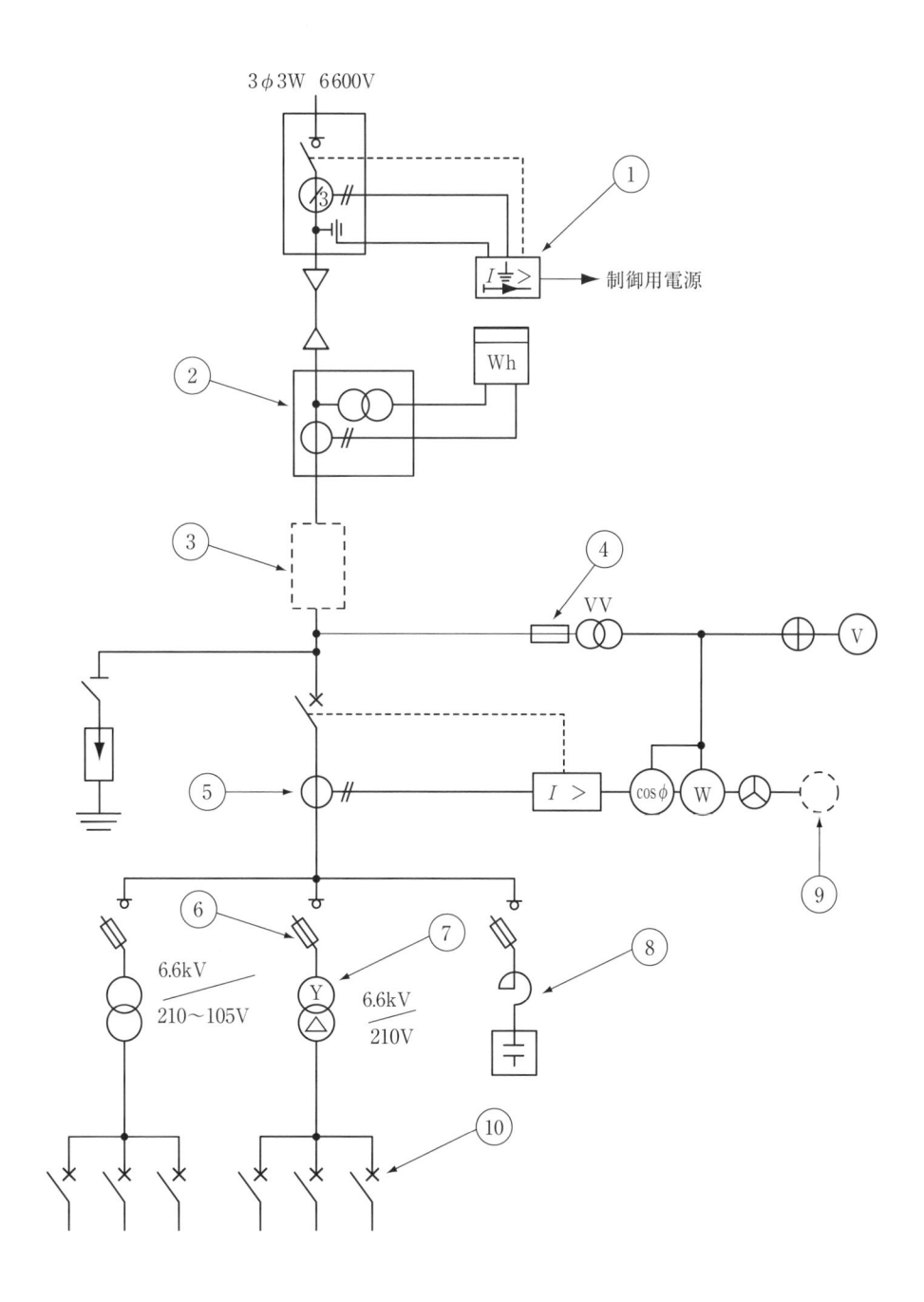

	問 い	答 え
1	①の部分に使用する機器の名称は.	イ．短絡方向継電器　ロ．地絡過電流継電器　ハ．差動継電器　ニ．地絡方向継電器
2	②で示す機器の名称は.	イ．計器用変圧器　ロ．電力需給用計器用変成器　ハ．変流器　ニ．零相変流器
3	③の部分に設置する断路器の図記号は.	イ．　ロ．　ハ．　ニ．
4	④で示す器具の総個数は．ただし，この器具は計器用変圧器に取り付けられているものとする．	イ．2　ロ．3　ハ．4　ニ．6
5	⑤で示す機器の役割は.	イ．高電圧を低電圧に変成する．ロ．電路に侵入した過電圧を抑制する．ハ．高圧電路の電流を変成する．ニ．電路の異常を警報する．
6	⑥で示す機器の名称は.	イ．ヒューズ付断路器　ロ．ヒューズ付高圧交流負荷開閉器　ハ．高圧交流気中遮断器　ニ．リンク機構付断路器
7	⑦の部分の変圧器の複線図は.	イ．　ロ．　ハ．　ニ．
8	⑧で示す機器の名称は.	イ．引外しコイル　ロ．限流ヒューズ　ハ．進相コンデンサ　ニ．直列リアクトル
9	⑨の部分に設置する機器の図記号は.	イ．Ⓥ　ロ．Ⓐ　ハ．㎐　ニ．cosφ
10	⑩の部分に設置する機器として，一般的に使用するものは.	イ．MCCB　ロ．VCB　ハ．GCB　ニ．OCB

制御回路図

12

制御回路図の基本
シーケンス制御の基本

制御回路の基本　　　制御回路図　1

Q 1　制御とはどんなことか．
2　シーケンス制御とはどのようなものか．

スタディポイント　制御とは

　オフィスビルや生産工場などには，生産設備の自動化や住環境の快適化を実現するために，さまざまな制御技術が用いられている．オフィスビルにおけるエレベータやエスカレータ，空調設備，工場における生産設備などは自動運転が行われており，これらは制御回路なくしてはありえない．制御とは，ある目的に適合するように，制御対象に所要の操作を加えることをいう．

スタディポイント　シーケンス制御とは

　シーケンス制御とはJIS用語で次のように定義している．「あらかじめ定められた順序に従って制御の各段階を逐次進めていく制御」すなわち，次の段階で行うべき制御動作があらかじめ定められていて，前の段階の制御動作を完了したのちに次の制御動作に移行する．機械や設備にあらかじめ動作順序を覚えさせておくと，始動スイッチをオンさせるだけで制御装置が自動的に仕事を完了するような制御方式がシーケンス制御である．

シーケンス制御の基本

制御回路図　2

Q 1　機器・図記号にはどんなものがあるか．
2　基本回路の種類は．

スタディポイント　機器と図記号

シーケンス制御に用いられる機器と図記号を次に表す．

名　称	用　途	図　記　号		
電磁接触器 （MC）	コイルに電圧を加えると電磁力により接点が閉じる．電力の開閉に用いる．（大電流の開閉）	a接点	b接点	コイル
電磁継電器 （R）	電磁接触器と同じ動作をする．制御回路に用いる．（小電流の開閉）	a接点	b接点	コイル
熱動継電器 （THR）	過電流による発熱を利用して引外し機構を動作させ，接点の開閉をする．（過電流保護用）サーマルリレーともいう．	a接点	b接点	検出部
限時継電器（TLR） 限時動作瞬時 復帰接点	駆動部に電圧を加えると設定時間後に接点が開閉する．電圧を切ると瞬時に元の状態に復帰．タイマともいう．	a接点	b接点	駆動部
限時継電器（TLR） 瞬時動作限時 復帰接点	駆動部に電圧を加えると瞬時に接点が開閉する．電圧を切ると設定時間後に元の状態に復帰．	a接点	b接点	駆動部
リミットスイッチ （LS）	位置検出に用いられるマイクロスイッチで堅ろうなケースに収めたもの．	a接点	b接点	
押ボタンスイッチ （BS）	ボタンを押しているときだけ，接点が開または閉する．手を離すと復帰する．（手動操作自動復帰）	a接点	b接点	

名　称	用　途	図　記　号
切換スイッチ （COS）	ひねり操作で接点をオン，オフさせる．手動，自動運転の切換操作に使用する．	
表示灯 （SL）	運転，停止状態を表示するパイロットランプである．	
ヒューズ （F）	配線や機器の短絡および過負荷保護に用いる．	
ナイフスイッチ （KS）	制御機器や電路の開閉に用いる．	
配線用遮断器 （MCCB）	制御機器や電路の短絡および過負荷保護に用いる．	
電動機	各種設備や機械の動力源に用いる．	三相誘導電動機

スタディポイント　シーケンス制御の基本回路の種類

（1）シーケンスの基本回路

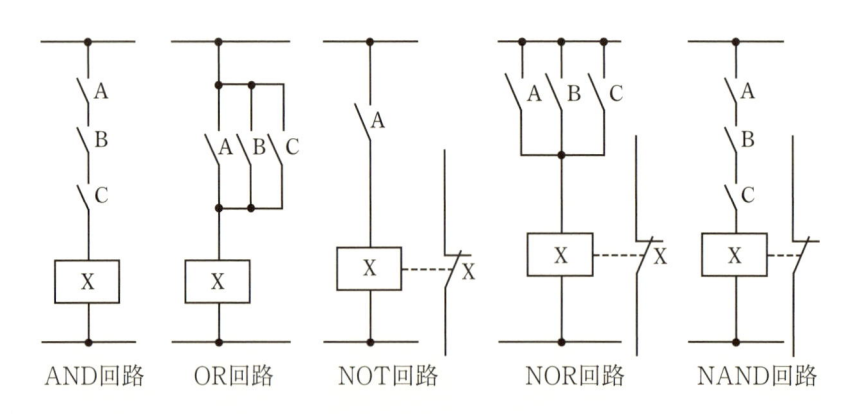

　　　AND回路　　OR回路　　NOT回路　　NOR回路　　NAND回路

① AND 回路；接点（A，B，C）を直列に接続した回路で，すべての接点が閉じたときのみ導通状態になる回路をいう．（直列条件回路）

② OR 回路；接点（A，B，C）を並列に接続した回路で，異なる接点のうち一つでも閉じれば導通状態になる回路をいう．（並列条件回路）

③ NOT 回路；一方の A 接点が閉じると，もう一方の B 接点が開く，また A 接点が開くと B 接点が閉じるような回路をいう．（否定回路）
④ NOR 回路；NOT 回路と OR 回路を組合せた回路をいう．
⑤ NAND 回路；NOT 回路と AND 回路を組合せた回路をいう．

（2）自己保持回路

　押ボタンスイッチ（ON − BS）を押すとリレーのコイル $\boxed{X}$ が励磁され，X の a 接点が閉じ，押ボタンスイッチを離してもこの状態（自己保持）が保たれる．解除するには押ボタンスイッチ（OFF − BS）を押せばよい．

　制御装置においては自己保持回路が多く使われている．

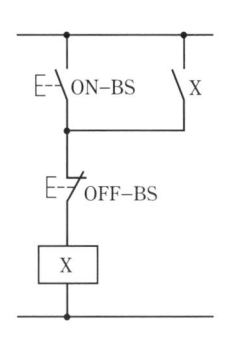

（3）インターロック回路

　押ボタンスイッチ（BS_1）を押すと，MC_1 のコイル $\boxed{MC_1}$ が励磁され，MC_1 の a 接点により自己保持される．これと同時に MC_1 の b 接点が開く．この状態で押ボタンスイッチ（BS_2）を押しても MC_2 は動作することができない．MC_2 を動作させるには OFF − BS を押して復帰させなければならない．

（4）限時回路

　押ボタンスイッチ（ON − BS）を押すと MC のコイル $\boxed{MC}$ が励磁され，MC の a 接点により自己保持される．これと同時にタイマ $\boxed{TLR}$ にも電圧が加わる．タイマの設定時間後に TLR の a 接点が閉じパイロットランプ（SL）が点灯する．復帰させるには押ボタンスイッチ（OFF − BS）を押せばよい．

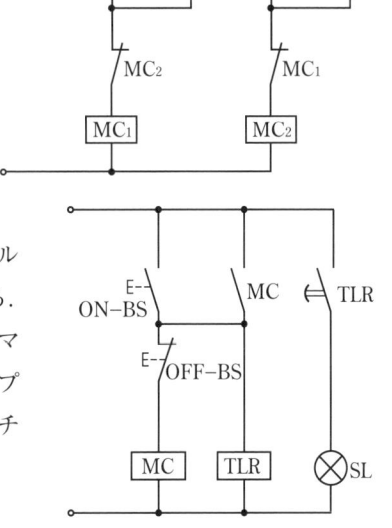

[練習問題　1]

　図は，1台の三相誘導電動機を，現場，遠方2箇所から運転，停止をする制御回路図である．この図の矢印で示す5箇所に関する各問いには，4つの答（イ，ロ，ハ，ニ）が書いてある．このうちから正しいものを1つ選びなさい．

（注）1．図は，JIS C 0617 および JIS C 1082-1999 に準拠して示してある．
　　　2．図において，問いに直接関係ない部分等は省略または簡略化してある．

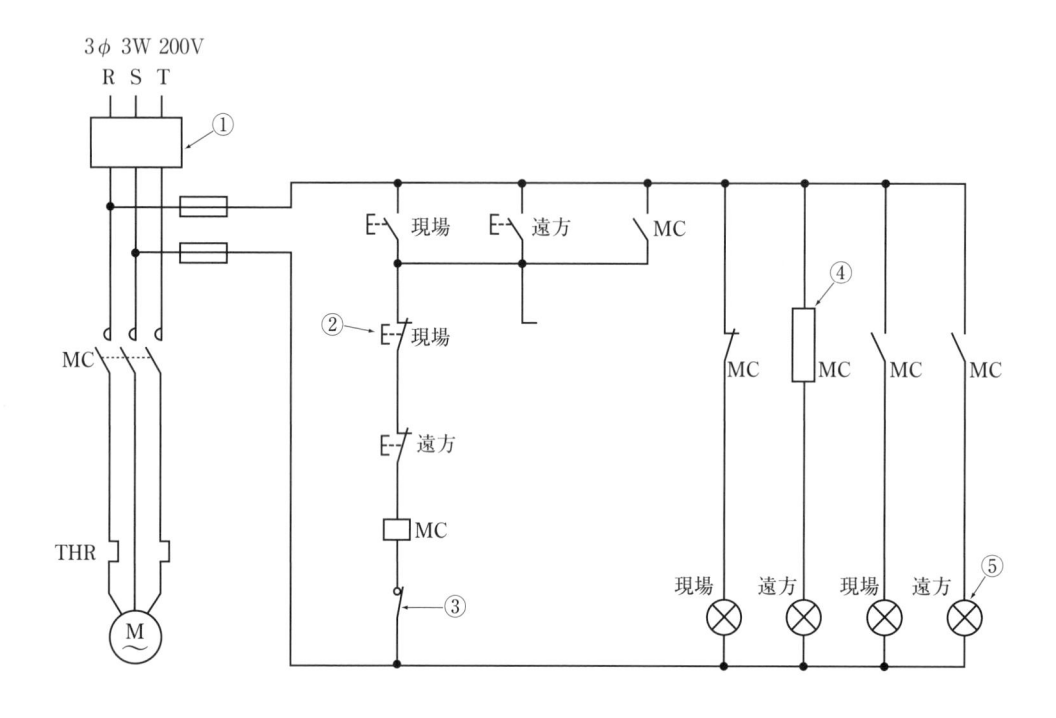

	問 い	答 え
1	①の部分に設置する機器のJISに定める図記号は.	イ． ロ． ハ． ニ．
2	②で示す接点の動作として正しいものは.	イ．押すと閉じ，引くと開く． ロ．押すと開き，引くと閉じる． ハ．押したときだけ閉じる． ニ．押したときだけ開く．
3	③の接点の働きは.	イ．電源が停電時警報を発する． ロ．電動機が過負荷時，警報を発する． ハ．電動機が過負荷時，電動機を停止する． ニ．電動機が軽負荷時，電動機を停止する．
4	④の部分に必要とする接点の図記号は.	イ． ロ． ハ． ニ．
5	⑤の表示ランプの色は.	イ．透明色　　ロ．緑色 ハ．白色　　　ニ．赤色

[練習問題　2]

図は，三相誘導電動機の相回転を逆にすることによって，電動機の回転を逆転させる可逆形電磁開閉器の回路図である．この図の矢印で示す6箇所に関する各問いには，4つの答（イ，ロ，ハ，ニ）が書いてある．このうちから正しいものを1つ選びなさい．

（注）1. 図は，JIS C 0617 および JIS C 1082-1999 に準拠して示してある．
　　　2. 図において，問いに直接関係ない部分等は省略または簡略化してある．

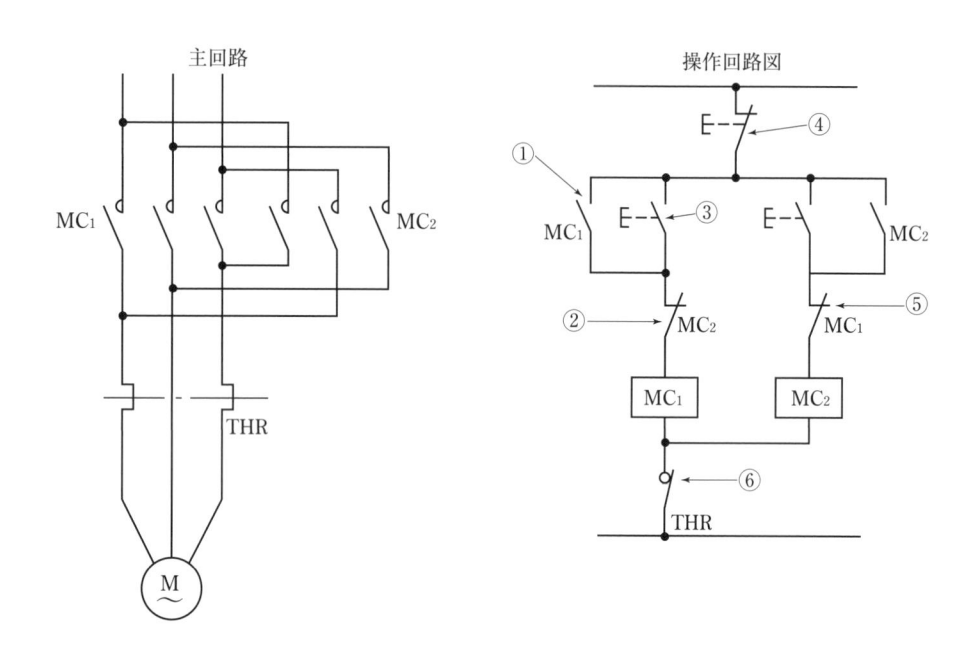

	問　　い	答　　え
1	MC₁ の励磁を自己保持させる接点の番号は．	イ．②　　ロ．①　　ハ．④　　ニ．⑥
2	②と⑤の接点の役目は．	イ．インタロック　　ロ．自動復帰 ハ．始動　　ニ．限時動作
3	③の接点の名称は．	イ．手動操作自動復帰b接点　　ロ．手動操作自動復帰a接点 ハ．限時動作b接点　　ニ．限時動作a接点
4	⑥の接点の役目は．	イ．自己保持により電動機の回転を保持する ロ．自己保持により電動機の回転を停止する ハ．電動機の回転数を検出し，自動調整する ニ．電動機の過負荷を検出し，電動機を停止させる
5	④の接点の名称は．	イ．手動操作自動復帰b接点　　ロ．手動操作自動復帰a接点 ハ．手動操作自動復帰c接点　　ニ．限時動作b接点

[練習問題 3]

図は，ある機械のシーケンス図である．この図に関する各問いには，4つの答え（イ，ロ，ハ，ニ）が書いてある．それぞれの問いに対して，答えを1つ選びなさい．

（注）1. 図は，JIS C 0617 および JIS C 1082-1999 に準拠して示してある．
　　　2. 図において，問いに直接関係ない部分等は省略または簡略化してある．

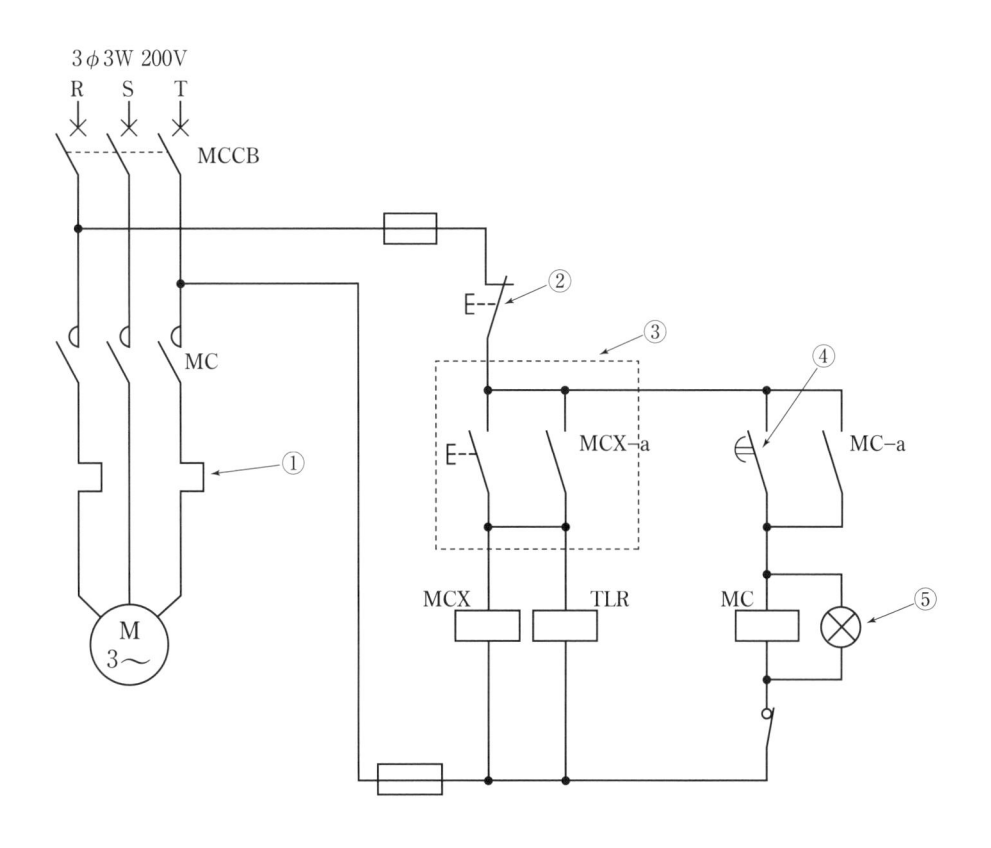

問い	答え	
1	①の機器の名称は．	イ．熱動過電流継電器　ロ．放電抵抗　ハ．電磁接触器　ニ．限時継電器
2	②の接点の名称は．	イ．押しボタンスイッチb接点　ロ．押しボタンスイッチa接点　ハ．リミットスイッチb接点　ニ．リミットスイッチa接点
3	③の回路の名称は．	イ．インタロック回路　ロ．自己保持回路　ハ．遅延回路　ニ．保護回路
4	④の接点の名称は．	イ．引きボタンスイッチa接点　ロ．引きボタンスイッチb接点　ハ．限時動作接点a接点　ニ．限時動作接点b接点
5	⑤の名称は．	イ．運転表示用ランプ　ロ．停止表示用ランプ　ハ．非常停止表示用ランプ　ニ．電磁コイル

[練習問題　4]

図は，低圧三相誘導電動機の Y-△始動回路図である．この図に関する各問いには，4 通りの答え（イ，ロ，ハ，ニ）が書いてある．それぞれの問いに対して，答えを 1 つ選びなさい．

（注）1. 図は JIS C 0617 および JIS C 1082-1999 に準拠して示してある．
　　　2. 図において，問いに直接関係のない部分等は省略または簡略化してある．

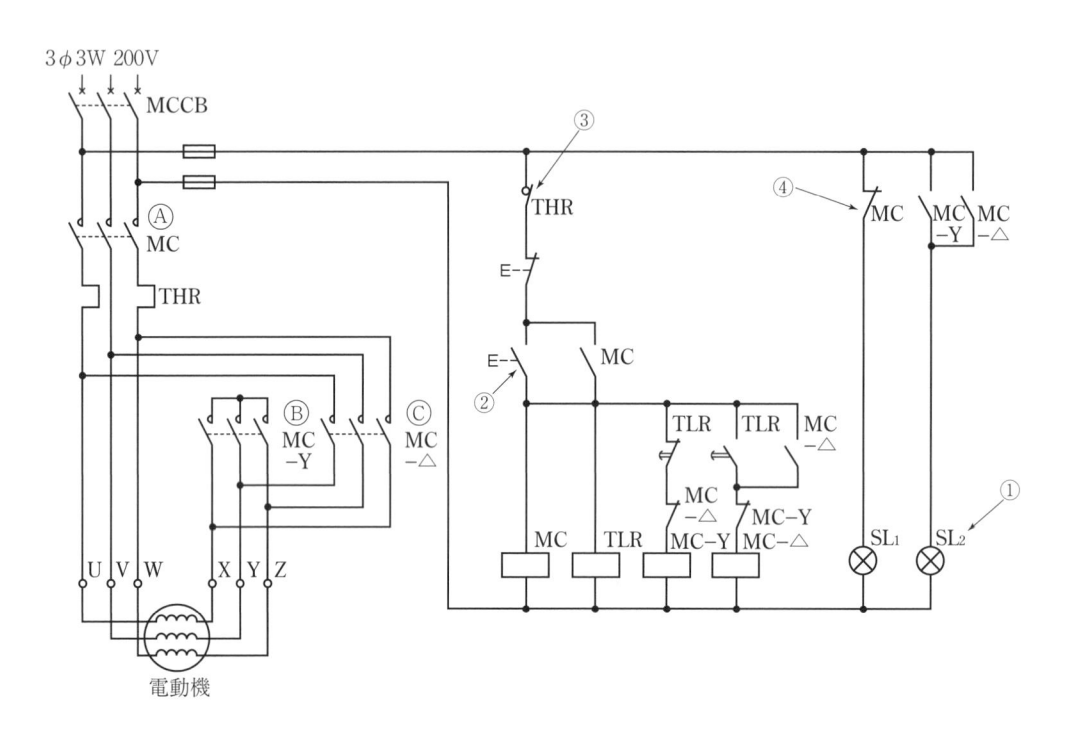

	問　い	答　え	
1	電動機が始動完了後の定格運転時に動作している電磁接触器は．	イ．Ⓐ，Ⓑ ハ．Ⓐ，Ⓒ	ロ．Ⓑ，Ⓒ ニ．Ⓐ，Ⓑ，Ⓒ
2	①で示す SL₂ の点灯が示す状態は．	イ．停止中 ハ．△で運転中	ロ．Y で始動中 ニ．Y で始動中と△で運転中
3	②で示す機器の接点の名称として正しいものは．	イ．手動操作自動復帰接点 ハ．手動復帰接点	ロ．手動操作残留接点 ニ．機械的接点
4	③の接点が開くときの現象として正しいものは．	イ．電動機が始動中 ロ．電動機が Y 運転から△運転に切替るとき ハ．定格負荷で運転中 ニ．電動機が過負荷になったとき	
5	④の回路の名称として正しいものは．	イ．NAND 回路 ハ．NOR 回路	ロ．OR 回路 ニ．NOT 回路

施工方法等 鑑別

13

引込線から各種電線路
受変電設備
ケーブルの端末処理
鑑別名称と用途

引込線から各種電線路　施工方法等　1

Q 1　構内第1柱はこう施設する．
　　2　構内第1柱から高圧受電設備まではこう施設する．

── スタディポイント　*構内第1柱* ──────────────

高圧耐張がいし	・高圧架空電線路の電線端末を，電柱の腕金に引き留める場合
高圧ピンがいし	・高圧架空電線路の電線を，がいしの頂部で電線を固定する場合
	・耐塩形は，耐塩皿等を設け絶縁面距離を大きくして，汚損しにくくしている．
	・高圧用がいしには，がいしの一部全周に赤色の表示がある．
構内第1柱（電柱）	・鉄筋コンクリート柱・鋼管柱・鋼板組立柱で，全長16m以下であり，かつ，設計荷重が6.87〔kN〕以下のもの又は木柱を次により施設する．
根入れ深さ	・全長が15m以下の場合は，根入れを全長の1/6以上とすること．
（電技解釈第59条）	・全長が15mを超える場合は，根入れを2.5m以上とすること．
支線	・（電技解釈第61条）
安全率	・支線の安全率は，2.5以上であること．{（電技解釈第62条）木柱等は，1.5以上}
より線の素線数	・素線3条以上をより合わせたものであること．
	・素線の直径は，2.0mm以上の金属線を用いること．
支線棒	・地中の部分及び地表上30cmまでの地際部分には，亜鉛めっきを施した鉄棒を使用し，（又は耐食性のあるもの）腐食しがたい根かせに堅ろうに取り付けること．
がいしの挿入	・支線と電線が接触するおそれがあるものには，その上部にがいしを挿入すること．（玉がいしの取付け）
区分開閉器	・地絡継電装置付き高圧交流負荷開閉器（G付PAS）が，一般に使用されている．
	・高圧交流負荷開閉器を使用すること．気中開閉器・真空開閉器・ガス開閉器
	・絶縁油を使用したものでないこと．
（電技解釈第37条）	・高圧の電路に施設する避雷器（LA）には，A種接地工事を施設すること．
	・高圧受電設備規程（160-2）は，避雷器の接地線最小太さ14mm²以上を用いること．
防護管	
地中ケーブルの場合	・地下0.2m以上から地表上2m以上の部分を鋼管等で防護すること．

（電技解釈第123条）	高圧受電設備規程（120-3）による． ・金属体には，D種接地工事を施すこと．（防食措置・管路式の管路の部分は除く）
接地線の場合 （電技解釈第17条）	・地下75cm以上から地表上2m以上の部分を合成樹脂管などで覆うこと．
足場金具 （電技解釈第53条）	・昇降に使用する足場金具等を地表上1.8m未満に施設しないこと．

スタディポイント　構内第1柱から高圧受電設備まで

高圧地中電線路	（電技解釈第120条）
主な高圧ケーブル	・CVケーブル　架橋ポリエチレン絶縁ビニルシースケーブル ・CVTケーブル　トリプレックス形架橋ポリエチレン絶縁ビニルシースケーブル 　　トリプレックス形は，単心CVケーブル3本をより合わせたケーブル ・CEケーブル　架橋ポリエチレン絶縁ポリエチレンシースケーブル
埋設方法	
管路式	・管には車両その他の重量物の圧力に耐えるものを使用すること． 防食処理した厚鋼電線管・ポリエチレン被覆鋼管・合成樹脂管・陶管等（薄鋼電線管，ねじなし電線管は使用できない．）
直接埋設式	・地中電線は車両その他重量物の圧力を受けるおそれがある場所においては1.2m以上，その他の場所においては60cm以上の埋設深さで施設すること． ・ケーブルは，トラフなどに収めて施設すること．
埋設表示	・需要場所に施設する場合は，〔電圧〕をおおむね2mの間隔で表示すること． ケーブル標識シートの使用等 ・需要場所以外に施設する場合は，〔物件の名称〕〔管理者名〕〔電圧〕を表示すること． ・地中引込線の長さが15m以下のものは省略できる．
防護管（屋内側）	
接地工事 （電技解釈第111条）	・ケーブルを収める防護管の金属製部分は，A種接地工事とすること．ただし，接触防護措置を施す場合は，D種接地工事とすること．
高圧架空電線路	・道路を横断する場合は，地表上6m以上
架空電線の高さ	・道路以外の場合は，地表上5m以上（ケーブルは3.5m以上）
（電技解釈第68条）	・電線の下方に危険である旨の表示をする場合は，地表上3.5m以上

ケーブルのちょう架 （電技解釈第67条）	・ケーブルは，ちょう架用線にハンガーを使用してちょう架し，ハンガーの間隔は50cm以下として施設すること． ・ちょう架用線は，断面積22mm^{2}の亜鉛めっき鉄より線を使用すること． ・ちょう架用線には，D種接地工事を施すこと．
高圧架空電線と建造物との接近 （電技解釈第71条）	（下表参照）

建造物の造営材の区分		高圧絶縁電線の離隔距離	ケーブルの離隔距離
上部造営材	上方	2m以上	1m以上
	側方 下方	1.2m以上 (0.8m以上)	0.4m以上
その他の造営材			

＊（　）内は，人が建造物の外へ手を伸ばす又は身を乗り出すことなどができない場合

架空弱電流電線との接近又は交さ （電技解釈第76条）	（下表参照）

建造物の造営材の区分		高圧絶縁電線の離隔距離	ケーブルの離隔距離
架空弱電流電線	接近交さ	0.8m以上	0.4m以上

植物との離隔距離 （電技解釈第79条）	・常時吹いている風等により，植物に接触しないように施設すること．
高圧屋側電線路 （電技解釈第111条）	・ケーブルを造営材の側面又は下面に沿って取り付ける場合は，ケーブルの支持点間の距離を2m以下，垂直に取り付ける場合は6mとし，被覆を損傷しないように取り付けること．
高圧屋上電線路 （電技解釈第114条）	・ケーブルを展開した場所において，第67条架空ケーブルによる規定に準じて施設するほか，造営材に堅ろうに取り付けた支持柱又は支持台に支持し，造営材との離隔距離を1.2m以上として施設する場合． ・ケーブルを造営材に堅ろうに取り付けた管又はトラフに収め，取扱者以外のものが容易に開けることができないような構造にし，高圧屋側電線路の規程に準じて施設する場合．
低高圧架空電線路の併架 （電技解釈第80条）	・低圧架空電線路と高圧架空電線路との離隔距離は，50cm以上であること． ・高圧架空電線路にケーブルを使用した場合は，離隔距離は30cm以上にできる．
高圧架空電線路と架空弱電流電線等の共架 （電技解釈第81条）	・高圧架空電線と架空弱電流電線等との離隔距離は，1.5m以上であること． ・架空弱電流電線等の管理者の承諾を得た場合の離隔距離は，1m以上にできる．

[練習問題　1]

　図は，高圧配電線路から，自家用需要家構内柱を経由して屋外キュービクル式高圧受電設備（JIS C 4620 適合品）に至る電線路及び受電設備の見取図である．この図に関する各問いには，4通りの答え（イ，ロ，ハ，ニ）が書いてある．それぞれの問いに対して，答えを1つ選びなさい．

〔注〕1. 構内柱は全長 15〔m〕で，設計荷重 6.87〔kN〕以下の鉄筋コンクリート柱である．

　　　2. 図において，問いに直接関係のない部分等は，省略又は簡略化してある．

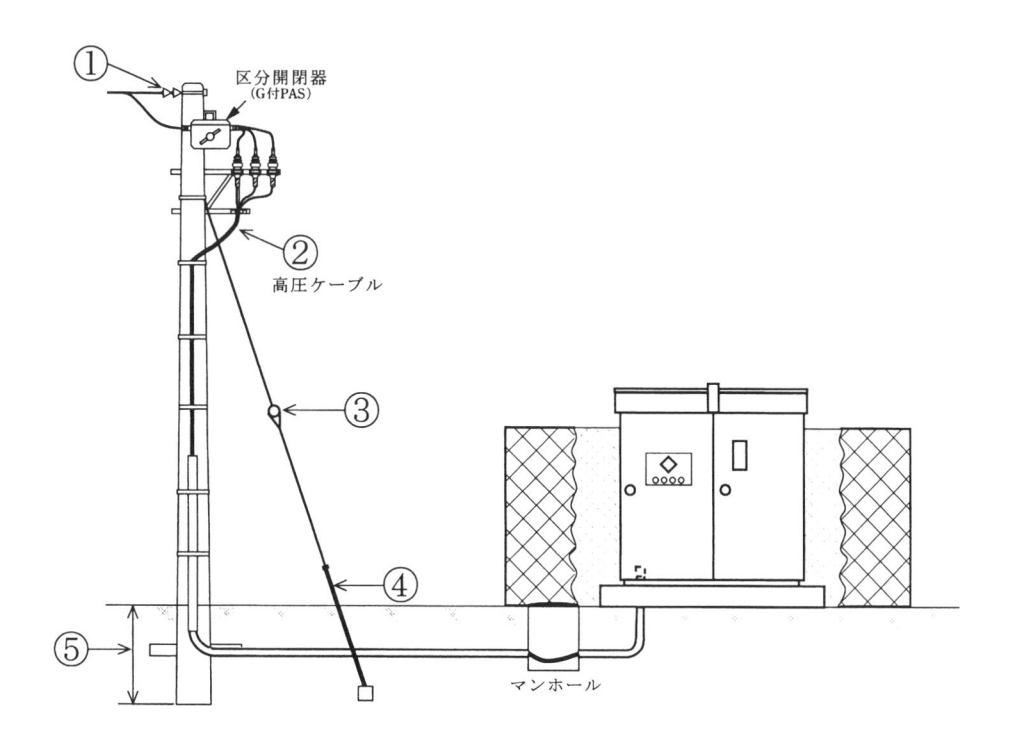

	問　い	答　え
1	①で示す高圧架空引込線を腕金に引き留める際に使用するがいしは．	イ．高圧ピンがいし　　ロ．高圧中実クランプがいし ハ．高圧耐張がいし　　ニ．高圧ポストがいし
2	②で示す高圧ケーブルとして，使用されるものは．	イ．ビニル絶縁ビニルシースケーブル ロ．架橋ポリエチレン絶縁ビニルシースケーブル ハ．ポリエチレン絶縁ビニルシースケーブル ニ．ポリエチレン絶縁ポリエチレンシースケーブル
3	③で示す玉がいしの使用目的は．	イ．支線の目印に使用する． ロ．支線の振動を防止する． ハ．支線の長さを調整する． ニ．支線からの感電事故を防止する．
4	④で示す亜鉛めっきを施した鉄棒の地表上部分の最小値〔m〕は．	イ．0.3　　ロ．0.5　　ハ．1.0　　ニ．1.5
5	⑤で示す根入れの最小値は，コンクリート柱（長さ15〔m〕）の全長の何分の1か．	イ．5分の1　　ロ．6分の1　　ハ．7分の1　　ニ．8分の1

[練習問題 2]

図は，ある自家用電気工作物（500〔kW〕未満）の引込柱から高圧屋内受電設備に至る施設の見取図及び電気室略図である．この図に関する各問いには，4通りの答え（イ，ロ，ハ，ニ）が書いてある．それぞれの問いに対して，答えを1つ選びなさい．

〔注〕1. 図は，JIS C 0617 に準拠して示してある．
　　 2. 図において，問いに直接関係のない部分等は省略又は簡略化してある．

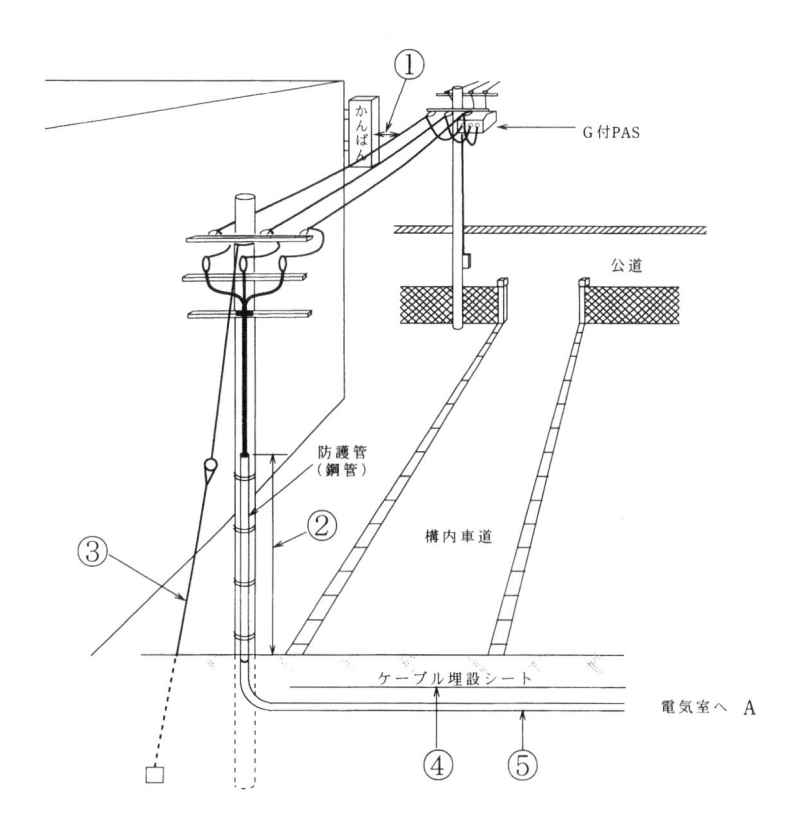

- 235 -

	問 い	答 え
1	①の高圧架空電線（高圧絶縁電線）と看板との最小離隔距離〔m〕は.	イ．0.4　　ロ．0.8　　ハ．1.2　　ニ．1.5
2	②に示すケーブル防護管の地表上の最小高さ〔m〕は.	イ．1.8　　ロ．2.0　　ハ．2.5　　ニ．3.0
3	③に示す支線（より線）に用いられる素線の最少条数は.	イ．2　　ロ．3　　ハ．4　　ニ．5
4	④に示す長さが15〔m〕を超える構内地中電線路のケーブル埋設シートにおおむね2〔m〕の間隔で施さなければならない表示事項は.	イ．物件の名称　　　ロ．施工者名 ハ．電圧　　　　　　ニ．ケーブルの種類
5	⑤で示す構内地中電線路を管路式として施工する場合に使用できない管路材は.	イ．硬質ビニル電線管 ロ．防食処理を施した薄鋼電線管 ハ．ポリエチレン被覆鋼管 ニ．遠心力鉄筋コンクリート管（ヒューム管）

受変電設備

施工方法等 2

Q 1 受電室はこう施設する．
2 電気室内の機器はこう施設する．

スタディポイント　受電室・機器などの施設

受電室 （電技解釈第38条）	・電気室の施設又は表示 ・取扱者以外の者が立ち入らないように施設すること． ・さく，へい等を設けること． ・出入口に立ち入りを禁止する旨を表示すること． ・出入口に施錠装置その他適当な装置を施設すること． ・堅ろうな壁を施設すること． ・キュービクルのJIS表示 【高圧危険】の注意標識板を前面扉に表示する．
零相変流器（ZCT）	・高圧の電路や機器で地絡事故が発生したとき地絡電流（零相電流）を検出する． 　k，l端子は零相電流検出端子　kt，lt端子は試験用端子 　地絡継電器の動作電流値試験等は，kt，lt端子に試験電流を流して実施する．
電力需給用計器用 変成器（VCT）	・高圧回路の電圧・電流を低電圧・小電流に変成し，電力量計を計量させる． 　組み合わせる計器は，電力量計になる． ・電力量計（Wh）と接続する電線本数（心線数）は，電圧回路3本・電流回路4本で本数は7本となる．ただし，試験では電流回路3本として，電線本数は6～7本としている．
断路器（DS）	・負荷電流が流れているときは開路できないように施設すること． ・横向きに取り付けないこと． ・接触子（刃受）を上部とすること． ・ブレード（断路刃）は，開路した場合充電しないよう負荷側に接続すること． ・開閉操作を行う箇所に負荷電流の有無を示す表示器又はタブレットなどを使用すること．（遮断器（CB）とインターロック付きもある） ・操作する場合はフック棒を使用すること．
零相基準入力装置 （ZPD）（零相蓄電器）	・地絡方向継電器（DGR）を動作させるための零相電圧を検出する．

計器用変圧器（VT）	・がいし形と油入形があり，油入形は高圧進相コンデンサと似ていますが，3本の一次側入力端子と2本の二次側出力端子がある． ・高圧回路の電圧を低電圧に変成し，電圧計・電力計などの計器に接続される．また，保護継電器の制御用電源・主遮断器の操作用として使用される． ・定格電圧　一次側 6.6kV 又は 3.3kV（高圧用）　二次側 110V ・定格負担（単位〔V·A〕）が定められており，定格負担以下で使用する． ・一次側（電源側）の限流ヒューズは，内部短絡事故などによる波及事故防止に用いる．限流ヒューズは，1台の計器用変圧器に2本取り付けられていて，2台の計器用変圧器をV結線で接続のため，限流ヒューズは4本必要になる．
（電技解釈第28条）	・二次側電路には，D種接地工事を施すこと．
遮断器（CB）	・高圧電線路，機器での過負荷・短絡・地絡などの事故時に保護継電器と組み合わせて自動的に電路の遮断を行う． ・高圧受電設備では，真空遮断器（VCB）が主流で，従来はタンク形油遮断器（OCB）が使用されていた．他に，ガス遮断器（GCB）・磁気遮断器（MBB）などがある． ・使用電圧 6.6kV の機器定格電圧は，7.2kV・定格電流 400A/600A・定格遮断電流 8kA/12.5kA 定格遮断時間 3〔サイクル〕/5〔サイクル〕がある．
（電技解釈第29条）	・外箱には，A種接地工事（接地抵抗値 10Ω 以下接地線の太さ 2.6mm 以上の軟銅線）を施すこと．
変流器（CT）	・高圧電路の電流を小電流に変成し，電流計・力率計などの計器に接続される．また，過電流継電器に接続され，継電器の整定値を超えた場合動作電流を遮断器のトリップコイルに流し遮断させる．（電流引き外し方式） ・定格電流　一次側 5・10…50・60・75・100・150…A　二次側 5A ・定格負担（単位〔V·A〕）が定められており，定格負担以下で使用する． ・二次側の端子を開放すると，変流器の磁気飽和による異常電圧が発生し変流器の絶縁破壊や焼損など危険な状態になるので，二次側は絶対に開放しないこと． ・二次側には，ヒューズを設置しないこと．（通電中は二次側電路を開放しないこと） ・通電中に電流計を取り替える場合，二次側電路を短絡してから実施すること．
（電技解釈第28条）	・二次側電路には，D種接地工事を施すこと．

高圧交流負荷開閉器 (LBS)	・限流ヒューズ付高圧交流負荷開閉器（PF付LBS） ・限流ヒューズ付では，短絡電流の遮断は限流ヒューズで行い負荷電流は開閉器で行います．定格状態での高圧電路の開閉を3極同時に操作します． ・ストライカ：限流ヒューズの溶断によりストライカ（溶断表示装置）の突出で開放機構を動作させ自動的に電路を開放します． ・受電設備方式 PF・S形　受電設備容量300〔kVA〕以下（屋内式・キュービクル等）に使用できる． ・相間及び側面には，絶縁（保護）バリヤが取り付けてあるものがある．絶縁バリヤの目的は，PFの取替作業の容易化ではない．（PFの取替作業は停電作業） ・開閉操作をする場合はフック棒を使用する．
高圧カットアウト（PC）	・箱形はふたを閉じた場合充電部の露出はなく電路は閉の状態になる． ・過負荷保護装置としてヒューズを用い，外部から溶断状況を判断できる． ・筒型（耐塩用）もある． ・変圧器一次側の開閉器として，変圧器容量300kVA以下に施設できる． ・高圧進相コンデンサの開閉装置として，定格設備容量50kvar以下に施設できる．定格設備容量50kvarは，コンデンサの定格容量53.2kvar（6％リアクトル付）となる． ・開閉操作には，高圧用ゴム手袋を着用し操作棒を用いて操作する．
変圧器（T）	・種類は相数から，単相変圧器・三相変圧器・動灯共用変圧器がある． ・一次側の開閉器として，遮断器（CB），高圧負荷開閉器（LBS）などの装置を設けること．高圧カットアウト（PC）は，変圧器容量300kVA以下に施設できる． ・高圧と低圧電路とを結合する変圧器の低圧側の中性点には，B種接地工事を施すこと．（変圧器高圧側電路の1線地絡電流による） ・接地線の電線被覆は，JIS（電線の識別）に規定する　緑／黄色を使用すること．やむを得ない場合は，緑色を使用することができる． ・接地抵抗値　150/1線地絡電流〔Ω〕以下　接地線の太さ2.6mm以上の軟銅線　接地線の太さは，変圧器の1相分の容量による．（内線規程・高圧受電設備規程） 高低圧電路の混触時における遮断装置の遮断時間 　　　1秒を超え2秒以内　接地抵抗値300/1線地絡電流〔Ω〕以下 　　　1秒以内　　　　　　接地抵抗値600/1線地絡電流〔Ω〕以下

・単相変圧器のV結線

三相3線式　3φ3W210V　　　三相3線式　3φ3W210V と
　　　　　　　　　　　　　　単相3線式　1φ3W210V/105V

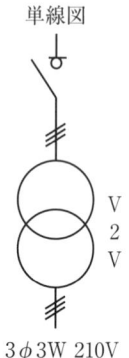

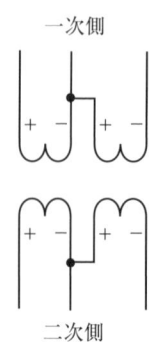

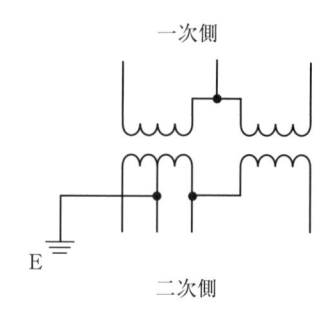

単線図

3φ3W 210V

直列リアクトル（SR）	・電路の電圧波形のひずみの軽減と，コンデンサ投入時の突入電流の抑制をするために用いる．
	・直列リアクトルの容量は，コンデンサの6％を標準としている．
高圧進相コンデンサ（SC）	・高圧電路に並列に接続し，設備の力率改善をする．高圧電路に接続されているため，高圧電路の遅れ無効電流を少なくする．
避雷器（LA）	・雷などによる異常な過電圧を放出し，機器等の絶縁を保護する．
	・定格電圧 8.4kV
	・保安上必要な場合，電路から切り離せるように断路器を施設すること．（規程・推奨）
	・A種接地工事　接地抵抗値10Ω以下　直径2.6mm以上の軟銅線　高圧受電設備規程（160-2）は，避雷器の接地線最小太さ14mm^2

[練習問題 3]

図は，ある自家用電気工作物構内（500〔kW〕未満）の受電設備から配電設備までの系統などを表した図である．この図に関する各問いには，4通りの答え（イ，ロ，ハ，ニ）が書いてある．それぞれの問いに対して，答えを1つ選びなさい．

〔注〕図において，問いに直接関係のない部分等は，省略又は簡略化してある．

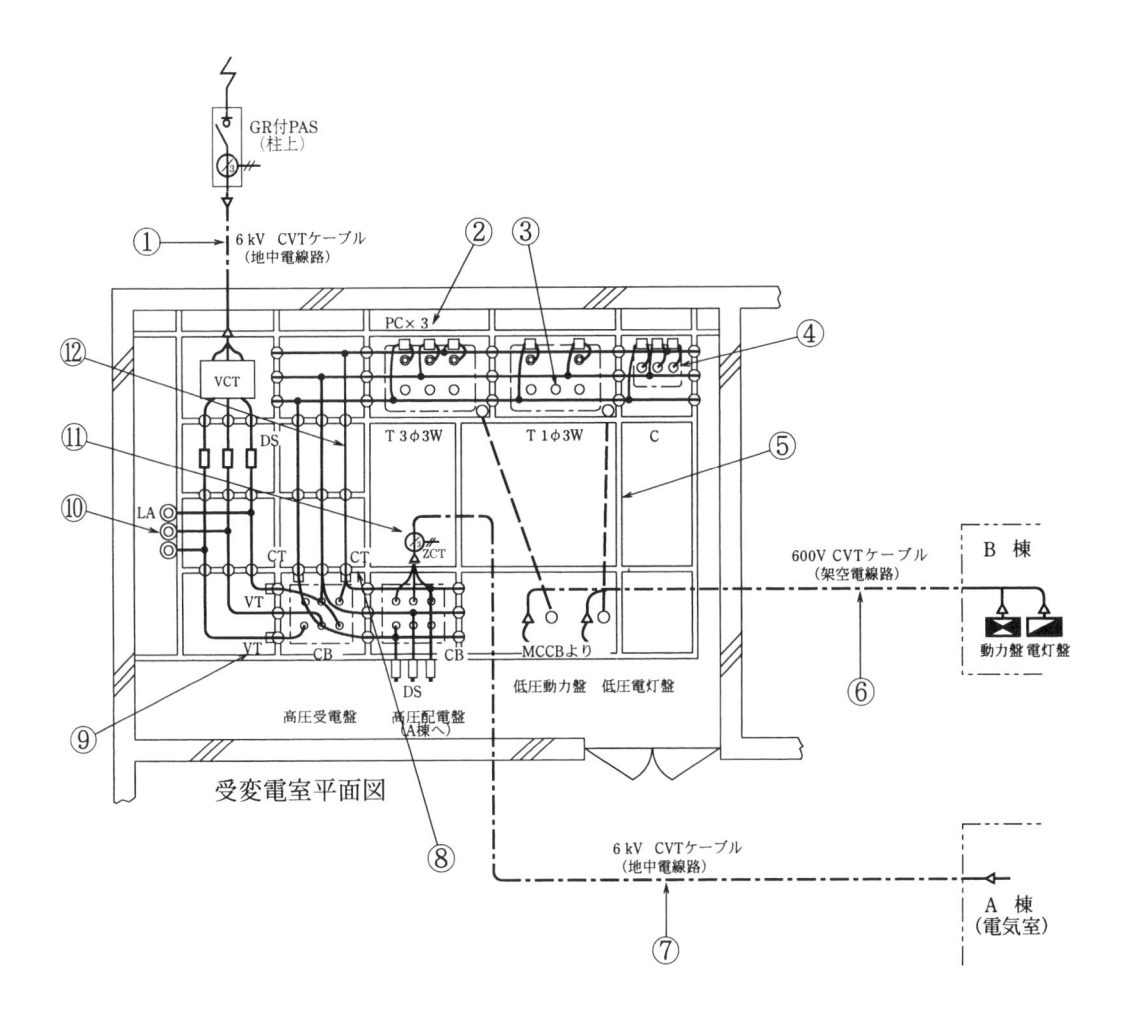

	問 い	答 え
1	①に示すケーブルの絶縁抵抗測定を行う際の注意事項として，不適切なものは．	イ．測定器は測定前に開放状態で指示値が∞，短絡状態で指示値が0を示すことを確認する． ロ．測定には定格測定電圧500〔V〕の絶縁抵抗計を使用する． ハ．測定開始直後は指針が不安定なので，一定時間（1分程度）経過後に指針が安定してから指示値を読む． ニ．測定後は，ケーブルの導体を接地し残留電荷を放電する．
2	②に示す三相変圧器を300〔kVA〕から500〔kVA〕に変更した場合，一般にこのPC×3は．	イ．PC×3（限流ヒューズ付）とする． ロ．PC×3（素通し）とする． ハ．LBSに取り替える． ニ．DS×3に取り替える．
3	③の端子部分に施す接地工事について，適切なものは．	イ．接地線に直径2.0〔mm〕のIV線を使用した． ロ．高圧電路の1線地絡電流が5〔A〕であったので，接地抵抗値を30〔Ω〕以下とした． ハ．避雷器の接地極と兼用し，接地抵抗値を80〔Ω〕とした． ニ．地絡電流が流れたとき，接地を切り離す装置を設けた．
4	④に示すコンデンサを設置する目的は．	イ．高圧電路の進み力率を小さくする． ロ．低圧電路の遅れ力率を改善し三相変圧器を有効に使用する． ハ．低圧電路の線路損失を少なくする． ニ．高圧電路の遅れ無効電流を少なくする．
5	⑤に示す開放形受変電室のフレームの組み立て等に関する記述として，不適切なものは．	イ．パイプフレームは直角クランプ等のクランプ類を使用して組み立てた． ロ．パイプフレームには電気用品取締法の適用を受ける金属製の電線管を使用しなければならない． ハ．VT，CT，PC等を取り付ける部分は形鋼を使用した． ニ．パイプフレームにはD種接地工事を施した．
6	⑥に示す低圧架空電線路の施設方法として，不適切なものは．	イ．ちょう架用線には14〔mm²〕の亜鉛めっき鉄より線を使用した． ロ．ちょう架用線にD種接地工事を施した． ハ．ケーブルはちょう架用線にハンガーを用いて50〔cm〕間隔で支持した． ニ．ケーブルは地表上6〔m〕以上の高さに施設した．
7	⑦に示す地中電線路の施設方法として，不適切なものは． ただし，重量物の圧力を受けるおそれのない場所に施設するものとする．	イ．電線路を管路式とし，舗装の下面から30〔cm〕の深さに埋設した． ロ．電線路を直接埋設式とし，地表面から50〔cm〕の深さ（土冠）に埋設した． ハ．管路材には防食処理を施した厚鋼電線管を使用した． ニ．地中電線路には電圧を記載した埋設表示を施した．

	問い	答え
8	⑧に示すCTに関する記述として，不適切なものは．	イ．CTの二次側電路にはD種接地工事を施す． ロ．CTの定格負担は，計器類の消費VAのほか電路の損失やトリップに必要な消費VAの総和以上のものを選定する． ハ．高圧受電設備に使用されるCTの定格二次電流は一般に5〔A〕である． ニ．CTの二次側には定格電流5〔A〕のヒューズを使用する．
9	⑨に示すVTに関する記述として，不適切なものは．	イ．VTは計器用変圧器を表す略記号である． ロ．VTには定格負担（単位〔VA〕）が定められており，定格負担以下で使用する必要がある． ハ．VTの一次側に使用するヒューズは十分な遮断容量のある高圧限流ヒューズを使用する． ニ．高圧電路に使用されるVTの定格二次電圧は210〔V〕である．
10	⑩に示す機器の機能に関する記述として，正しいものは．	イ．雷などによる異常な過電圧を放電し，機器等の絶縁を保護する． ロ．雷などによる異常な過電圧を検出し，電路を遮断する． ハ．短絡電流を検出し，電路を遮断する． ニ．短絡電流を大地へ流し，機器等を保護する．
11	⑪に示すZCTを貫通している地中電線の被覆金属体に施す接地工事の施設方法及び接地工事の種類として，適切なものは．	イ．接地線はZCTを貫通させずに，A種接地工事を施す． ロ．接地線はZCTを貫通させ，B種接地工事を施す． ハ．接地線はZCTを貫通させずに，C種接地工事を施す． ニ．接地線はZCTを貫通させ，D種接地工事を施す．
12	⑫に示す高圧母線の太さを決めるのに関係がないものは．	イ．負荷容量の大きさ　　ロ．短絡電流の大きさ ハ．地絡電流の大きさ　　ニ．遮断器の遮断時間

ケーブルの端末処理

施工方法等 3

Q 1 ケーブル端末にどんな種類があるか．
2 ケーブル終端接続部はこう処理する．

スタディポイント　ケーブル端末（ケーブル終端接続部）

ケーブル端末の種類

汚損区分	種　　類
一般地区 （屋内）	6 600V CVT/6 600V CV3 心ケーブル用 テープ巻形屋内終端接続部 ゴムストレスコーン形屋内終端接続部
軽汚損 中汚損	6 600V CVT/6 600V CV3 心ケーブル用 テープ巻形屋外終端接続部 ゴムストレスコーン形屋外終端接続部 ゴムとう管形屋外終端接続部
重汚損 超重汚損	6 600V CVT/6 600V CV3 心ケーブル用 耐塩害屋外終端接続部

ケーブルの端末処理

- ケーブルの端末処理を施工する作業者は，使用するケーブル，端末処理材料及び端末処理の技術について十分な知識と経験を有するものであること．

＊高圧ケーブル工事技術認定制度がある地区もある．

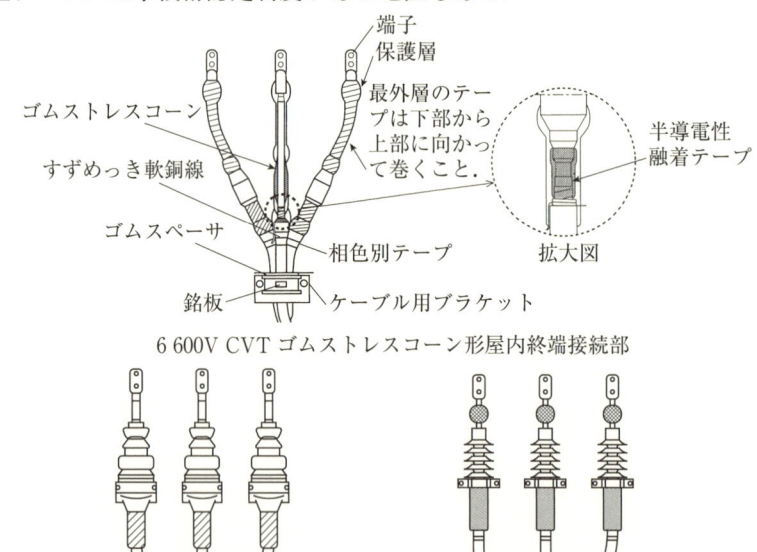

6 600V CVT ゴムストレスコーン形屋内終端接続部

耐塩害屋外終端接続部 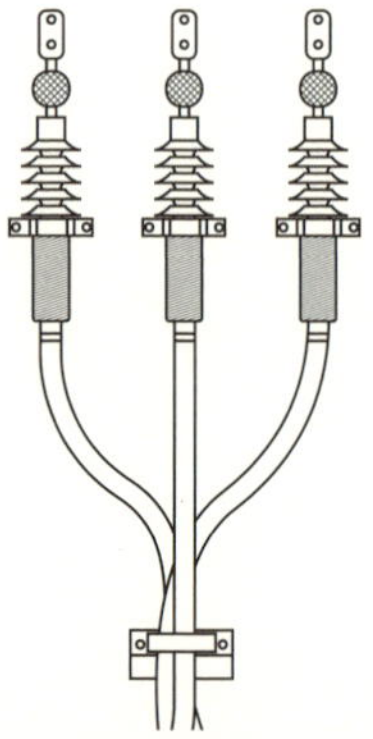　　ゴムとう管形屋外終端接続部

-244-

- ケーブル終端接続部の標準作業手順については，日本電力ケーブル接続技術協会規格の手順書を参考のこと．JCAA規格手順書番号　F4102，F3103 他

ZCTとケーブルシールドの接地方法
- シールドの接地方法によっては，地絡事故を検出できないときがある．
  （ZCTにより地絡電流を検出して，地絡継電器の出力信号にてCBを遮断する．）
- 引込用ケーブルの場合（G付PASが施設されていない場合）

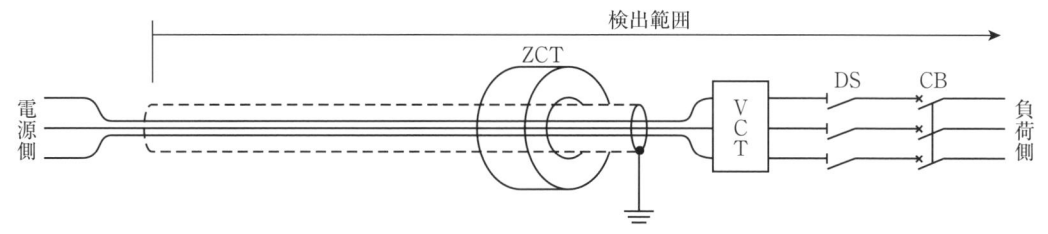

ZCTの負荷側で接地する場合（片端接地）

- 接地線を，ZCTにくぐらせて接地すると，地絡電流がZCTを往復するためケーブルの地絡事故が検出できなくなる．
- ケーブルに地絡事故が発生した場合，CBは遮断するが事故点は充電されているので保護範囲以外となる．保護するためには責任分岐点にG付PASが必要になる．
- 引出用ケーブルの場合

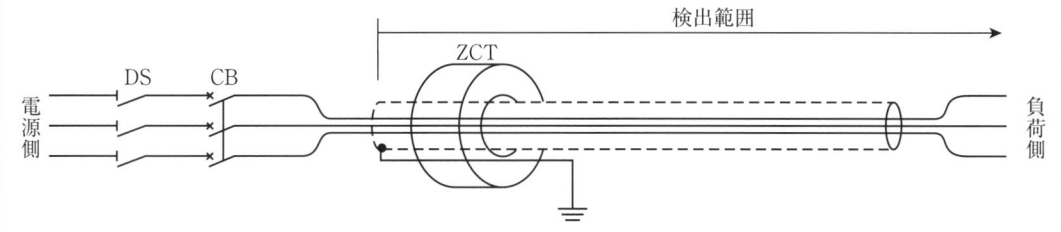

電源側にシールド接地を取り付け，ZCTをくぐらせて接地する場合（片端接地）

- 接地線を，直接接地（ZCTをくぐらせないで）すると，ケーブルの地絡事故が検出できなくなる．
- 金属遮へい層の接地．（電技解釈第168条）
  ケーブルの被覆に使用する金属体には，大地との間にA種接地工事を施すこと．また，接地線の最小太さは軟銅線を使用する場合直径2.6mm以上を使用すること．ただし，接触防護措置を施す場合はD種接地工事（直径1.6mm以上）でよい．

[練習問題 4]

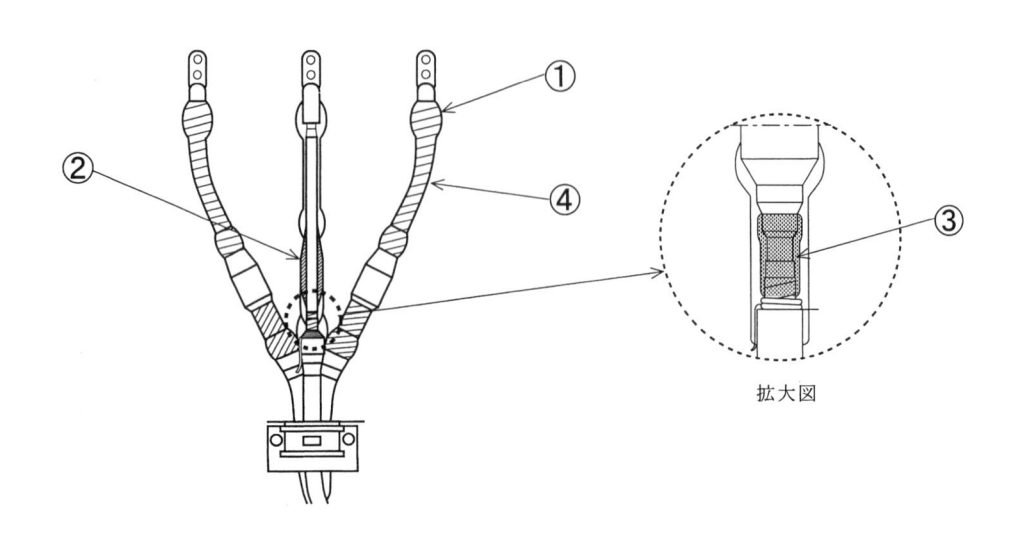

図は，6 600V CVT 38mm² ケーブルの端末処理を行った図である．この図に関する各問いには，4通りの答え（イ，ロ，ハ，ニ）が書いてある．それぞれの問いに対して，答えを1つ選びなさい．

〔注〕図において，問いに直接関係のない部分等は，省略又は簡略化してある．

拡大図

問 い	答 え
1	このケーブル端末の金属遮へい層に施す接地工事の種類と接地線（軟銅線）の最小太さの組合せとして，適切なものは．	イ．A種接地工事　直径2.6〔mm〕 ロ．A種接地工事　直径2.0〔mm〕 ハ．C種接地工事　直径1.6〔mm〕 ニ．C種接地工事　直径2.0〔mm〕
2	①の部分で，端子をケーブル導体に取り付ける場合，最適な接続工法は．	イ．ねじ込接続工法　　ロ．ねじ止め接続工法 ハ．はんだ付接続工法　ニ．圧着接続工法
3	②の部分の役割は．	イ．電気力線の集中緩和　ロ．絶縁性能の増強 ハ．機械的強度の増強　　ニ．地震に対する保護
4	③の部分に使用するテープの種類は．	イ．ゴムテープ　　　　ロ．半導電性融着テープ ハ．相色別テープ　　　ニ．粘着性ポリエチレン絶縁テープ
5	④の部分の最外層のテープの巻き方として，適切なものは．	イ．上部から下部に向かって巻く． ロ．下部から上部に向かって巻く． ハ．上部及び下部から中心に向かって巻く． ニ．中心部から下部又は上部に向かって巻く．

鑑別　名称と用途

Q 筆記試験の学習に必要な鑑別の名称と用途にはどんな種類があるか．

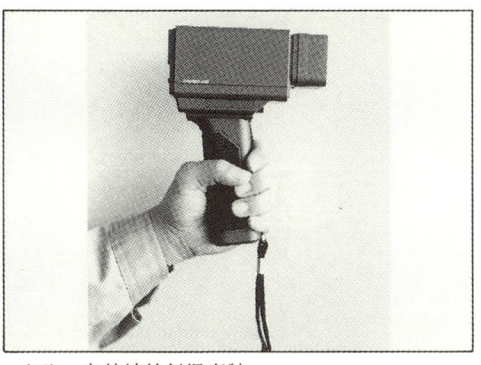

名称　赤外線放射温度計
用途　電気機器などの物体表面温度を非接触状態で測定する温度計である．

名称　静電電圧計
用途　高電圧の直流・交流を測定するのに使用される．

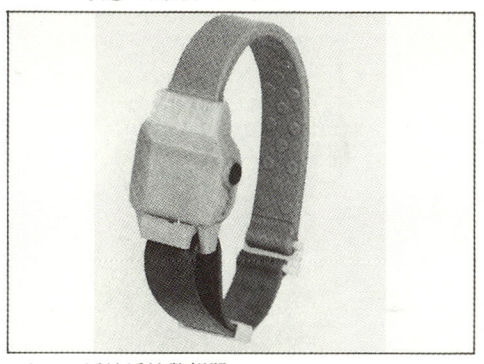

名称　活線近接警報器
用途　充電された電気設備に接近した場合に警報を発し，感電を防止するのに使用する．

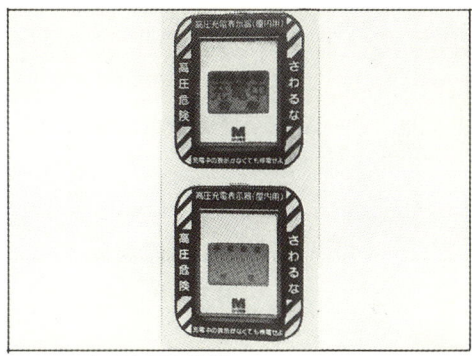

名称　高圧充電表示器
用途　高圧電路にとりつけ，その部分が充電されているか否かを確かめるために用いる．

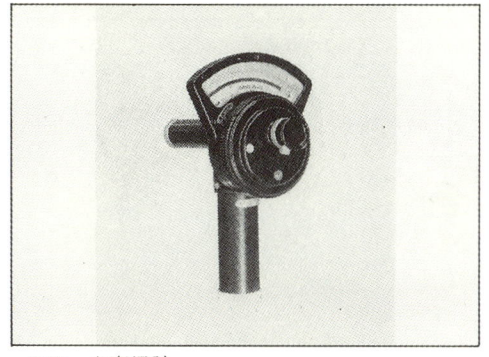

名称　光高温計
用途　主として1 000 ℃以上の金属溶解炉等の温度を非接触状態で測定する．

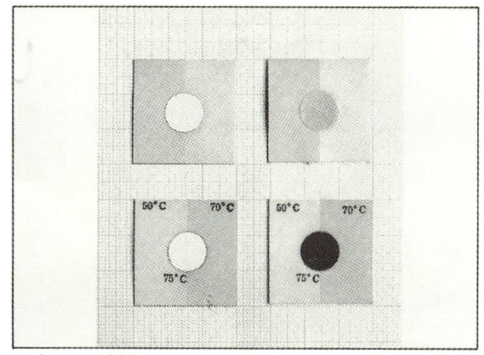

名称　示温ラベル・示温テープ（サーモラベル）
用途　物体表面温度の既略を知りたい場合に使用する．

示温テープの使用例

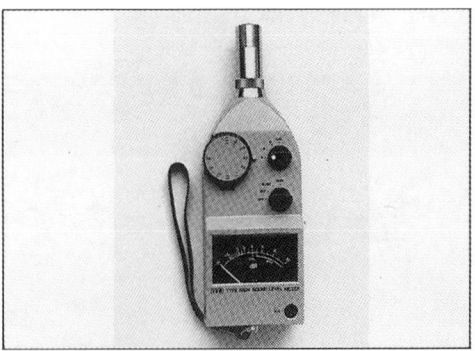

名称　騒音計
用途　騒音量を測定するのに用いる．

名称　タイムスイッチ
用途　所定の時刻に達した場合に，必要な開閉制御を行うための ON・OFF 信号を発生する．

名称　静止形高圧受電用過電流継電器
用途　変流器二次側の電流を入力し，電路を流れる電流が大きくなった場合作動ししゃ断器に引外し命令を与える

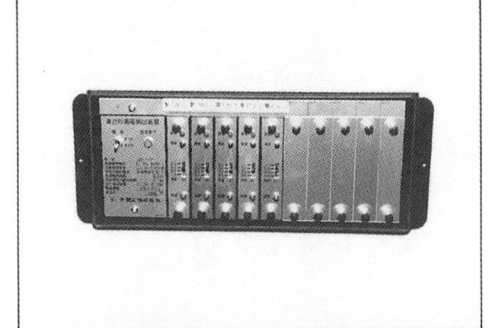

名称　低圧漏電継電器（集合形，LGR）
用途　低圧電路の地絡漏電の検出を行い，警報やしゃ断器の引外しを行うのに用いる．

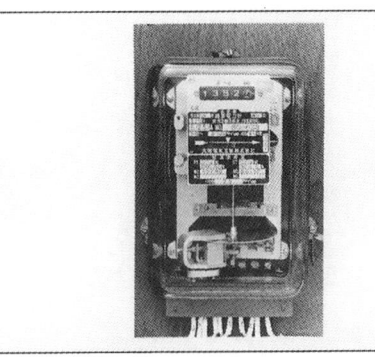

名称　三相交流電力量計
用途　三相交流電力量を計量するのに使用される．精密級と普通級とがあるが，図は精密級である．

名称　高圧地絡継電器
用途　高圧零相変流器により高圧電路の地絡事故を検出し，その出力を入力ししゃ断器に引はずし指令を与える．

名称　最大需要電力計（デマンドメータ）
用途　ある一定の時限内における最大需要電力〔kW〕を測定．主として電力需給などに使用する．

名称　三相無効電力量計
用途　三相無効電力量を計量するのに使用される．主として電力需給用．図は精密級である．

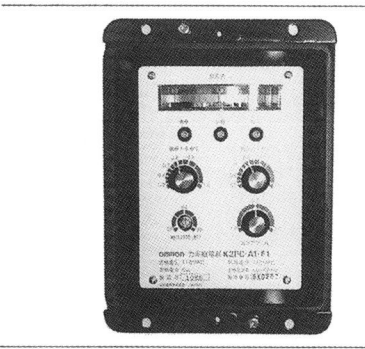

名称　力率継電器
用途　進相コンデンサの自動開閉制御などに使用される．

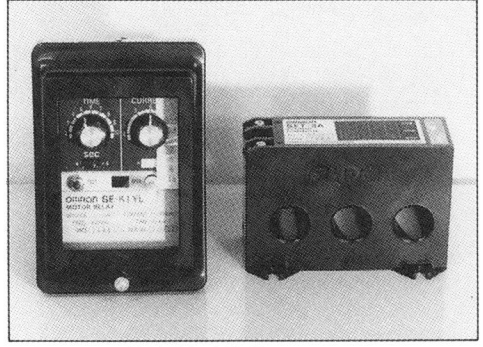

名称　2E継電器と変流器
用途　主として電動機保護用として施設される．

名称　欠相継電器
用途　主として電動機保護用として施設される．

名称　不足電圧継電器
用途　計器用変圧器の二次出力を入力し，電路の電圧が予定値以下に低下したときに作動する．

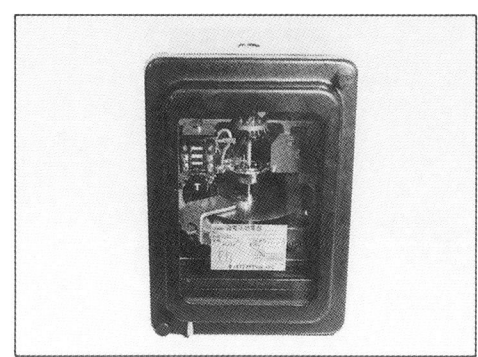

名称　過電圧継電器
用途　計器用変圧器の二次出力を出力し，電路の電圧が予定値以上になったとき作動する．

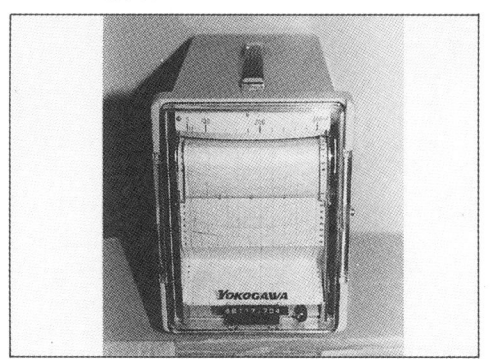

名称　記録電圧計
用途　電路の電圧測定など，電圧の記録測定に使用する．

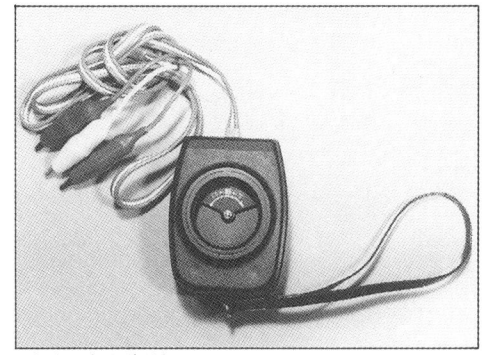

名称　相回転計
用途　三相交流電源の相回転の確認のために使用される．

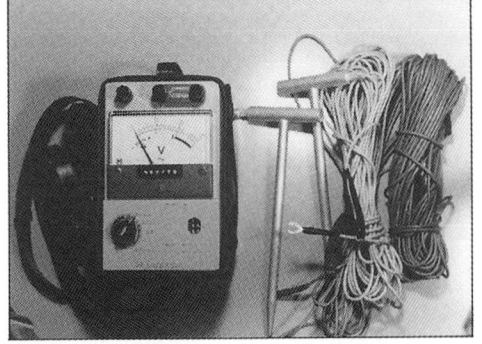

名称　接地抵抗計
用途　各種接地工事の接地抵抗値を測定する
　　　のに使用される．

名称　照度計
用途　照度を測定するのに使用される．

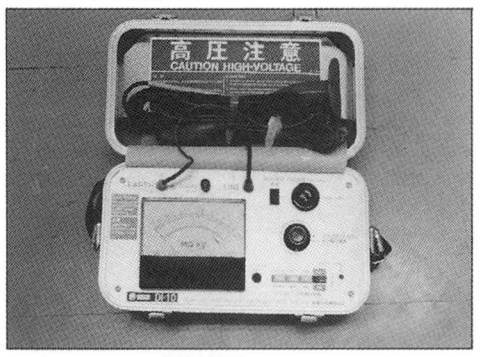

名称　高電圧絶縁抵抗計
用途　高圧以上の電線路，負荷機器の絶縁抵
　　　抗を測定するのに使用される．

名称　各種のクランプ式電流計
用途　電路の電流測定を活線のまま測定する
　　　場合に使用される．電圧測定，導通試
　　　験の機能を有しているものもある．

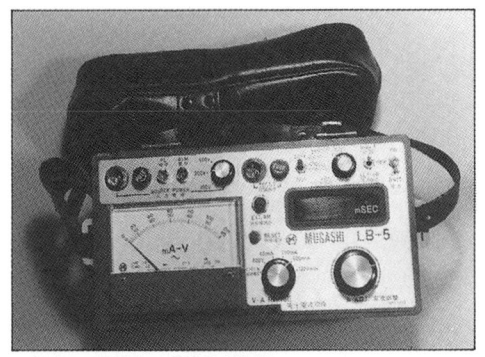

名称　漏電しゃ断器試験器
用途　漏電しゃ断器の特性試験を行う場合使
　　　用される．活線状態のまま試験が行え
　　　る．

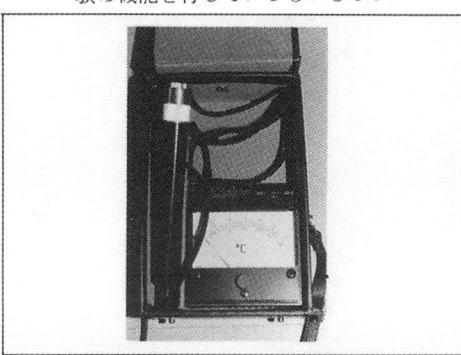

名称　表面温度計
用途　各種電気工作物など物体の表面にセン
　　　サ部分を接触させ温度測定を行う目的
　　　で使用される．

名称　絶縁耐力試験用変圧器
用途　交流絶縁耐力試験を行う場合，所定の
　　　試験電圧を発生する目的で使用される．

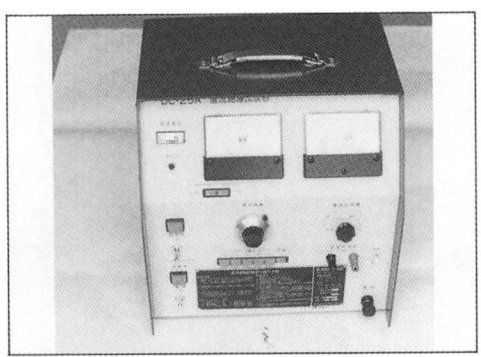

名称　直流絶縁試験器
用途　ケーブル，変圧器・電動機・発電機な
　　　どの巻線機器の絶縁性能試験を行う場
　　　合に使用する．

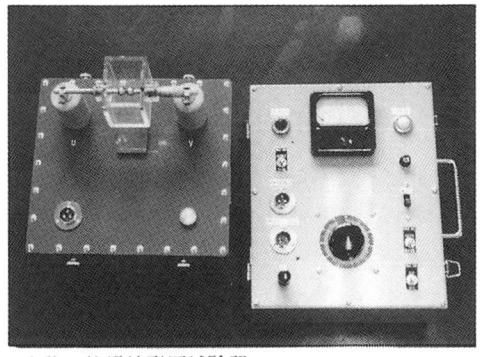

名称	絶縁油耐圧試験器
用途	絶縁油の絶縁耐力（2.5〔mm〕の球ギャップ間破壊電圧測定）試験を行うのに使用する．

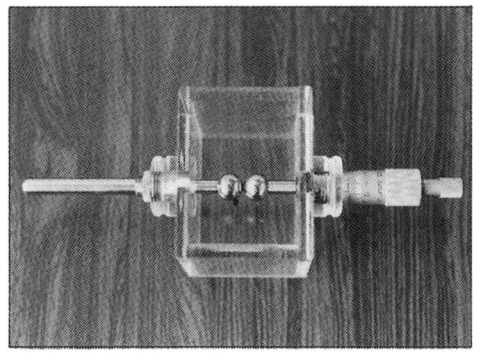

名称	絶縁油耐圧試験器の油カップ
用途	被試験油を入れる容器で，右側のマイクロメータにより球ギャップ間の調整を行う．

名称	三相可変電圧調整器（スライダック）
用途	三相電圧を可変調整する単巻変圧器の一種で，保護継電器，計器の試験などに使用される．

名称	保護継電器試験器
用途	各種保護継電器の試験の際使用される．

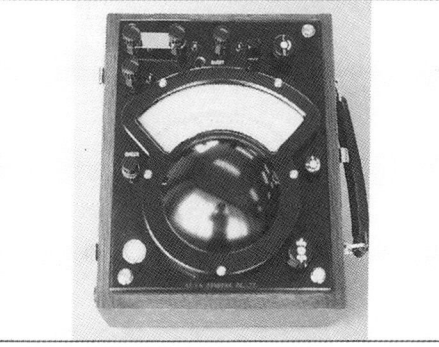

名称	携帯用損失角計（携帯用 tanδ計）
用途	ケーブル，巻線機器の絶縁物の性能あるいは劣化試験で tanδ 試験を行う場合に使用される．

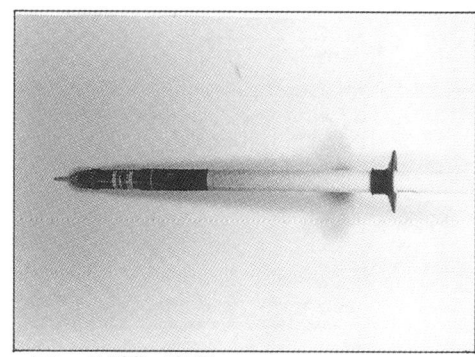

名称	検電器（高圧）
用途	停電作業を行う場合など，電路が充電されているか否かを確認するのに使用される．

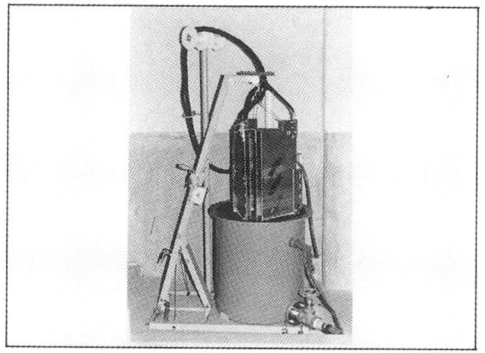

名称	水抵抗器
用途	非常用予備発電装置の負荷試験における模擬負荷などに使用される．

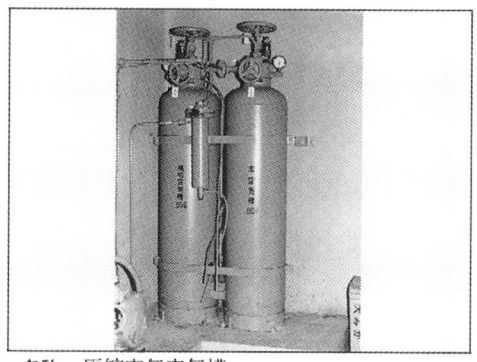

名称	圧縮空気空気槽
用途	非常用予備発電装置の原動機（内燃機関）を始動するのに使用される．

名称　低圧コンデンサ
用途　コンデンサ設置点の負荷力率改善，電圧降下の改善などのために施設される．

名称　鉛蓄電池
用途　主として，非常用予備電源として使用されている．

名称　溶接機電撃防止器
用途　溶接機の電極が人体に触れ感電するのを防止するために用いる．

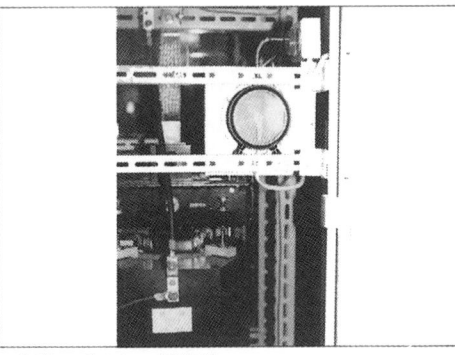

名称　ダイヤル温度計
用途　変圧器の油温，コイル温度などの測定に使用される．

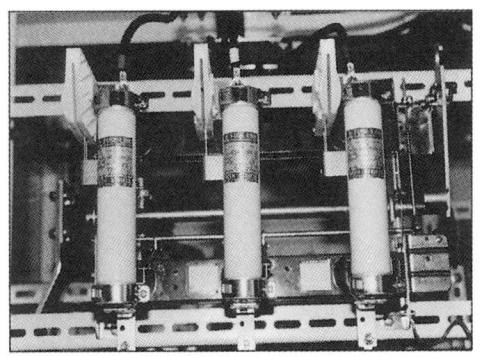

ヒューズ付手動操作断路器形気中負荷開閉器（LBS）の施設状態

名称　手動操作形真空しゃ断器（盤取付形）
用途　受変電設備において主しゃ断装置などとして，回路の開閉，短絡電流・過負荷電流の開閉を目的として施設される．

名称　油入式負荷開閉器（OS）
用途　屋内受変電設備において，変圧器，コンデンサなどの開閉器として使用される．

名称　小油量形油入しゃ断器（OCB）
用途　受変電設備において主しゃ断装置などとして，回路の開閉，短絡電流・過負荷電流の開閉を目的として施設される．

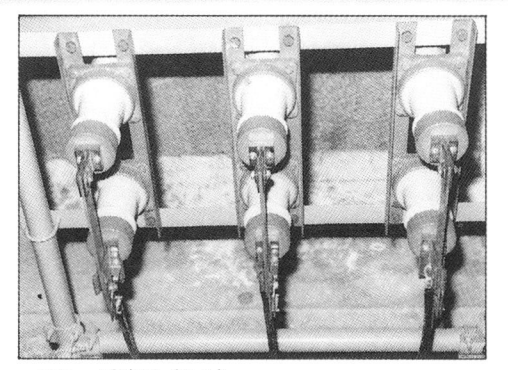

名称　断路器（DS）
用途　受変電設備を電源側の電線路から断路・開閉する目的で使用される．

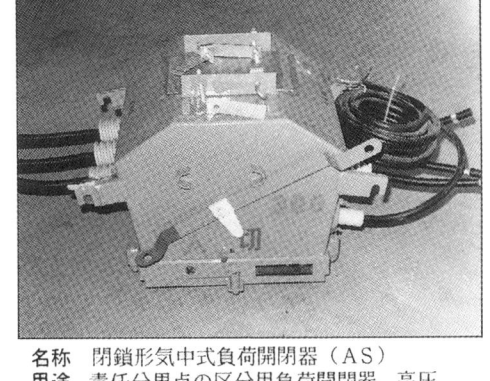

名称　閉鎖形気中式負荷開閉器（AS）
用途　責任分界点の区分用負荷開閉器，高圧配電線路区分開閉器，変圧器，コンデンサの開閉器などに使用される．

名称　モールド変圧器（T）
用途　いずれも高圧受変電設備で高圧を低圧に変成する．

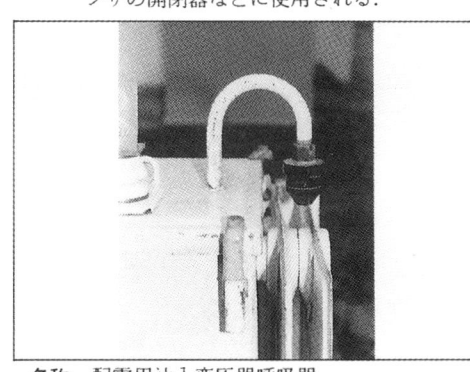

名称　配電用油入変圧器呼吸器
用途　油入変圧器の負荷増減に伴う内圧変動による呼吸作用を行わせるためのものである．

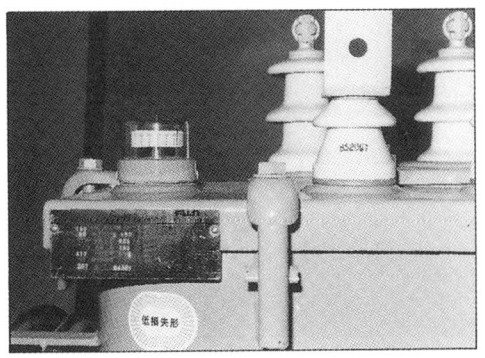

名称　配電用油入変圧器油温計
用途　配電用油入変圧器内の絶縁油の温度を測定するために設けられる．

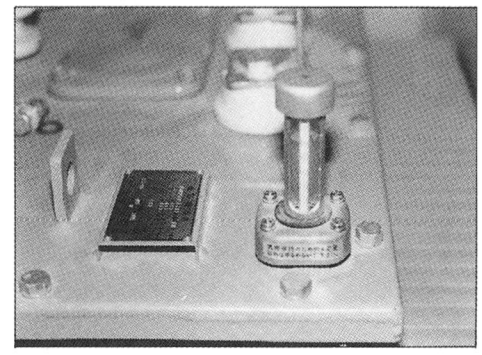

名称　高圧真空電磁接触器
用途　電動機・変圧器・コンデンサなどの開閉装置として使用される．主として多ひん度開閉を要する場合に使用される．

名称　高圧気中電磁接触器
用途　電動機・変圧器・コンデンサなどの開閉装置として使用される．主として多ひん度開閉を要する場合に使用される．

名称　直列リアクトル
用途　コンデンサ投入時の突入電流の抑制などに用いられる．

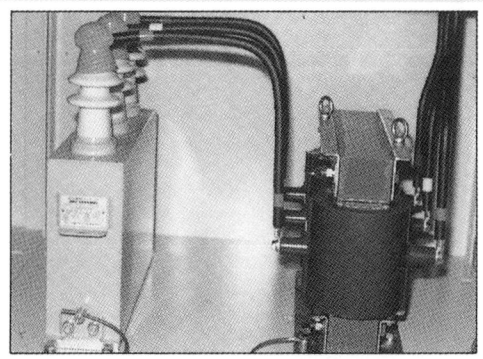

名称　コンデンサ用乾式直列リアクトル
用途　コンデンサの投入時の突入電流の抑制などに用いられる．

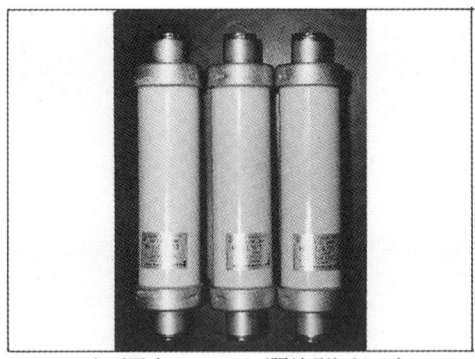

名称　高圧電力ヒューズ（限流形）（PF）
用途　電路の短絡電流のしゃ断を目的として施設される．

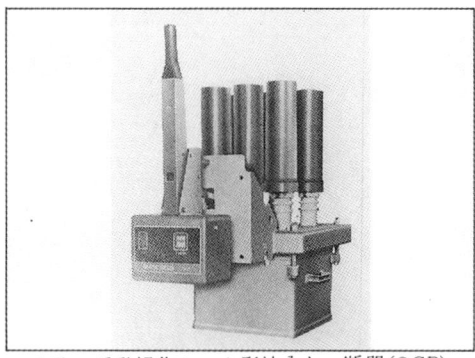

名称　手動操作タンク形油入しゃ断器（OCB）
用途　受変電設備において主しゃ断装置などとして電路の開閉，短絡電流，過負荷電流の開閉を目的として施設される．

名称　ディーゼル発電機の過給機
用途　エンジンの小形化や燃焼効率を高めるために用いられる．

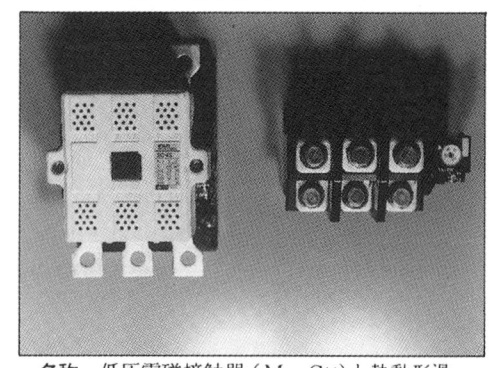

名称　低圧電磁接触器（Mg Ctt）と熱動形過負荷継電器（サーマルリレー）．
用途　電磁接触器は，電動機，ヒータなどの負荷の開閉制御を行うのに使用される．

名称　低圧双投形電磁接触器（DT・Mg Ctt）
用途　商用電源と発電電源など電源が2系統で負荷に電力を供給している場合，開閉制御を要する場合に使用される．

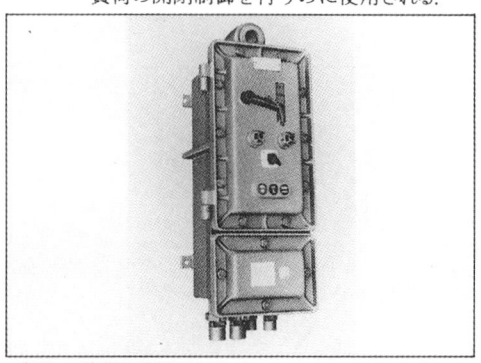

名称　防爆形開閉装置（コンビネーション防爆開閉器）
用途　負荷の開閉または開閉制御用として使用される．

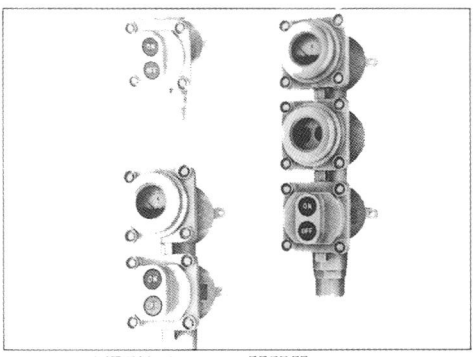

名称　防爆形押しボタン開閉器 用途　危険物の存在する箇所に電気機器を施設する場合の操作開閉器として使用される．	名称　電力用コンデンサ内部異常検出器 用途　コンデンサの劣化による短絡事故が生じた場合，内部異常を事前に検知するために用いる．
名称　バランサ 用途　中性線をはさむ両側の電圧が，常時及び故障時に不平衡となるのを防止または抑制する目的で施設される．	名称　安定器 用途　水銀灯，ナトリウム灯など高輝度放電灯の放電点灯などの放電を安定に維持する目的で施設される．
名称　接地極用電気銅板 用途　A種，B種，C種，D種の各接地工事の接地極材料として使用される．	名称　自動点滅器（光電式） 用途　各種の照明装置の自動点灯・消灯を行う目的で施設される．
名称　油入変圧器電圧タップ板 用途　二次側電圧を適正値にするためにこの電圧タップを切換える．	名称　タンク形高圧進相コンデンサ（C） 用途　負荷の力率改善，電圧降下の改善などを目的として設置される．

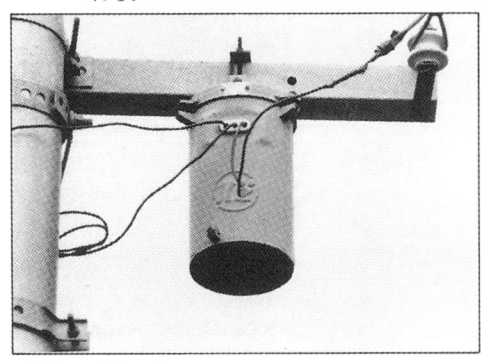

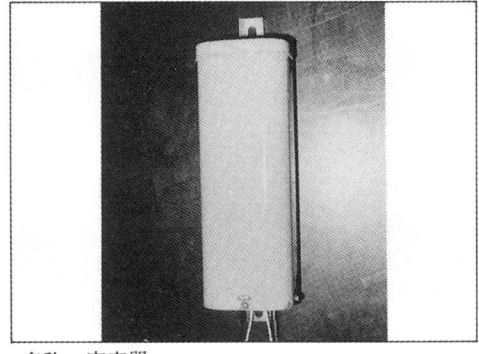

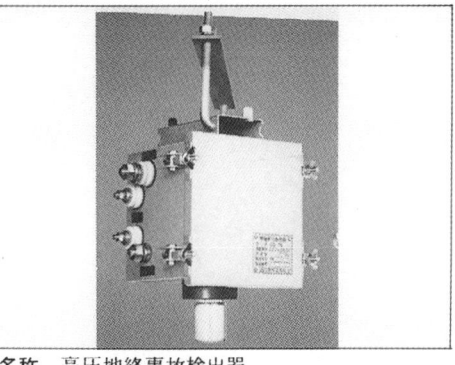

名称 高圧地絡事故検出器
用途 地絡事故時に流れる事故電流により本器を作動させ、異常を表示する．

名称 電流計切換開閉器
用途 主として交流三相回路，または多線式回路の電流を1個の電流計で測定する場合に使用される．

名称 零相変流器（ZCT）
用途 地絡継電器と組合せて電路の地絡事故を検出するのに使用される．

名称 高圧零相電圧変成器（コンデンサ分圧形・三相一体形）（ZPD）
用途 高圧電路における地絡事故時の零相電圧を検出する．

名称 高圧零相電圧変成器（コンデンサ分圧形三相分割形）（ZPD）

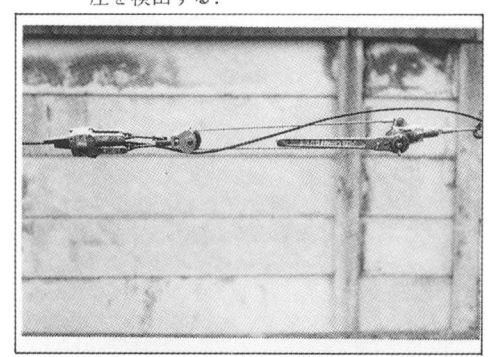

名称 張線器（緊線器，シメラ）
用途 架空電線路，がいし引き屋内配線などの電線張線，架空地線，支線の張線などに使用される．

名称 電力需給用計器用変圧変流器（VCT）
用途 高圧電路の電圧・電流を，電力量計，無効電力量計などに入力させるのに適した値に変成する．

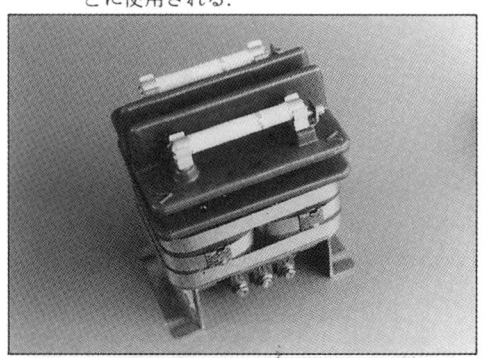

名称 高圧計器用変圧器（VT）
用途 高圧電路の電圧を，電圧計，電力計などの計器，電圧継電器などに入力させるのに適した値に変成する．

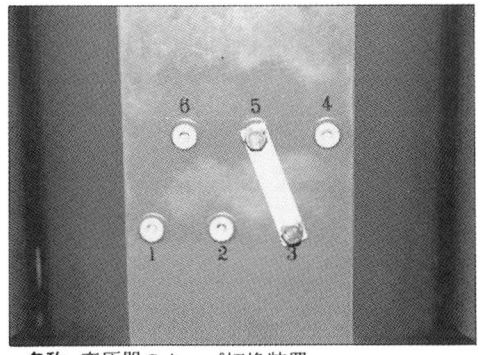

名称　変圧器のタップ切換装置
用途　二次側電圧を一定な適正な値に維持するために切換するのに用いられる.

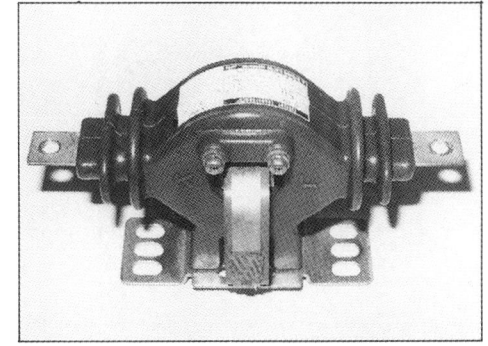

名称　高圧計器用変流器（CT）
用途　高圧電路の電流を，電流計，電力計などの計器，過電流継電器などに入力させるのに適した値に変成する.

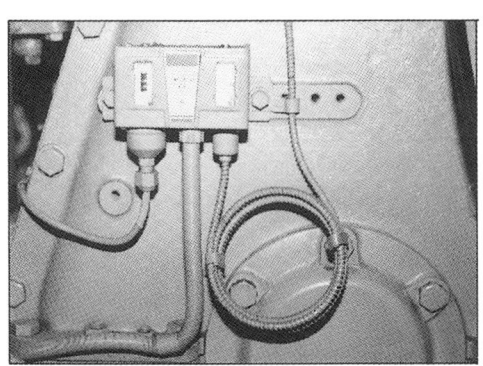

名称　潤滑油圧力・温度検知器
用途　潤滑油の圧力低下，温度上昇が生じた場合に作動し，エンジンを停止させる.

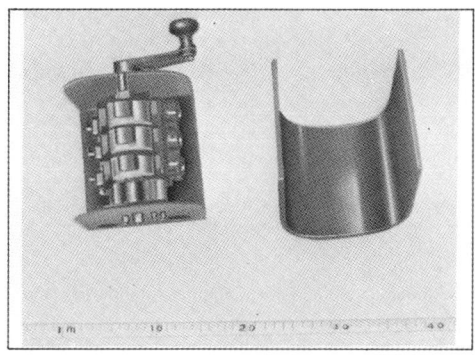

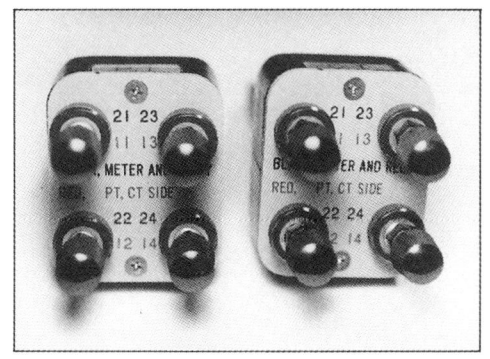

名称　スターデルタ始動器
用途　低圧三相誘導電動機を始動させるのに用いる.

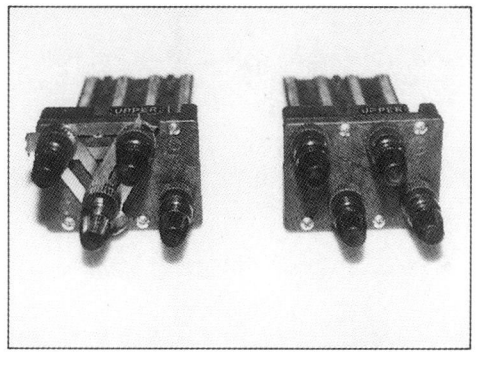

名称　計器試験端子
用途　各種の継電器試験，計器較正試験，電圧，電流，電力の記録計の取付，電力量計の取付などを活線状態のまま実施するために施設される.

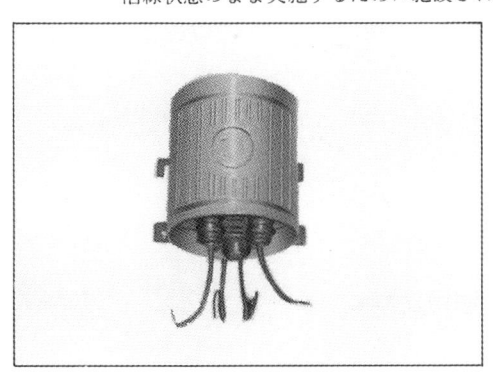

名称　ネオン（トランス）変圧器
用途　ネオン放電燈回路に用いる.

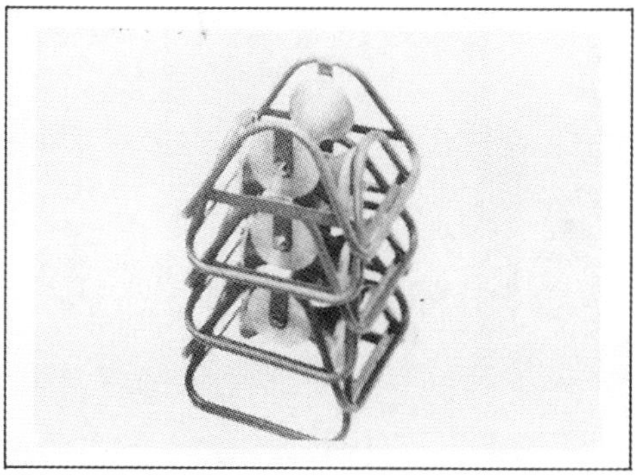

名称　ケーブルローラ
用途　ケーブルをケーブルドラムよりとり出し，延線布設する場合に用いる.

-257-

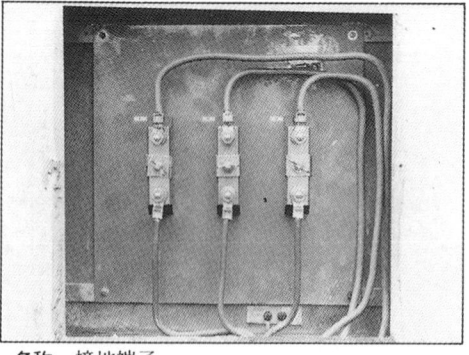

名称　接地端子
用途　各種接地工事の接地線と接地極を中継する端子で，接地抵抗測定などの際利用する．

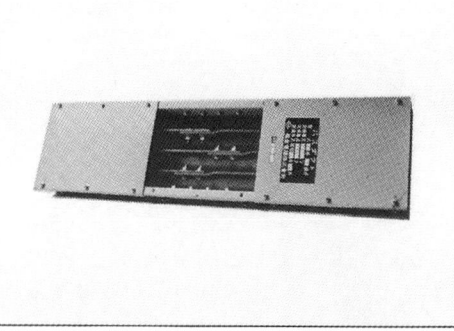

名称　プラグインバスダクト
用途　バスダクトから電源を分岐引出するのに用いる．

名称　蛇腹ゴム絶縁管
用途　建築作業を行う場合など，公衆作業者の感電防止のために，電線表面に装着し防護する．

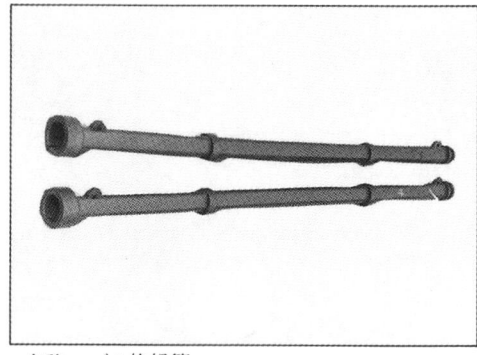

名称　ゴム絶縁管
用途　高圧配電線路などに近接して建築作業を行う場合など，公衆作業者の感電防止のために電線表面に装着し防護する．

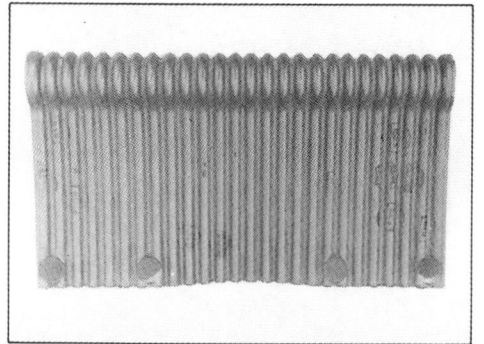

名称　フロシキゴムシート
用途　高圧活線作業，高圧活線近接作業を行う場合に，作業者の感電を防止するのに使用される．

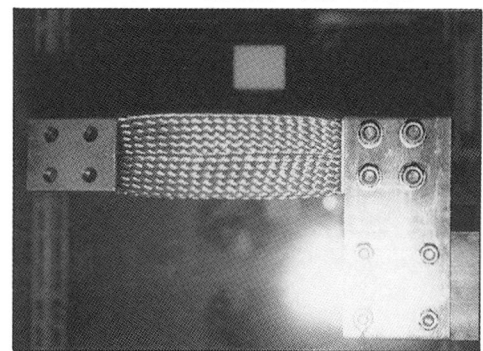

名称　可とう導体
用途　変圧器ブッシング部分などの接続など，機械的応力の受けるおそれがある箇所の導体として使用する．

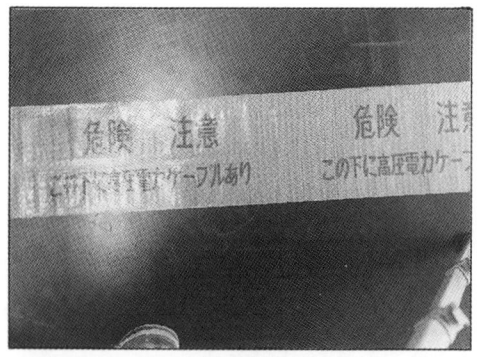

名称　ケーブル（地中電線）埋設表示シート
用途　ケーブルが地中に埋設されていることを表示するのに使用される．

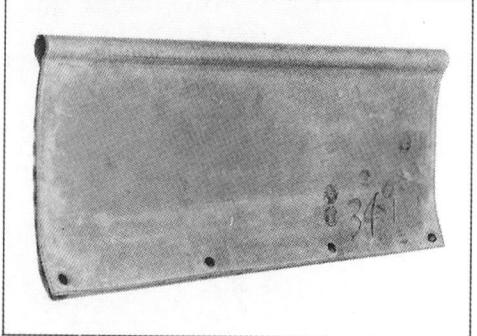

名称　二ツ折ゴムシート
用途　高圧活線作業，高圧活線近接作業を行う場合に，作業者の感電を防止するのに使用される．

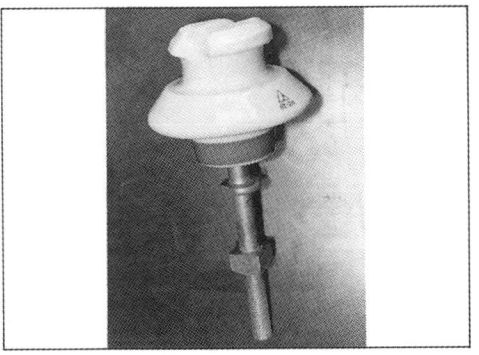

名称　高圧ピンがいし（一般形） 用途　高圧架空配電線路などで，高圧電線を支持するのに使用される．	名称　電線引留クランプ 用途　電線をがいしに引留する場合の金具である．
名称　ラインスペーサ 用途　高圧架空電線路において，電線が相互に接触することを防止する．	名称　高圧耐張がいし（一般形） 用途　高圧架空配電線路などで，電線を引留支持するのに使用される．
名称　引留クランプカバー 用途　電線引留クランプは充電部露出となる場合が多く，これを避けるために用いる．	名称　熱電対 用途　記録温度計などの温度センサーとして温度を測定する場合に使用する．
名称　ラインスペーサ（棒状形） 用途　高圧架空電線において，電線が相互に接触することを防止する場合に使用される．	名称　高圧がい管（高圧つば付がい管） 用途　高圧架空引込線または引出線を施設する場合，高圧電線が建造物を貫通する場合に電線を保護するのに使用される．

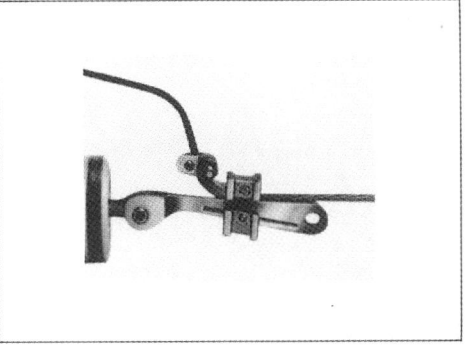

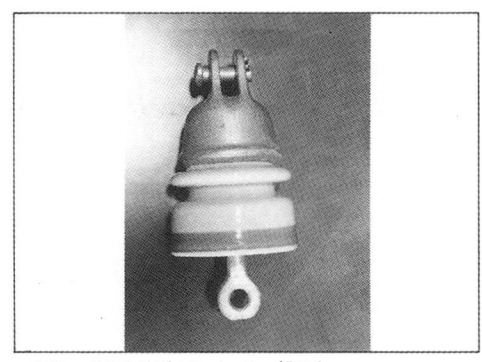

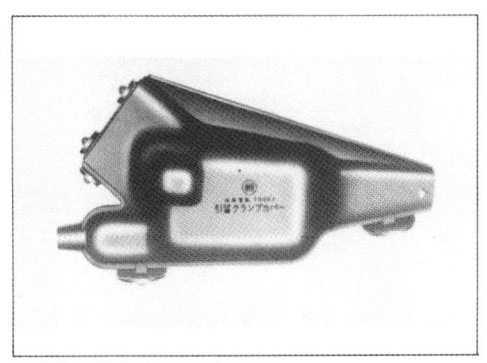

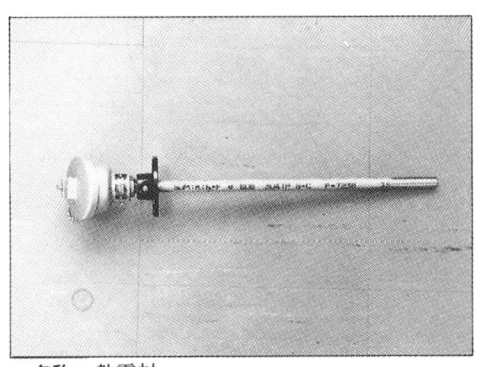

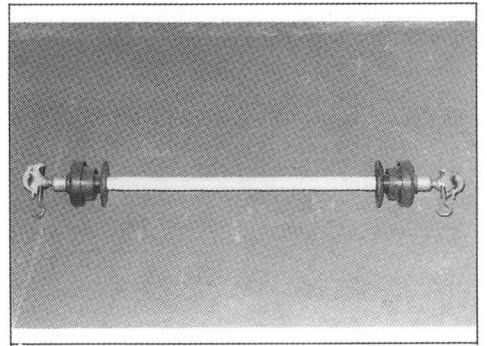

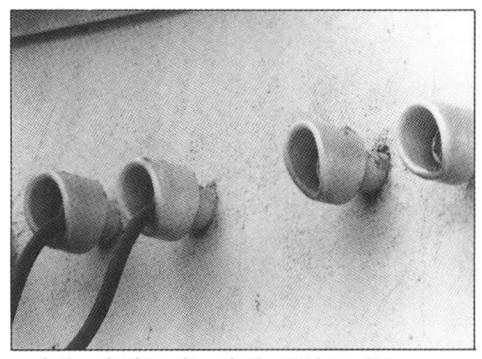

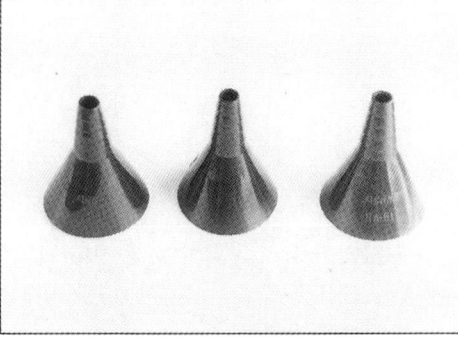

名称　高圧ケーブル終端接続部の雨覆い笠
用途　雨水により終端接続部からの漏れ電流の増大を防止するために等価漏れ絶縁距離を大きく取るために使用する．

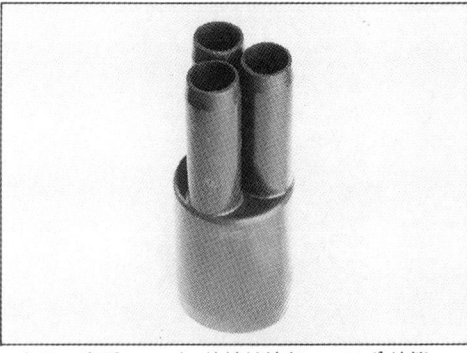

名称　高圧ケーブル終端接続部の三さ分岐管
用途　高圧ケーブルの端末処理で雨水，湿気等が入るのを防止するために使用される．

名称　鋼板組立柱（パンザーマスト）
用途　電柱を建柱する場合，鉄筋コンクリート柱などを搬入することが困難な場所において使用される．

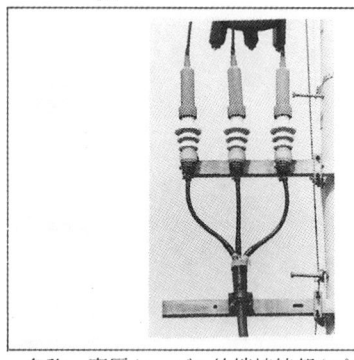

名称　高圧ケーブル終端接続部（プレハブ式・耐塩用，ケーブルヘッド）
用途　主として塩害，じん害の発生するおそれのある地域で使用される．

名称　高圧ケーブル（CV・トリプレックス）の施設状態

名称　高圧ケーブル（CV・トリプレックス）の切断面
特徴　中央部は心線で7本の素線で構成されている．

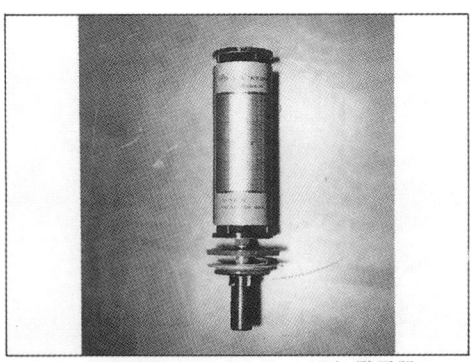

名称　配電用放出形（Pバルブ形）避雷器の内部特性要素
特徴　特殊絶縁紙の両面に金属箔を何枚かはりつけこれをまるめたもの．

名称　高圧架空配電線路の架空地線（GW）
用途　支持物（電柱）の頂部に取り付け，電線路，機器への雷サージの誘導の軽減を目的として施設される．

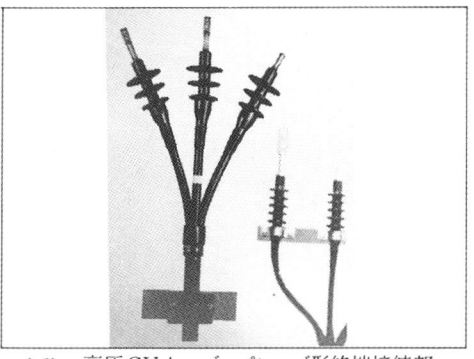

名称　高圧CVケーブルプレハブ形終端接続部
用途　ケーブルと屋内配線等を接続する際，ケーブル側に施す装置である．

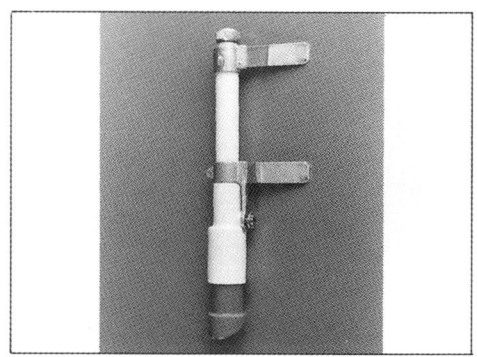

名称　箱形高圧カットアウトヒューズホルダ
用途　これは，高圧カットアウト用のヒューズを取り付けるのに使用される．

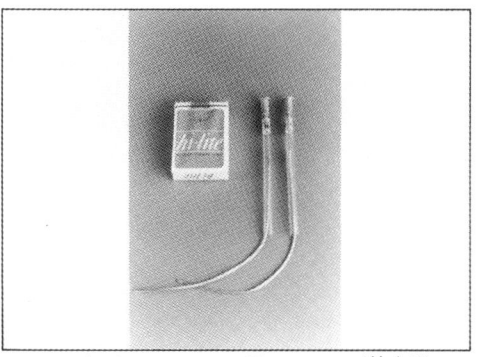

名称　高圧カットアウト用ヒューズ（放出形電力ヒューズ）
用途　主として高圧カットアウトに装着され変圧器の過負荷保護を行うのに使用れる．

名称　避雷器（高圧配電用）（LA）
用途　高圧受配電設備を誘導雷サージから保護する場合に使用される．

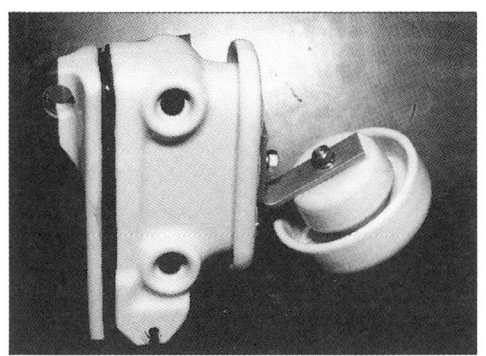

名称　箱形高圧カットアウト（耐塩形）と耐塩皿．
　　　塩害，じん害の発生するおそれのある地域で使用される．

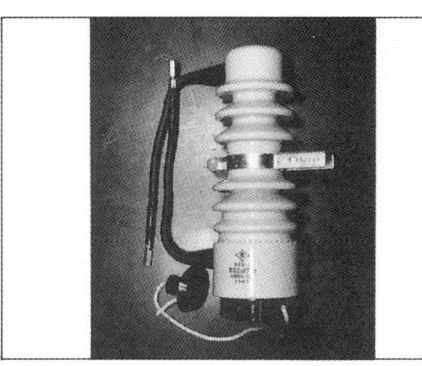

名称　円筒形高圧カットアウト（耐塩形）（CF）
用途　使用目的は主として高圧配電線路に施設される変圧器の過負荷保護．

名称　高圧ケーブル終端接続部（プレハブ式・一般地域用，ケーブルヘッド）
用途　ケーブル端末部分における電界集中部を除去するための端末処理を行う．

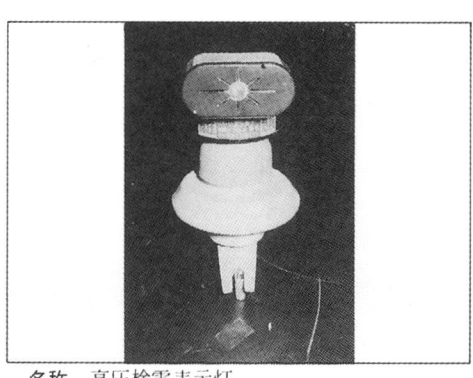

名称　高圧検電表示灯
用途　高圧受変電設備で，主しゃ断装置の電源側の電圧の有無を表示するのに使用される．

－261－

名称　屋内用電線支持物
用途　キュービクル受電設備などで，高圧絶縁電線を支持するのに使用される．

名称　柱上作業安全帯
用途　柱上など高所作業を行う場合，墜落を防止するのに使用される．

名称　懸垂がいし
用途　架空電線路などで電線の支持（引留も含む）に使用．電圧が高くなるに連れがいしの増結を行う．

名称　ラインポストがいし（LPがいし）
用途　架空電線路などで，電線の支持に使用される．

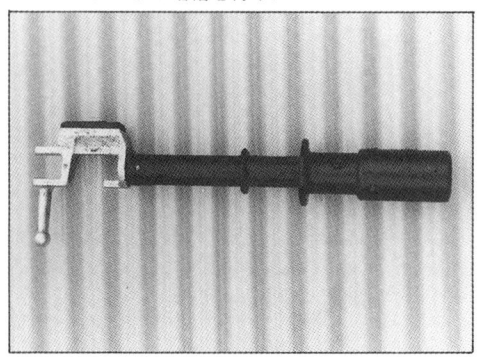

名称　高圧カットアウト操作棒（PC操作棒）
用途　箱形高圧カットアウト，円筒形高圧カットアウトの開閉操作，ヒューズホルダの着脱操作に使用される．

名称　断路器操作棒（DSフック棒）
用途　断路器，断路器形手動操作負荷開閉器（LBS）の開閉操作に使用される．

名称　屋内用支持がいし（ドラム形）
用途　屋内受変電設備などで，電線，バーなどを支持する場合に使用される．

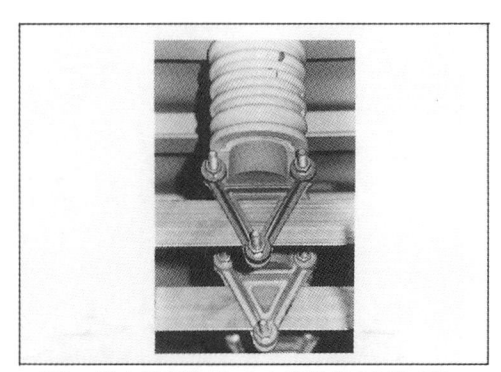

名称　屋内用支持がいしと導帯支持金具（母線クランプ）
用途　屋内受変電設備で帯状の導体を支持する場合に使用される．

練習問題の答と解き方

〔電気理論〕

1. オームの法則・抵抗の接続

【問い 1】 答 (ニ)

〔解き方〕回路の末端,図の右端からまとめて行く.

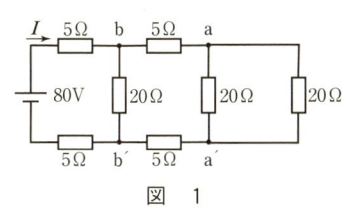

図 1

図1の aa′ より右側の並列合成抵抗は,

$$\frac{20 \times 20}{20 + 20} = 10 \,[\Omega]$$

この結果より,図1を書き換えると,図2のようになる. bb′ より右側の合成抵抗は,

$$\frac{20 \times 20}{20 + 20} = 10 \,[\Omega]$$

この結果より,図2を書き換えると,図3のようになる.

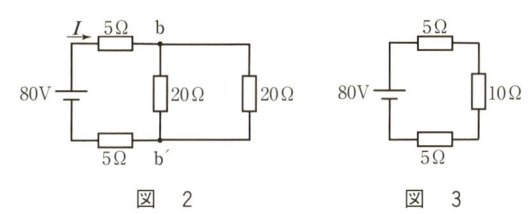

図 2   図 3

図3より,I を求めると,次のようになる.

$$I = \frac{80}{5 + 10 + 5} = \frac{80}{20} = 4 \,[A]$$

【問い 2】 答 (ロ)

〔解き方〕図 a の場合,電源から流出する電流 I_O は,

$$I_O = \frac{30}{10 + \frac{10 \times 10}{10 + 10}} = \frac{30}{15} = 2 \,[A]$$

並列部の抵抗は等しい(いずれも 10Ω)ので電流は $I_O/2$ ずつ分流する.

$$I = \frac{I_O}{2} = \frac{2}{2} = 1 \,[A]$$

図 b の場合の電流 I を求めると,次式が成立する.

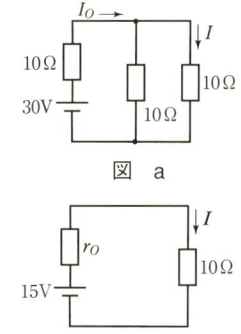

図 a

図 b

$$I = \frac{15}{r_O + 10} = 1 \,[A]$$

$$\therefore \ r_O = 15 - 10 = 5 \,[\Omega]$$

【問い 3】 答 (ロ)

〔解き方〕スイッチが開いているときの電圧 6〔V〕は電池の起電力である.電池の内部抵抗を r〔Ω〕としてスイッチ S を閉じたときの回路は下図のようになる.

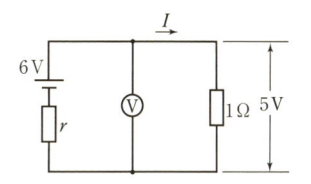

電池から流れる電流 I は,

$$I = \frac{5}{1} = 5 \,[A]$$

また,電池の起電力と 1Ω の抵抗による電圧降下の関係から,

$$6 = 5 + Ir = 5 + 5r$$

$$\therefore \ r = \frac{6 - 5}{5} = 0.2 \,[\Omega]$$

2. 電気抵抗の性質を知ろう

【問い 1】 答 (ニ)

〔解き方〕ニクロム線,銅導体,アルミニウム導体など,金属の温度係数は正なので,温度が上昇すると抵抗値は大きくなる.しかし,シリコンなどの半導体は,温度係数が負なので,温度が上昇すると抵抗値は減少する.これは半導体の大きな特徴の一つである.

【問い 2】 答 (ニ)

〔解き方〕導体の導電率は,銀 61.7,銅 59.2,アルミニウム 38.2 である.標準軟銅の導電率を 100〔%〕としたものがパーセント導電率で,銀(106〔%〕),銅(98〜102〔%〕),アルミニウム(60〜66〔%〕)である.

3. 直流回路の計算

【問い 1】 答 (ニ)

〔解き方〕次図のように 5〔Ω〕の両端の電圧を V_{ab} とすると,

$$V_{ab} = 100 - 50 = 50 \,[V]$$

5〔Ω〕の抵抗を流れる電流 I は,

$$I = \frac{V_{ab}}{5} = \frac{50}{5} = 10 \,[\text{A}]$$

R_1 を流れる電流 I_1 は,
$$I_1 = I - 8 = 10 - 8 = 2 \,[\text{A}]$$

R_1 の両端電圧は図より $50\,[\text{V}]$ であるから,
$$R_1 = \frac{50}{2} = 25 \,[\Omega]$$

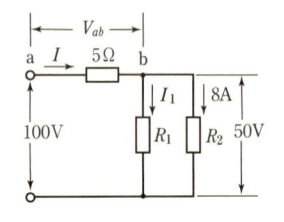

【問い 2】答（ハ）

〔解き方〕図より, $20\,[\Omega]$ の抵抗に加わる電圧は, $106 - 6 = 100\,[\text{V}]$ であるから, 流れる電流 $I\,[\text{A}]$ は,
$$I = \frac{100}{20} = 5\,[\text{A}]$$

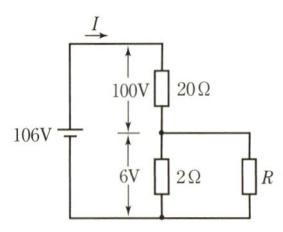

抵抗並列部分の電圧降下は $6\,[\text{V}]$, 合成抵抗が $\frac{2R}{2+R}\,[\Omega]$ であるから, 次式が成立する.
$$5 \times \frac{2R}{2+R} = 6 \,[\text{V}]$$

式を整理すると,
$$5 \times 2R = 6(2+R) = 12 + 6R$$
$$R = \frac{12}{10-6} = \frac{12}{4} = 3 \,[\Omega]$$

【問い 3】答（ハ）

〔解き方〕問題の回路をブリッジ回路とみると, 相対する辺は $3 \times 7 = 3 \times 7$ で平衡している. 等価回路から電流計 Ⓐ に流れる電流 $I\,[\text{A}]$ は, 電池の電圧が $10\,[\text{V}]$ であるから,
$$I = \frac{10}{7+3} = 1 \,[\text{A}]$$

【問い 4】答（ロ）

〔解き方〕電池が二つあることに迷わされず, ab 間の電圧と電流より $R\,[\Omega]$ を求める.

ab 間の電圧 V_{ab} は,
$$V_{ab} = 100 - 2 \times 10 = 80 \,[\text{V}]$$

左右どちらの電池からでも $80\,[\text{V}]$ となる. ab 間を流れる電流 I_{ab} は, $2 + 2 = 4\,[\text{A}]$ であるから, 抵抗 R は,
$$R = \frac{V_{ab}}{I_{ab}} = \frac{80}{4} = 20 \,[\Omega]$$

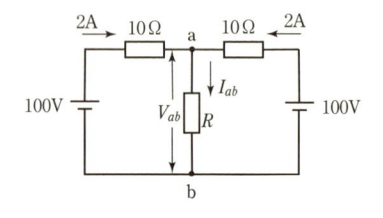

【問い 5】答（ニ）

〔解き方〕図の ab 端子で二つの電池から供給される電圧は等しい. この電圧 V_{ab} は,
$$V_{ab} = E - 2 \times 5 = 18 - 3 \times 1$$
$$= 15 \,[\text{V}]$$

E を求めると,
$$E = 15 + 2 \times 5 = 25 \,[\text{V}]$$

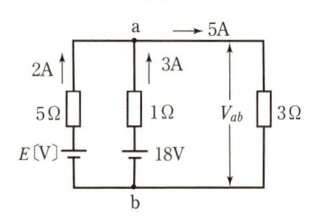

4. 交流回路を構成するエレメント

【問い 1】答（ロ）

〔解き方〕直列に接続されている二つのコンデンサには同じ量の電荷が蓄えられる.
$$Q = CV$$
の関係より
$$C_1 V_1 = C_2 V_2$$
$$\therefore C_1 = \frac{C_2 V_2}{V_1} = \frac{3 \times 50}{150} = 1 \,[\mu\text{F}]$$

【問い 2】答（ハ）

〔解き方〕スイッチ S を a 側に入れたとき, 電圧 V_C は 0

〔V〕であるから C_2 に電荷は蓄えられていない.

このとき C_1 に蓄えられた電荷 Q_1 は, $10\,\mu\mathrm{F} = 10 \times 10^{-6}\mathrm{F}$ であるから,

$$Q_1 = C_1 V = 10 \times 10^{-6} \times 200 \text{〔C〕}$$

スイッチを b 側に入れると, C_1 に蓄えられた電荷が C_2 に移動し, C_1 と C_2 の電圧は等しく V_C となる. また, コンデンサ C_1 と C_2 は並列接続となるので,

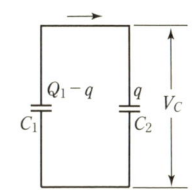

$$Q_1 = (C_1 + C_2) V_C$$

$$\therefore V_C = \frac{Q_1}{C_1 + C_2} = \frac{C_1 V}{C_1 + C_2}$$

$$= \frac{10 \times 10^{-6} \times 200}{(10+10) \times 10^{-6}} = 100 \text{〔V〕}$$

【問い 3】答（ハ）
〔解き方〕コンデンサの容量を C〔F〕とすると, 充電電圧 V〔V〕で蓄えられるエネルギー W〔J〕は,

$$W = \frac{1}{2}CV^2 \text{〔J〕}$$

$C = 2 \times 10^{-6}$〔F〕, $V = 6000$〔V〕を上式に入れ

$$W = \frac{1}{2} \times 2 \times 10^{-6} \times 6000^2 = 36 \text{〔J〕}$$

【問い 4】答（ハ）
〔解き方〕合成静電容量 C は,

$$C = \frac{(20+20) \times 40}{(20+20)+40} = \frac{1600}{80} = 20 \text{〔}\mu\mathrm{F}\text{〕}$$

直流電圧 V〔V〕をコンデンサ C に加えたとき, 蓄えられる全静電エネルギー W〔J〕は,

$$W = \frac{1}{2}CV^2 = \frac{1}{2} \times 20 \times 10^{-6} \times (3000)^2$$

$$= \frac{1}{2} \times 20 \times 10^{-6} \times 9 \times 10^6 = 90 \text{〔J〕}$$

---

5. 交流波形の性質

【問い 1】答（ロ）
〔解き方〕
・周期は図より 10〔ms〕である.：誤り
・周波数 f は, 周期を T とすると

$$f = \frac{1}{T} = \frac{1}{10 \times 10^{-3}} = \frac{1000}{10} = 100 \text{〔Hz〕：正しい}$$

・実効値は,

$$\frac{200}{\sqrt{2}} \fallingdotseq 141.4 \text{〔V〕：誤り}$$

・平均値は

$$\frac{2}{\pi} \times 200 \fallingdotseq 127.3 \text{〔V〕：誤り}$$

【問い 2】答（イ）
〔解き方〕整流器を1個使用しているので半波整流回路であり,（イ）または（ロ）の波形となる. 実効値が 100〔V〕（電源の100Vは実効値を示す）である正弦波交流の瞬時値 e は,

$$e = 100\sqrt{2} \sin \omega t$$
$$\fallingdotseq 141 \sin \omega t$$

最大値は 141〔V〕であるから（イ）が正しい.

【問い 3】答（ニ）
〔解き方〕電圧方向が正の半波として図1を考えると, 電源 $S_1 \to$ 整流器 1 $\to$ 負荷 $\to$ 整流器 4 $\to$ 電源 S_2 となり, 負荷には ⊕ → ⊖ 方向の電流が流れる. 次に負の半波の図2を考えると, 電源 $S_2 \to$ 整流器 2 $\to$ 負荷 $\to$ 整流器 3 $\to$ 電源 S_1 となり, 負荷には図1と同じく ⊕ → ⊖ 方向の電流が流れる. したがって, この回路と同じ接続の（ニ）が正しい.

（イ）（ロ）は交流電流がすべて阻止され直流側に電流は流れない.（ハ）は交流側が短絡される.

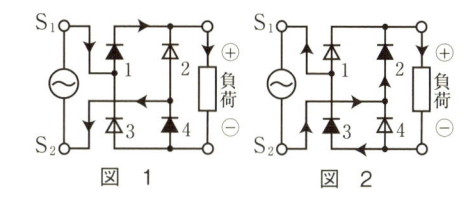

図 1　　　図 2

【問い 4】答（イ）
〔解き方〕〔問い3〕の回路でわかるように整流器がブリッジ接続され全波整流回路であるから, 電圧の出力波形は（イ）のようになる. なお,（ロ）は完全な直流,（ハ）は半波整流,（ニ）は波頭が切り取られたようなクリッパー回路の出力である.

【問い 5】答（ニ）
〔解き方〕スタディポイント図4より三相ブリッジ整流回路の出力電圧の波形は, 次図のようになる. したがって, V_O の値は（ニ）のようになる.

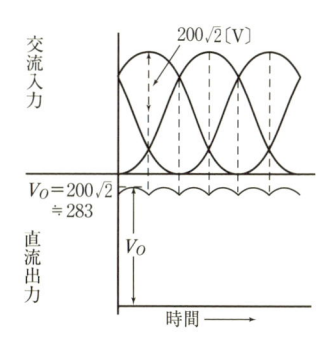

$200\sqrt{2}$〔V〕

$V_O = 200\sqrt{2} \fallingdotseq 283$

【問い 6】答（イ）

〔解き方〕実効値が 100V の正弦波交流電圧の最大値は $100\sqrt{2}=141$〔V〕で，この値より（イ）または（ハ）が正解とわかる．正の半波ではコンデンサ C には，141〔V〕の電圧で電荷が蓄えられる．負の半波では，この蓄えられた電荷がゆっくり抵抗 R に放電される．したがって，（イ）の電圧波形のようになる．

7. 単相交流回路の計算2

【問い 1】答（ハ）

〔解き方〕回路を流れる電流 I の大きさは， 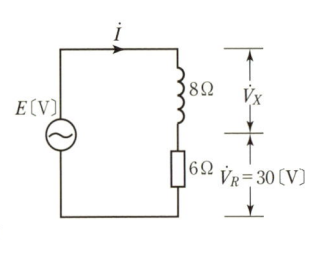
$$I=\frac{30}{6}=5 \text{〔A〕}$$

8〔Ω〕のリアクタンスに加わる電圧 V_X は，
$$V_X=5\times 8=40\text{〔V〕}$$

$\dot{I}$ を基準にしてベクトル図を描く．電源電圧の大きさ E はベクトル図より求めると，
$$E=\sqrt{V_R{}^2+V_X{}^2}=\sqrt{30^2+40^2}=50\text{〔V〕}$$

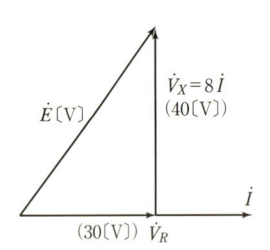

【問い 2】答（ロ）

〔解き方〕合成インピーダンス Z〔Ω〕は，
$$Z=\sqrt{5^2+5^2}=5\sqrt{2}\text{〔Ω〕（誤り）}$$

電流 I を求める．
$$I=\frac{100}{5\sqrt{2}}=\frac{20}{\sqrt{2}}=\frac{20\sqrt{2}}{2}=10\sqrt{2}\text{〔A〕（正しい）}$$

電圧 V_R を求める．
$$V_R=I\times 5=10\sqrt{2}\times 5=50\sqrt{2}\text{〔V〕（誤り）}$$

回路の消費電力 P は，
$$P=I^2\times 5=\left(10\sqrt{2}\right)^2\times 5=1000\text{〔W〕（誤り）}$$

したがって，（ロ）の電流が正しい．

【問い 3】答（ハ）

〔解き方〕電流 $I=10$〔A〕を基準に各部の電圧をベクトル図で表すと，図のようになる．ベクトル図より V_R は，
$$V_R=\sqrt{100^2-60^2}=80\text{〔V〕}$$

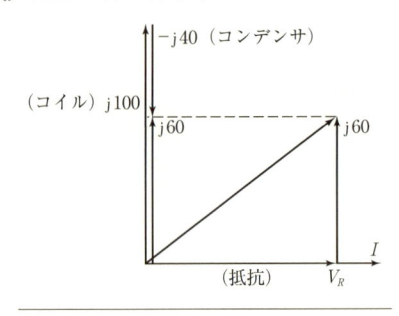

【問い 4】答（ハ）

〔解き方〕コイルとコンデンサのリアクタンスは大きさが同じであるから，$j10-j10=0$ となり，合成インピーダンス Z は抵抗値 R のみとなる．
$$Z=\sqrt{R^2+(X_L-X_C)^2}=\sqrt{5^2+(10-10)^2}=5\text{〔Ω〕}$$

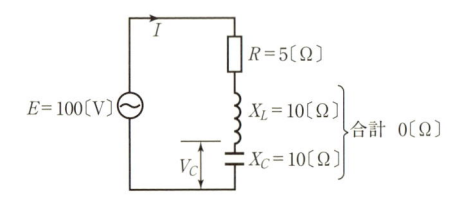

回路を流れる電流 I は，
$$I=\frac{E}{Z}=\frac{100}{5}=20\text{〔A〕}$$

コンデンサの両端の電圧 V_C の値を求めると，
$$V_C=I\cdot X_C=20\times 10=200\text{〔V〕}$$

【問い 5】答（ハ）

〔解き方〕図1のように抵抗 R を流れる電流を I_R，コイル X_L を流れる電流を I_L，コンデンサ X_C を流れる電流 I_C は，
$$I_R=\frac{E}{R}=\frac{100}{5}=20\text{〔A〕}$$
$$I_L=\frac{E}{jX_L}=-j\frac{100}{10}=-j10\text{〔A〕}$$
$$I_C=\frac{E}{-jX_C}=j\frac{100}{10}=j10\text{〔A〕}$$

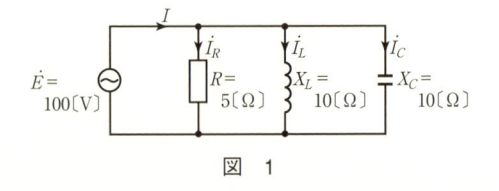

図 1

電圧 E を基準にベクトル図を描くと図2のようになる．ベクトル図より合成電流 I を求めると，

$$I = \sqrt{I_R^2 + (I_C - I_L)^2}$$
$$= \sqrt{20^2 + (10 - 10)^2}$$
$$= 20 \text{[A]}$$

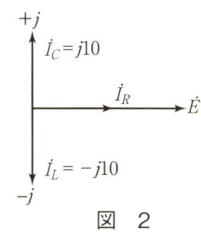

図 2

【問い 6】答（ロ）

〔解き方〕抵抗を流れる電流 I_R は，

$$I_R = \frac{E}{R} = \frac{120}{20} = 6 \text{[A]}$$

誘導リアクタンスを流れる電流 I_L は，

$$I_L = \frac{E}{jX_L} = -j\frac{120}{10} = -j12 \text{[A]}$$

容量リアクタンスを流れる電流 I_C は，

$$I_C = \frac{E}{-jX_C} = j\frac{120}{30} = j4 \text{[A]}$$

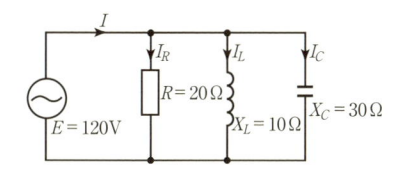

電流 I を求めると，〔問い5〕のベクトル図を参考に，

$$I = \sqrt{I_R^2 + (I_L - I_C)^2}$$
$$= \sqrt{6^2 + (12 - 4)^2} = 10 \text{[A]}$$

【問い 7】答（ハ）

〔解き方〕スタディポイント図6のベクトル図を参考に，

（イ）の回路

$$I = \sqrt{8^2 + (3-9)^2} ≒ 10 \text{[A]}$$

（ロ）の回路

$$I = \sqrt{8^2 + (8-2)^2} = 10 \text{[A]}$$

（ハ）の回路

$$I = \sqrt{8^2 + (10-10)^2} = 8 \text{[A]}$$

（ニ）の回路

$$I = \sqrt{8^2 + (2-10)^2} ≒ 11.3 \text{[A]}$$

---

8. 電力・無効電力と力率

【問い 1】答（ハ）

〔解き方〕$P = I^2 R$ の公式を利用する．

回路のインピーダンス Z は，

$$Z = \sqrt{R^2 + (X_L - X_C)^2}$$
$$= \sqrt{8^2 + (3-9)^2} = 10 \text{[Ω]}$$

電流 I を求めると，

$$I = \frac{E}{Z} = \frac{100}{10} = 10 \text{[A]}$$

消費電力 P は公式により，

$$P = I^2 R = 10^2 \times 8 = 800 \text{[W]}$$

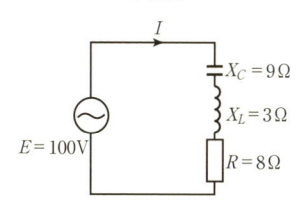

【問い 2】答（イ）

〔解き方〕次の回路図より I [A] は，$P = I^2 R$ の関係より

$$I = \sqrt{\frac{P}{R}} = \sqrt{\frac{1600}{4}} = \sqrt{400} = 20 \text{[A]}$$

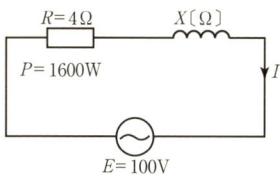

電源電圧を E [V] としてインピーダンス Z を求める．

$E = IZ$ であるから，

$$Z = \frac{E}{I} = \frac{100}{20} = 5 \text{[Ω]}$$

$Z = \sqrt{R^2 + X^2}$ よりリアクタンス X を求める．

$$\therefore X = \sqrt{Z^2 - R^2}$$
$$= \sqrt{5^2 - 4^2} = \sqrt{25 - 16} = \sqrt{9} = 3 \text{[Ω]}$$

【問い 3】答（ロ）

〔解き方〕電力 P は，

$$P = VI\cos\theta$$

$\cos\theta$ を求めると，

$$\cos\theta = \frac{P}{VI} = \frac{800}{100 \times 10} = 0.8$$

負荷インピーダンス Z は，

$$Z = \frac{V}{I} = \frac{100}{10} = 10 \text{[Ω]}$$

$\cos\theta = R/Z$ の関係より，

$$R = Z\cos\theta = 10 \times 0.8$$
$$= 8 \text{[Ω]}$$

また，$Z = \sqrt{R^2 + X^2}$ であるから，

$$X = \sqrt{Z^2 - R^2} = \sqrt{10^2 - 8^2}$$
$$= 6\,[\Omega]$$

【問い 4】答（ロ）

〔解き方〕

$$\cos\theta = \frac{P}{\sqrt{P^2 + Q^2}}$$

の関係より，

$$0.8 = \frac{100}{\sqrt{100^2 + Q^2}}$$

$$\sqrt{100^2 + Q^2} = \frac{100}{0.8}$$

$$Q^2 = \left(\frac{100^2}{0.8^2}\right) - 100^2 = 100^2\left(\frac{1}{0.8^2} - 1\right)$$

$$= 100^2 \times 0.5625 = (0.75 \times 100)^2$$

$$Q = 75\,[\text{kvar}]$$

【問い 5】答（ロ）

〔解き方〕電力が $P = I^2R$ で求められるのと同様に，無効電力は $Q = I^2X$ で計算できる．

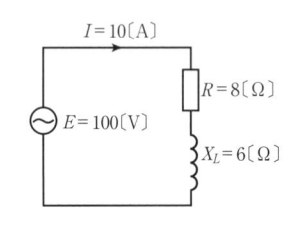

回路図より

$$Q = 10^2 \times 6$$
$$= 600\,[\text{var}]$$

【問い 6】答（ハ）

〔解き方〕$15\,[\Omega]$ の抵抗を流れる電流 I_R は，$60\,[V]$ の電圧がかかっているから，

$$I_R = \frac{60}{15} = 4\,[\text{A}]$$

回路の力率は，抵抗分を流れる電流と，回路全体を流れる電流の比で，

$$\cos\theta = \frac{I_R}{I} = \frac{4}{5} = 0.8$$

∴ $80\,[\%]$

【問い 7】答（ハ）

〔解き方〕リアクタンスを流れる電流 I_X は，

$$I_X = \frac{120}{40} = 3\,[\text{A}]$$

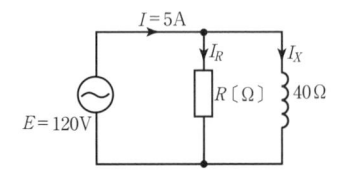

抵抗 R を流れる電流 I_R は，$I = \sqrt{I_R^2 + I_X^2}$ より，

$$I_R = \sqrt{I^2 - I_X^2} = \sqrt{5^2 - 3^2}$$
$$= 4\,[\text{A}]$$

$$\cos\theta = \frac{I_R}{I} = \frac{4}{5} = 0.8$$

∴ $80\,[\%]$

【問い 8】答（ハ）

〔解き方〕抵抗 R を流れる電流を I_R，リアクタンス X を流れる電流を I_X，電源から供給される電流 $\dot{I}$ は，$\dot{I} = \dot{I}_R - j\dot{I}_X$ で図のような関係になる．

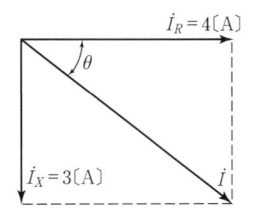

ベクトル図より $\dot{I}$ の大きさを求めると，

$$I = \sqrt{I_R^2 + I_X^2} = \sqrt{4^2 + 3^2}$$
$$= 5\,[\text{A}]$$

負荷の力率 $\cos\theta$ は，

$$\cos\theta = \frac{I_R}{I} = \frac{4}{5} = 0.8$$

∴ $80\,[\%]$

【問い 9】答（ハ）

〔解き方〕回路のインピーダンス Z は，

$$Z = \sqrt{R^2 + X^2} = \frac{V}{I} = \frac{100}{5}$$
$$= 20\,[\Omega]$$

R の両端の電圧が $80\,[V]$ で流れる電流が $5\,[A]$ であるから，R の値は，

$$R = \frac{80}{5} = 16\,[\Omega]$$

この回路の力率 $\cos\theta$ は，

$$\cos\theta = \frac{R}{Z} = \frac{16}{20} = 0.8$$

∴ $80\,[\%]$

【問い 10】答（イ）

〔解き方〕直流電圧についてはリアクタンスが $0\,[\Omega]$ となり，抵抗のみとなる．これより抵抗 R を求めると，

$$R = \frac{E}{I} = \frac{100}{5} = 20\,[\Omega]$$

次に正弦交流電圧 $100\,[V]$ を加えたときはリアクタンスが働くので等価回路は図のようになる．電流が $5\,[A] \to 2\,[A]$ と減少しているのは，リアクタンス分が増えているからである．

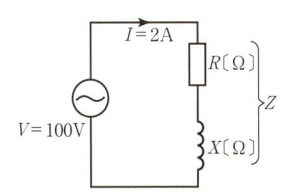

負荷のインピーダンスを求めると，

$$Z = \frac{V}{I} = \frac{100}{2} = 50 \text{ [Ω]}$$

負荷の力率 $\cos\theta$ を求めると，

$$\cos\varphi = \frac{R}{Z} \times 100 = \frac{20}{50} \times 100 = 40 \text{ [％]}$$

【問い 11】答（ロ）
〔解き方〕皮相電力量を求めると，

$$皮相電力量 = \frac{有効電力量}{平均力率} = \frac{4000}{0.8} = 5000 \text{ [kV・A・h]}$$

無効電力量を求めると，

$$\begin{aligned}無効電力量 &= \sqrt{(皮相電力量)^2 - (有効電力量)^2} \\ &= \sqrt{5000^2 - 4000^2} = 1000 \times \sqrt{5^2 - 4^2} \\ &= 1000 \times 3 = 3000 \text{ [kvar・h]}\end{aligned}$$

【問い 12】答（ハ）
〔解き方〕〔問い 11〕より皮相電力量，有効電力量，無効電力量のうちいずれか二つを測定できればよい．

電力量計と無効電力量計により，皮相電力量を求め，電力量と皮相電力量の比により平均力率を求めることができる．

9. 三相交流回路 1

【問い 1】答（ロ）
〔解き方〕線路リアクタンス 9〔Ω〕を Y 回路の中に含め，問題図を描き換えるとわかりやすい．1 相分のインピーダンス $\dot{Z}$ は，

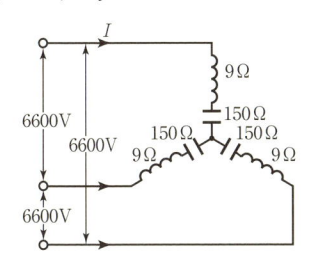

$$Z = j(9 - 150) = -j141 \text{ [Ω]}$$

インピーダンスの大きさは 141〔Ω〕．Y 結線の電流 I は，相電圧 $6600/\sqrt{3}$ 〔V〕をインピーダンス Z で除したものであるから，

$$I = \frac{V}{\sqrt{3}} \times \frac{1}{Z} = \frac{6600}{\sqrt{3}} \times \frac{1}{141}$$
$$= 27.0 \text{ [A]}$$

【問い 2】答（ロ）
〔解き方〕三相用コンデンサの定格容量は，次式で求められる．

$$Q = \sqrt{3}VI \text{ [kvar]}$$

線路電流 I〔A〕は，次式のように求められる．

$$I = \frac{Q}{\sqrt{3}V} \text{ [A]}$$

問題では，容量は〔kvar〕，電圧は〔kV〕で与えられているので，〔kvar〕，〔V〕で示すと，

$$I = \frac{Q \times 1000 \text{ [kvar]}}{\sqrt{3} \times V \times 1000 \text{ [V]}} = \frac{Q}{\sqrt{3}V} \text{ [A]}$$

と，電流は〔A〕の単位で求められる．

【問い 3】答（ニ）
〔解き方〕複雑そうな図に迷わされてはいけない．コンデンサの接地を 1 点にまとめ，負荷側を無視すると右図のようになる．

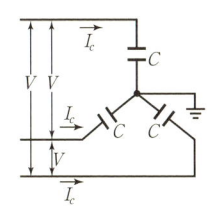

I_C を求めると，

$$I_C = \frac{V}{\sqrt{3}} \times \frac{1}{\frac{1}{2\pi fC}} = \frac{2\pi fCV}{\sqrt{3}} \text{ [A]}$$

【問い 4】答（ニ）
〔解き方〕線電流 = $\sqrt{3}$ ×（相電流）である．

1 相分のインピーダンス $\dot{Z}$ の大きさは，

$$Z = \sqrt{6^2 + 8^2} = 10 \text{ [Ω]}$$

相電流 I_Δ は，

$$I_\Delta = \frac{V}{Z} = \frac{200}{10} = 20 \text{ [A]}$$

線電流 I は上記の関係より，

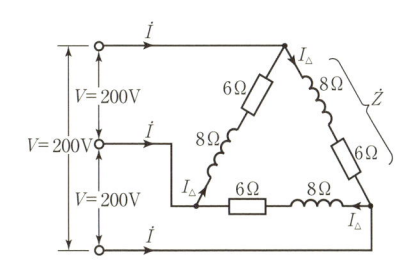

$$I = \sqrt{3}\,I_\Delta = \sqrt{3} \times 20$$
$$\fallingdotseq 34.6 \fallingdotseq 35\,[\text{A}]$$

【問い 5】答（ロ）

〔解き方〕〔問い4〕の問題前半である．

相電流 I は相電圧（＝線間電圧）V を相インピーダンス Z で除したもので，

$$I = \frac{V}{Z} = \frac{200}{\sqrt{12^2 + 16^2}} = \frac{200}{20}$$
$$= 10\,[\text{A}]$$

【問い 6】答（ハ）

〔解き方〕R の抵抗を Y 接続した場合は(a)図のようになる．R を求めると，

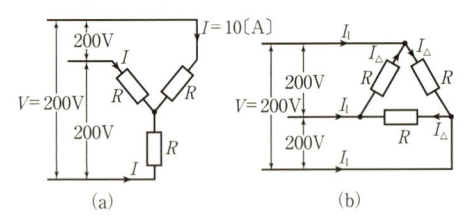

$$R = \frac{V}{\sqrt{3}} \times \frac{1}{I} = \frac{200}{\sqrt{3}} \times \frac{1}{10}$$
$$= \frac{20}{\sqrt{3}}\,[\Omega]$$

この抵抗を Δ 接続した回路は，(b)図のようになり，相電流 I_Δ

$$I_\Delta = \frac{V}{R} = \frac{200}{\frac{20}{\sqrt{3}}} = 10\sqrt{3}\,[\text{A}]$$

線電流 $I_l = \sqrt{3}\,I_\Delta$ であるから

$$I_l = \sqrt{3}\,I_\Delta = \sqrt{3} \times 10\sqrt{3}$$
$$= 30\,[\text{A}]$$

【問い 7】答（ハ）

〔解き方〕三相全体として求める方法もあるが1相あたりにし，単相回路として計算する方がわかりやすい．

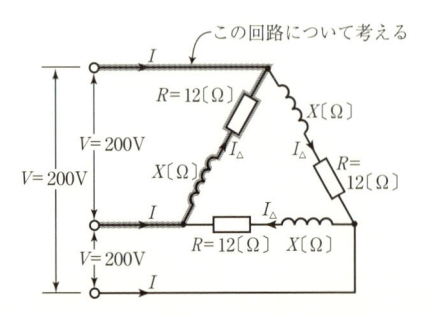

1相あたりの消費電力は $3600/3 = 1200\,[\text{W}]$
相電流を I_Δ とすると

$$I_\Delta^2 \times 12 = 1200$$
$$I_\Delta = \sqrt{\frac{1200}{12}} = 10\,[\text{A}]$$

線電流 $I_l = \sqrt{3}\,I_\Delta$ であるから，

$$I = \sqrt{3} \times 10 \fallingdotseq 17.3\,[\text{A}]$$

【問い 8】答（イ）

〔解き方〕インピーダンスの Δ→Y に変換する公式を知っている必要がある．

したがって，

$$R = \frac{6 \times 6}{6 + 6 + 6} = 2\,[\Omega]$$
$$X = \frac{12 \times 12}{12 + 12 + 12} = 4\,[\Omega]$$

【問い 9】答（イ）

〔解き方〕〔問い8〕と同じ方法で解ける．

各相のインピーダンスが等しい場合の Δ→Y 変換は $Z_Y = \dfrac{Z_\Delta}{3}$ なので，

$$\dot{Z}_Y = \frac{18 + j18}{3} = 6 + j6$$

【問い 10】答（ロ）

〔解き方〕中の Δ 接続を〔問い9〕の方法で Y 接続に変換すると 1/3 になるから，3〔Ω〕．この結果を等価回路で表すと右図のようになる．

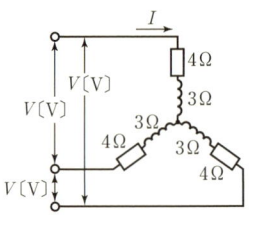

1相分のインピーダンス Z は，

$$Z = \sqrt{4^2 + 3^2} = 5\,[\Omega]$$

電流 I を求めると，

$$I = \frac{V}{\sqrt{3}} \times \frac{1}{5} = \frac{V}{5\sqrt{3}}\,[\text{A}]$$

---

10. 三相交流回路2

【問い 1】答（ハ）

〔解き方〕三相電力を求めるにはいろいろな方法があるが，各相の抵抗で消費される電力を求めて合計するのがわかりやすい．

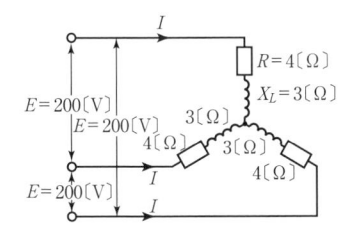

回路を流れる電流 I を求めると,

$$I = \frac{200}{\sqrt{3}} \times \frac{1}{\sqrt{4^2+3^2}} = \frac{40}{\sqrt{3}} \text{[A]}$$

全消費電力 P は,1相の消費電力の3倍であるから

$$P = 3I^2R = 3 \times \left(\frac{40}{\sqrt{3}}\right)^2 \times 4 = 6400 \text{[W]}$$

【問い 2】答(ハ)

〔解き方〕問題図をわかりやすく書き換えると,図のような Δ 接続であることがわかる.

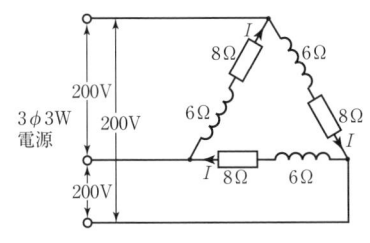

相電流 I [A] は,

$$I = \frac{200}{\sqrt{8^2+6^2}} = \frac{200}{10} = 20 \text{[A]}$$

1相分の抵抗を R とすると,1相分の消費電力は I^2R である.3相分の消費電力 P は1相分の3倍になるから,

$$P = 3I^2R = 3 \times 20^2 \times 8 = 9600 \text{[W]} = 9.6 \text{[kW]}$$

【問い 3】答(イ)

〔解き方〕コンデンサに流入する電流 I は,

$$I = \frac{V}{\sqrt{3}} \times \omega C = \frac{2\pi fCV}{\sqrt{3}} \text{[A]}$$

ただし,$\omega = 2\pi f$

1相あたりの進相容量は $\frac{V}{\sqrt{3}} I$ であるから,三相の進相容量 Q_C [var] は

$$Q_C = 3 \times \frac{V}{\sqrt{3}} \times I = 3 \times \frac{V}{\sqrt{3}} \times \frac{2\pi fCV}{\sqrt{3}} = 2\pi fCV^2 \text{[var]}$$

【問い 4】答(ニ)

〔解き方〕断線する前の電流 I_C' を求めると,

$$I_C' = \frac{\sqrt{3}V}{R}$$

断線後の回路は図のようになる.このときの電流 I_C を求めると,

$$I_C = \frac{V}{R} + \frac{V}{2R} = \frac{3V}{2R}$$

I_C と I_C' の比を求めると,

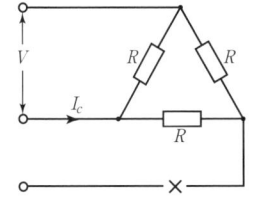

$$\frac{I_C}{I_C'} = \frac{\frac{3V}{2R}}{\frac{\sqrt{3}V}{R}} = \frac{\sqrt{3}}{2}$$

【問い 5】答(イ)

〔解き方〕ヒューズが溶断する前の負荷を流れる電流 I(相電流)は,

$$I = \frac{P}{V} = \frac{2000}{200} = 10 \text{[A]}$$

電流計の指示 I_1 は,線電流であるから,

$$I_1 = \sqrt{3} \times 10 = 10\sqrt{3} \text{[A]}$$

2 [kW] の負荷抵抗 R は,

$$R = \frac{V^2}{P} = \frac{200^2}{2000} = 20 \text{[Ω]}$$

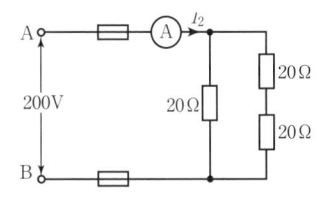

C 相のヒューズが溶断したときの回路は上図のようになる.このときの負荷の合成抵抗 R_0 は

$$R_0 = \frac{20 \times (20+20)}{20 + (20+20)} = \frac{40}{3} \text{[Ω]}$$

電流計の指示 I_2 は,

$$I_2 = \frac{V_{AB}}{R_0} = \frac{200}{\frac{40}{3}} = \frac{200 \times 3}{40}$$

$$= 15 \text{[A]}$$

I_2/I_1 の値を求めると,

$$\frac{I_2}{I_1} = \frac{15}{10\sqrt{3}} = \frac{\sqrt{3}}{2} \approx 0.87$$

【問い 6】答(ハ)

〔解き方〕断線する前の消費電力を P,電圧を V とする

と，次式が成り立つ．

$$P = 3I^2 r = 3\left(\frac{V}{r}\right)^2 r = 3\frac{V^2}{r} = 3 \times \frac{200^2}{r} = 30 \times 10^3$$

r を求めると，

$$r = \frac{3 \times 200^2}{30 \times 10^3} = 4 \,[\Omega]$$

×印点で断線した場合の等価回路は図のようになる．

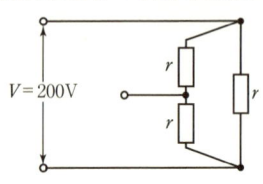

このとき消費電力 P' は，

$$P' = \frac{V^2}{r} + \frac{V^2}{2r}$$
$$= \frac{200^2}{4} + \frac{200^2}{2 \times 4} = 15\,000$$
$$= 15 \,[\text{kW}]$$

11. 電気計測1

【問い 1】答（ロ）
〔解き方〕誘導形計器の図記号は（ロ）である．なお，（イ）は整流形計器，（ハ）は可動鉄片形計器，（ニ）は電流力計器である．

【問い 2】答（イ）
〔解き方〕可動コイル形計器（イ）は直流用で，交流回路には使用できない．（ロ）（ハ）（ニ）はいずれも交流用の計器である．

12. 電気計測2

【問い 1】答（イ）
〔解き方〕倍率器の抵抗を図のように $R\,[\Omega]$ とする．300 [V] の電圧を測定したとき，倍率器に加わる電圧は $300 - 3 = 297$ [V] である．このとき電圧計のコイルを流れる電流 I は，

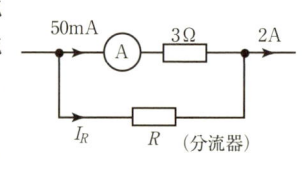

$$I = \frac{3}{r} = \frac{3}{30 \times 10^3}$$
$$= 1 \times 10^{-4} \,[\text{A}]$$

倍率器の抵抗 R は，$IR = 297$ [V] であるから，

$$R = \frac{297}{I} = \frac{297}{1 \times 10^{-4}}$$
$$= 2970 \times 10^3 \,[\Omega] = 2970 \,[\text{k}\Omega]$$

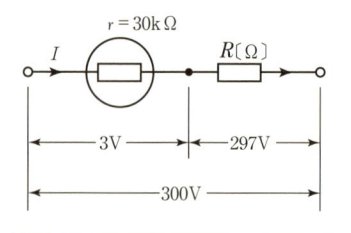

【問い 2】答（ロ）
〔解き方〕電流計に 20 [mA] 流れたときの端子電圧は

$$9 \times 20 = 180 \,[\text{mV}]$$

このとき分流器を流れる電流は

$$\frac{180}{1} = 180 \,[\text{mA}]$$

全電流 $I = 20 + 180 = 200 \,[\text{mA}]$

【問い 3】答（ハ）
〔解き方〕電流計の両端電圧は，

$$50 \times 10^{-3} \times 3 = 0.15 \,[\text{V}]$$

分流器を流れる電流を図のように I_R，分流器の抵抗を $R\,[\Omega]$ とする．R の両端電圧が，0.15 [V] のときに R を流れる電流は

$$2 - 50 \times 10^{-3} = 1.95 \,[\text{A}]$$

$$\therefore\ R = \frac{0.15}{1.95} \fallingdotseq 0.077 \,[\Omega]$$

【問い 4】答（イ）
〔解き方〕分流器を流れる電流 $I_r\,[\text{A}]$ は

$$I_r = I_0 - I$$

電圧計による電圧降下と分流器による電圧降下は等しいので，

$$R(I_0 - I) = rI$$

分流器抵抗 R を求めると，

$$R = \frac{I}{I_0 - I} \cdot r \,[\Omega]$$

13. 電気計測3

【問い 1】答（ロ）
〔解き方〕電力計 W_1 と W_2 を問題の図のように接続す

ると，Ⓦの指示 P_1 とⓌの指示 P_2 の和が三相電力 P_3 である．

$$P_3 = P_1 + P_2 = 0 + 1000$$
$$= 1000 \text{ [W]}$$

【問い 2】答（ロ）
〔解き方〕1時間あたりの円板の回転数 n は，1時間 $= 60 \times 60 = 3600$ 秒であるから，

$$n = \frac{3600 \times 10}{12} = 3000 \text{ [rev/h]}$$

1時間で3000回転する．計器定数が1500 [rev/h] であるから，1500回転で1 [kW·h] となる．

$$平均消費電力 = \frac{3000 \text{ [rev/h]}}{1500 \text{ [rev/kW·h]}} = 2 \text{ [kW]}$$

【問い 3】答（イ）
〔解き方〕電力と電力量の関係をよく理解しておかねばならない．電力計の円板が36 [s] で10回転するから，1時間（3600 [s]）では1000回転する．電力量計の計器定数が1000 [rev/kW·h] であるから，1000回転で1 [kW·h] の電力量となる．したがって，負荷の電力量は1時間で1 [kW·h] なので，負荷電力は1 [kW] である．

〔配電理論〕

1. 負荷の変動と設備容量

【問い 1】答（ロ）
〔解き方〕スタディポイントより需要率は，

$$需要率 = \frac{最大需要電力}{設備容量} \times 100 \text{ [\%]}$$
$$= \frac{B}{A} \times 100 \text{ [\%]}$$

【問い 2】答（イ）
〔解き方〕負荷の設備容量を [kW] で表すと，平均力率が80 [%]（0.8）であるから，

$$150 \times 0.8 = 120 \text{ [kW]}$$

需要率は（最大需要電力）/（設備容量）であるから，最大需要電力は次式で求まる．

$$最大需要電力 = 設備容量 \times 需要率$$
$$= 120 \times 0.4 = 48 \text{ [kW]}$$

【問い 3】答（ロ）
〔解き方〕不等率はスタディポイントより，

$$不等率 = \frac{各負荷の最大需要電力の和}{合成した負荷の最大需要電力}$$

したがって，配電線が供給する最大電力は，

$$最大電力 = \frac{A工場最大需要電力 + B工場最大需要電力}{不等率}$$
$$= \frac{160 + 100}{1.3} = 200 \text{ [kW]}$$

【問い 4】答（イ）
〔解き方〕設備容量 4 [kW] の負荷の最大需要電力 P_1 は，スタディポイントより

$$P_1 = 設備容量 \times 需要率$$
$$= 4 \times 0.5 = 2.0 \text{ [kW]}$$

設備容量 5 [kW] の最大需要電力 P_2 は

$$P_2 = 5 \times 0.5 = 2.5 \text{ [kW]}$$

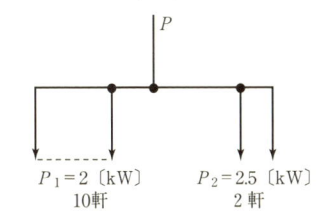

需要家の負荷を総合したときの最大需要電力 P を求めると，

$$P = \frac{需要家個々の最大電力の和}{不等率}$$
$$= \frac{P_1 \times 10 + P_2 \times 2}{1.25}$$
$$= \frac{2 \times 10 + 2.5 \times 2}{1.25} = 20 \text{ [kW]}$$

【問い 5】答（ロ）
〔解き方〕スタディポイントより負荷率は，負荷の平均電力を負荷の最大電力で除したものである．

$$負荷率 = \frac{平均電力}{最大需要電力} \times 100 \text{ [\%]}$$
$$= \frac{C}{A} \times 100 \text{ [\%]}$$

【問い 6】答（ハ）
〔解き方〕最大電力は問題の日負荷曲線より 100 [kW]
受電設備の平均電力を求めると，

$$平均電力 = \frac{40 \times 8 + 100 \times 8 + 40 \times 8}{24} = 60 \text{ [kW]}$$

日負荷率はスタディポイントより

$$負荷率 = \frac{平均電力}{最大需要電力} \times 100 [\%]$$
$$= \frac{60}{100} \times 100 [\%]$$
$$= 60 [\%]$$

【問い 7】答（ロ）
〔解き方〕負荷の平均電力は,
$$平均電力 = \frac{72000}{30 \times 24}$$
$$= 100 [kW]$$
月負荷率は
$$月負荷率 = \frac{100}{400} \times 100 [\%]$$
$$= 25 [\%]$$

【問い 8】答（イ）
〔解き方〕ある月の最大需要電力は,
$$最大需要電力 = 需要率 \times 負荷設備の合計$$
$$= 0.4 \times 500 = 200 [kW]$$
$$月平均需要電力 = 負荷率 \times 最大需要電力$$
$$= 0.5 \times 200 = 100 [kW]$$

2. 配電方式

【問い 1】答（ハ）
〔解き方〕50 [A] の負荷電流は, 遅れ力率 0.8 であるから,
$$50(\cos\theta - j\sin\theta) = 50(0.8 - j\sqrt{1-0.8^2})$$
$$= 40 - j30 [A]$$
32 [A] の負荷電流は, 力率が 1.0 であるから, 32 [A]
配電線の電流 $\dot{I}$ [A] は, これらの合計になり
$$\dot{I} = 40 + 32 - j30$$
$$= 72 - j30 [A]$$
$\dot{I}$ の大きさは,
$$I = \sqrt{72^2 + 30^2} \fallingdotseq 78 [A]$$

3. 単相3線式配電

【問い 1】答（ニ）
〔解き方〕（ニ）の前半は正しく, 中性線は接地する. 後半が誤りで, 電技解釈第35条により, 多線式電路の中性線（単相3線式配電線路の中性線も該当する）には, ヒューズなどの過電流遮断器を施設してはならない.
（イ）中性線が接地してあるので, 対地電圧は 100 [V].
（ロ）中性線には電流が流れないので, 電力損失は0.
（ハ）中性線が断線すると, 軽負荷の方の端子電圧は 100 [V] より高くなる.

【問い 2】答（ロ）
〔解き方〕次図のように I_1, I_2 を求める.

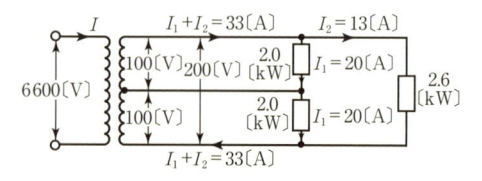

2.0 [kW] 負荷の電圧は 100 [V] であるから, 負荷電流 I_1 は,
$$I_1 = \frac{2000}{100} = 20 [A]$$
2.6 [kW] 負荷の電圧は 200 [V] であるから, 負荷電流 I_2 は,
$$I_2 = \frac{2600}{200} = 13 [A]$$
変圧器二次巻線に流れる電流は,
$$I_1 + I_2 = 20 + 13 = 33 [A]$$
変圧器の損失を無視するので, 一次側の電力と二次側の電力は等しい. 一次電流 I [A] は
$$6600 \times I = 33 \times 200$$
$$I = \frac{33 \times 200}{6600} = 1 [A]$$

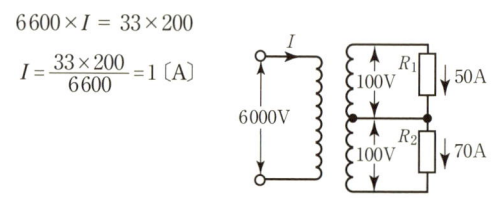

【問い 3】答（ハ）
〔解き方〕励磁電流と損失は無視する（無視するとは0とするということである）ので, 変圧器の二次側電力と一次側電力は等しい.
$$6000 \times I = 100 \times 50 + 100 \times 70$$
$$\therefore I = \frac{100 \times 50 + 100 \times 70}{6000} = 2 [A]$$

【問い 4】答（ハ）
〔解き方〕図 a の単相3線式回路の供給電力 P_3 は,
$$P_3 = I^2 R + I^2 R = 2I^2 R$$
1線あたりの供給電力は,
$$\frac{P_3}{3} = \frac{2}{3} I^2 R \quad (1)$$
図 b の単相2線式回路の供給電力 P_2 は,
$$P_2 = I^2 R$$
1線あたりの供給電力は,
$$\frac{P_2}{2} = \frac{I^2 R}{2} \quad (2)$$

(図a)/(図b) であるから，(1)式/(2)式で，

$$\frac{\frac{2I^2R}{3}}{\frac{I^2R}{2}} = \frac{2I^2R}{3} \times \frac{2}{I^2R} = \frac{4}{3}$$

【問い 5】答（ロ）

〔解き方〕参考ベクトル図は $\dot{I}_A$ と $\dot{I}_B$ より $\dot{I}_N$ を求めるためのものである．$\dot{I}_A + (-\dot{I}_B)$ が $\dot{I}_N$ である．

I_A は力率100%で電源電圧と同相であり，参考図の基準ベクトルである．ベクトルで表すと，

$$\dot{I}_A = 20 \text{ [A]}$$

I_B をベクトルで表す．力率50%は，$\cos 60°$ となるから，

$$\dot{I}_B = 20(\cos 60° - \sin 60°)$$
$$= 20\left(\frac{1}{2} - j\frac{\sqrt{3}}{2}\right)$$
$$= 10 - j10\sqrt{3} \text{ [A]}$$

ベクトル図より $\dot{I}_N$ を求めると，

$$\dot{I}_N = \dot{I}_A + (-\dot{I}_B) = \dot{I}_A - \dot{I}_B$$
$$= 20 - (10 - j10\sqrt{3})$$
$$= 10 + j10\sqrt{3} \text{ [A]}$$

$\dot{I}_N$ の大きさは

$$I_N = \sqrt{10^2 + (10\sqrt{3})^2}$$
$$= \sqrt{100 + 300} = 20 \text{ [A]}$$

【問い 6】答（ロ）

〔解き方〕〔問い5〕のベクトル図を参考にすればわかりやすい．

$$\dot{I}_1 = 4 \text{ [A]}$$

I_2 をベクトルで表すと，

$$\dot{I}_2 = 5(\cos\theta - j\sin\theta)$$
$$= 5 \times 0.8 - j5 \times 0.6$$
$$= 4 - j3 \text{ [A]}$$

$\cos\theta = 0.8$ のとき

$$\sin\theta = \sqrt{1 - \cos^2\theta} = \sqrt{1 - 0.8^2} = 0.6$$

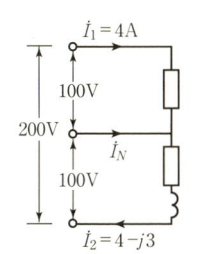

中性線電流 $\dot{I}_N$ は，

$$\dot{I}_N = \dot{I}_1 - \dot{I}_2 = 4 - (4 - j3)$$
$$= +j3 \text{ [A]}$$

$\dot{I}_N$ の大きさは，$I_N = 3$ [A]

【問い 7】答（ロ）

〔解き方〕P点で断線したときの回路をわかりやすく描くと図のようになる．

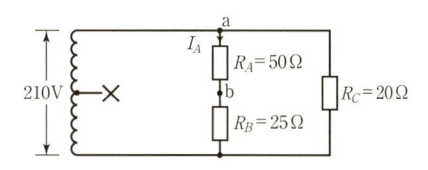

R_AをAの抵抗，R_BをBの抵抗，R_CをCの抵抗とすると，

$$R_A = \frac{100^2}{200} = 50 \text{ [\Omega]}$$

$$R_B = \frac{100^2}{400} = 25 \text{ [\Omega]}$$

抵抗 R_A を流れる電流 I_A は，

$$I_A = \frac{210}{R_A + R_B} = \frac{210}{50 + 25}$$
$$= 2.8 \text{ [A]}$$

抵抗負荷 A に加わる電圧 V_{ab} は，

$$V_{ab} = I_A R_A = 2.8 \times 50 = 140 \text{ [V]}$$

【問い 8】答（ロ）

〔解き方〕断線したときの変圧器二次側の回路は図のようになる．電力は $P = V^2/R$ で求められるので，回路全体の電力は，

$$P_0 = \frac{V^2}{R} + \frac{V^2}{R} + \frac{(2V)^2}{2R}$$
$$= \frac{105^2}{10} + \frac{105^2}{10} + \frac{(2 \times 105)^2}{10 + 10}$$
$$= 4410 \text{ [W]}$$
$$\approx 4.41 \text{ [kW]}$$

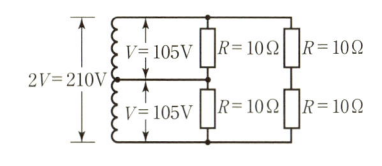

---

4. 配電線の電圧降下計算

【問い 1】答（ハ）

〔解き方〕送電端の電圧を V_s とすると，電圧降下 e はスタディポイント(1)式より，r および x は往復2線分を考え，

$$e = V_s - V_r = I(2r\cos\theta + 2x\sin\theta)$$

受電端の電圧 V_r を求めると，

$$V_r = V_s - 2I(r\cos\theta + x\sin\theta)$$
$$= 220 - 2 \times 10 \times (0.4 \times 0.8 + 0.3 \times 0.6) = 210 \text{ [V]}$$

力率 $\cos\theta = 0.8$ であるから $\sin\theta = 0.6$ である．

【問い 2】答（ニ）

〔解き方〕単相2線式配電線の負荷端の電圧を V_r とする

と，送電端電圧 V_s はスタディポイント(2)式より，

$$V_s = V_r + 2I(R\cos\theta + X\sin\theta)$$
$$= 6300 + 2 \times 100(2 \times 0.8 + 1.5 \times 0.6) = 6800 \text{ [V]}$$

回路図：$R=2[\Omega]$, $X=1.5[\Omega]$, $V_s[V]$, $V_r=6300[V]$, $I=100[A]$, $\cos\theta=0.8$

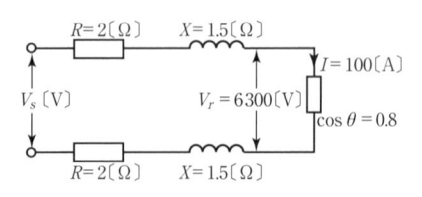

【問い 3】答（イ）

〔解き方〕スタディポイント(5)式で，$\cos\theta = 1.0$，$I = \dfrac{V_2}{\sqrt{3}R}$ とすれば求められる．

回路を1相分の等価回路で表すと図のようになる．1相分の電圧降下は，

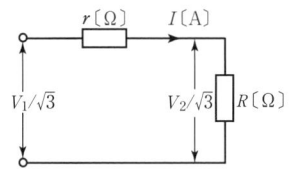

$$\frac{V_1}{\sqrt{3}} - \frac{V_2}{\sqrt{3}} = Ir \quad (1)$$

電流 I は図より，

$$I = \frac{V_2}{\sqrt{3}R} \quad (2)$$

(2)式を(1)式に代入すると，

$$\frac{V_1}{\sqrt{3}} - \frac{V_2}{\sqrt{3}} = \frac{V_2}{\sqrt{3}R} \times r$$

上式の両辺に $\sqrt{3}$ を掛けると，線間の電圧降下が求まる．

$$V_1 - V_2 = \frac{r}{R}V_2 \text{ [V]}$$

【問い 4】答（イ）

〔解き方〕三相3線式配電線路の送電端と受電端の関係はスタディポイント(4)式より，

$$V_s \fallingdotseq V_r + \sqrt{3}I(r\cos\theta + x\sin\theta)$$

$V_s - V_r$ を求めると，

$$V_s - V_r \fallingdotseq \sqrt{3}I(r\cos\theta + x\sin\theta)$$

【問い 5】答（ハ）

〔解き方〕インダクタンスを無視して，負荷力率1であるから，スタディポイント(4)式で，$X = 0$，$\cos\theta = 1$ とおいて，

$$e = \sqrt{3}\,IR$$

となる．

$$e = \sqrt{3}\,IR = \sqrt{3} \times 1.73 \times 0.2 = 60 \text{ [V]}$$

$\sqrt{3} \fallingdotseq 1.73$ であるから，$\sqrt{3} \times 1.73 = \sqrt{3} \times \sqrt{3} \times 100 = 300$ となり計算しやすい．

【問い 6】答（ロ）

〔解き方〕〔問い5〕と同様，スタディポイント(5)式が適用できる．配電間の電圧降下 e は，

$$e = \sqrt{3}\,Ir\cos\theta$$

で，$I = 173$ [A]，$r = 1.25$ [Ω]，$\cos\theta = 0.8$ を代入すると，

$$e = \sqrt{3} \times 173 \times 1.25 \times 0.8 = 300 \text{ [V]}$$

【問い 7】答（ロ）

〔解き方〕この問題もスタディポイント(5)式を適用して計算できるが，ここでは基礎から求めてみよう．負荷の電力を P，端子電圧を V，力率を $\cos\theta$，負荷電流を I とすると，

$$P = \sqrt{3}\,VI\cos\theta$$
$$\therefore I = \frac{P}{\sqrt{3}\,V\cos\theta} \quad (1)$$

電線1条当たりの抵抗を r とすると，送電端の線間電圧 V_s は，

$$V_s = V + \sqrt{3}\,Ir\cos\theta \quad (2)$$

(1)式を(2)式に代入すると，

$$V_s = V + \sqrt{3} \times \frac{Pr\cos\theta}{\sqrt{3}\,V\cos\theta}$$
$$= V + \frac{Pr}{V}$$
$$= 200 + \frac{40 \times 10^3 \times 0.02}{200}$$
$$= 204 \text{ [V]}$$

【問い 8】答（ロ）

〔解き方〕スタディポイント(5)式の応用である．(5)式で $r = 0.1$ [Ω]，$\cos\theta = 0.8$ が与えられているので，電流 I [A] が必要である．消費電力を P，配電線路の電圧を V，力率を $\cos\theta$ とすると，線路電流 I は，

$$I = \frac{P}{\sqrt{3}\,V\cos\theta} = \frac{16 \times 10^3}{\sqrt{3} \times 200 \times 0.8} = \frac{16 \times 10^3}{\sqrt{3} \times 160} = \frac{100}{\sqrt{3}} \text{ [A]}$$

この配電線路の電圧降下 e は，スタディポイント(5)式より，

$$e = \sqrt{3}\,Ir\cos\theta = \sqrt{3} \times \frac{100}{\sqrt{3}} \times 0.1 \times 0.8 = 8 \text{ [V]}$$

【問い 9】答（ハ）

〔解き方〕リアクタンスを無視するのであるから，スタディポイント(5)式となる．(5)式で $x = 0$，$\cos\theta = 1$ として

e は,

$$e = \sqrt{3}\,Ir = \sqrt{3} \times 40 \times r = 4 \text{ (V)}$$

電線の抵抗 r を求めると,

$$r = \frac{4}{\sqrt{3} \times 40} = \frac{1}{10\sqrt{3}} = \frac{\sqrt{3}}{10 \times 3} = \frac{\sqrt{3}}{30} \fallingdotseq 0.0577 \text{ (Ω)}$$

電圧降下を 4 (V) 以内にするには,電線の抵抗が 0.0577 (Ω) 以下で,これに最も近い値のものを選べばよい.したがって 38 (mm²) の電線の抵抗が 100 (m) 当たり 0.047 (Ω) であるから,これに該当する.もちろん 60 (mm²) でもよいわけであるが,問題に「最小太さは」と指定されているので,38 (mm²) が正解となる.

【問い 10】答（ハ）

〔解き方〕AB, BC, CD 間の電圧降下を各々求めて,その合計より A 点の電圧をきめる.

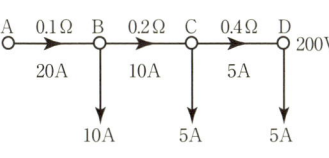

右図のように線路電流を書き加える.D 点の電圧を 200 (V) にする.C 点の電圧 V_C を求めると,

$$V_C = 200 + \sqrt{3} \times 5 \times 0.4 \quad (1)$$

B 点の電圧 V_B を求めると,

$$V_B = V_C + \sqrt{3} \times 10 \times 0.2 \quad (2)$$

A の電圧 V_A を求めると,

$$V_A = V_B + \sqrt{3} \times 20 \times 0.1 \quad (3)$$

(1)(2)式を(3)式に代入して V_A を求める.

$$\begin{aligned}V_A &= 200 + \sqrt{3} \times (5 \times 0.4 + 10 \times 0.2 + 20 \times 0.1) \\ &= 200 + \sqrt{3} \times 6.0 \\ &\fallingdotseq 210.4 \text{ (V)} \fallingdotseq 210 \text{ (V)}\end{aligned}$$

---

5. 配電線の電力損失計算

【問い 1】答（ニ）

〔解き方〕スタディポイント(3)式,(4)式の応用である.

図 A の線路損失 P_{lA} を求めると,

$$P_{lA} = (2I)^2 \times r + (2I)^2 \times r = 4I^2r + 4I^2r = 8I^2r \text{ (W)}$$

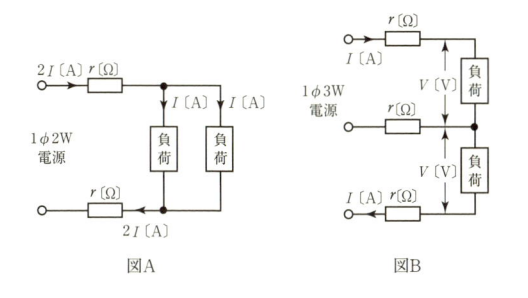

図 B の場合,中性線には電流が流れないので,線路損失は両外線にのみ生じる.図 B の線路損失 P_{lB} は,

$$P_{lB} = I^2r + I^2r = 2I^2r$$

P_{lA} と P_{lB} の比を求めると,

$$\frac{P_{lA}}{P_{lB}} = \frac{8I^2r}{2I^2r} = 4$$

【問い 2】答（ハ）

〔解き方〕スイッチ A のみを閉じたときは,図1のような単相2線式回路である.

負荷電流 I' は,

$$I' = \frac{1000}{100} = 10 \text{ (A)}$$

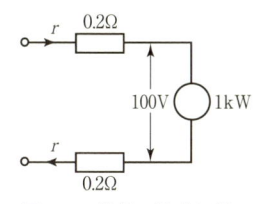

図 1 単相2線式回路

このときの線路損失 P_l' は,

$$P_l' = 2 \times (I')^2 \times 0.2 = 2 \times 10^2 \times 0.2 = 40 \text{ (W)}$$

スイッチ A と B を閉じたときは,図2の単相3線式回路となる.

この場合は負荷が平衡しているので,中性線に電流は流れない.両外線を流れる電流 I は,

$$I = \frac{1000}{100} = 10 \text{ (A)}$$

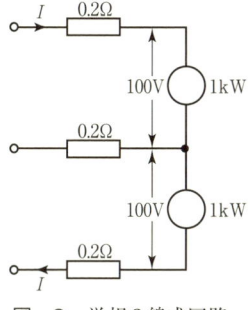

図 2 単相3線式回路

このときの線路損失 P_l は,両外線のみで発生するので,

$$P_l = 2 \times I^2 \times 0.2 = 2 \times 10^2 \times 0.2 = 40 \text{ (W)}$$

P_l' と P_l の比は,

$$\frac{P_l'}{P_l} = \frac{40}{40} = 1$$

【問い 3】答（ロ）

〔解き方〕スタディポイント(6)式が正解であるが,基本から求めてみよう.

配電線路を流れる電流 I は,

$$I = \frac{P}{\sqrt{3}\,V\cos\theta} \text{ (A)}$$

配電線路の電力損失 P_l は,3本の線で電力損失が発生するので,

$$P_l = 3I^2R$$
$$= 3 \times \left(\frac{P}{\sqrt{3}V\cos\theta}\right)^2 R$$
$$= \frac{P^2R}{V^2\cos^2\theta} \text{〔W〕}$$

【問い 4】答（ニ）

〔解き方〕図 A の場合，負荷電流 I_1 は，
$$I_1 = \frac{6000\text{〔W〕}}{100\text{〔V〕}} = 60 \text{〔A〕}$$

電力損失 L_1 は，往復 2 線で発生するので，
$$L_1 = 2I_1^2 r = 2 \times 60^2 \times 0.1 = 720 \text{〔W〕}$$

図 B の場合，負荷電流（＝線電流）I_3 は，
$$I_3 = \frac{2000}{\frac{200}{\sqrt{3}}} = \frac{\sqrt{3} \times 2000}{200} = 10\sqrt{3} \text{〔A〕}$$

電力損失は 3 線で発生するので，
$$L_3 = 3I_3^2 r$$
$$= 3 \times (10\sqrt{3})^2 \times 0.1$$
$$= 90 \text{〔W〕}$$

L_1 と L_3 の比を求めると，
$$\frac{L_1}{L_3} = \frac{720}{90} = 8$$

---

6. 配電線の力率改善

【問い 1】答（イ）

〔解き方〕スタディポイント(3)式である．

消費電力 P〔kW〕，遅れ力率 $\cos\theta_1$ の負荷に電力を供給する電路の力率を $\cos\theta_2$ に改善するためのコンデンサ容量を Q_C として求めると，
$$Q_C = P\tan\theta_1 - P\tan\theta_2$$
$$= P(\tan\theta_1 - \tan\theta_2) \text{〔kvar〕}$$

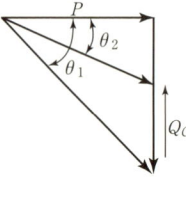

P の皮相電力は $\frac{P}{\cos\theta}$〔kV·A〕

無効電力は，皮相電力 × 無効率 $(\sin\theta)$ であるから，力率 $\cos\theta$ の P の無効電力は，$P\frac{\sin\theta}{\cos\theta} = P\tan\theta$

【問い 2】答（ニ）

〔解き方〕320〔kW〕，遅れ力率 0.8 の皮相電力 S を求めると，
$$S = \frac{320}{0.8} = 400 \text{〔kV·A〕}$$

遅れ無効電力 Q は，
$$Q = S\sin\theta$$
$$= 400 \times \sqrt{1 - \cos^2\theta}$$
$$= 400 \times \sqrt{1 - 0.8^2}$$
$$= 240 \text{〔kvar〕}$$

力率を 1 にするには，遅れ無効電力と同じ容量のコンデンサ Q_C を接続すればよい．
$$\therefore\ Q_C = 240 \text{〔kvar〕}$$

スタディポイント(3)式で $\tan\theta_1 = \frac{\sin\theta_1}{\cos\theta_1} = \frac{0.6}{0.8} = 0.75$，$\tan\theta_2 = 0$ として，
$$Q_C = 320 \times 0.75 - 320 \times 0 = 240 \text{〔kvar〕}$$
としても求められる．

【問い 3】答（ロ）

〔解き方〕負荷の有効電力 P を求めスタディポイント(3)式で計算する．
$$P = 100\cos\theta_1 = 100 \times 0.8 = 80 \text{〔kW〕}$$

力率改善に必要なコンデンサの容量 Q_C は，(3)式により $\tan\theta_2 = 0.33$ と与えられているので，
$$Q_C = P(\tan\theta_1 - \tan\theta_2) = 80\left(\frac{\sin\theta_1}{\cos\theta_1} - \tan\theta_2\right)$$
$$= 80\left(\frac{\sqrt{1-0.8^2}}{0.8} - 0.33\right)$$
$$= 80\left(\frac{0.6}{0.8} - 0.33\right)$$
$$= 80(0.75 - 0.33) = 33.6 \fallingdotseq 35 \text{〔kvar〕}$$

【問い 4】答（ニ）

〔解き方〕負荷の力率は $\cos\theta = 0.8$ であるから，負荷の無効電力 Q は，
$$Q = 500 \times \sin\theta = 500 \times 0.6 = 300 \text{〔kvar〕}$$

高圧進相コンデンサ 100〔kvar〕を挿入したとき，無効電力 Q' は，
$$Q' = 300 - 100 = 200 \text{〔kvar〕}$$

負荷の有効電力 P は，
$$P = 500 \times \cos\theta = 500 \times 0.8 = 400 \text{〔kW〕}$$

受電点における負荷の容量 S〔kV·A〕は，
$$S = \sqrt{P^2 + Q'^2} = \sqrt{400^2 + 200^2}$$
$$\fallingdotseq 447 \text{〔kV·A〕}$$

【問い 5】答（ロ）

〔解き方〕コンデンサ設置後の無効電力 Q〔kvar〕は，
$$Q = 150 - 50 = 100 \text{〔kvar〕}$$

消費電力を P〔kW〕として，改善後の力率 $\cos\theta$ を求め

ると，

$$\cos\theta = \frac{P}{\sqrt{P^2+Q^2}} = \frac{100}{\sqrt{100^2+100^2}} = \frac{1}{\sqrt{2}} \approx 0.707$$

パーセントで表すと，約71〔%〕になる．

【問い 6】答（イ）

〔解き方〕力率80〔%〕のときの電力損失 P_l は，

$$P_l = 3I^2 r = 3 \times \left(\frac{P}{\sqrt{3}V \times 0.8}\right)^2 r = \left(\frac{P}{V \times 0.8}\right)^2 r$$

$$= \frac{1}{0.8^2} \times \left(\frac{P}{V}\right)^2 r$$

力率100〔%〕の電力損失 P_l' は，

$$P_l' = 3(I')^2 r = 3 \times \left(\frac{P}{\sqrt{3}V}\right)^2 r = \left(\frac{P}{V}\right)^2 r$$

$$\frac{P_l'}{P_l} = \frac{\left(\frac{P}{V}\right)^2 r}{\frac{1}{0.8^2} \times \left(\frac{P}{V}\right)^2 r} = 0.8^2 = 0.64$$

【問い 7】答（ロ）

〔解き方〕〔問い 6〕とほぼ同じ内容の問題である．負荷の端子電圧を V，三相負荷の有効電力を P とすると，コンデンサを接続する前の負荷電流 I は，力率が遅れ80〔%〕であるから，

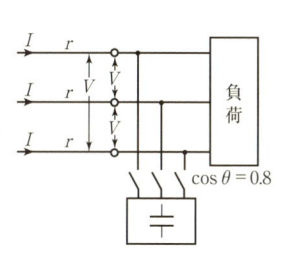

$$I = \frac{P}{\sqrt{3}V \times 0.8}$$

このときの電力損失 P_l は，（r は配電線1線の抵抗）

$$P_l = 3I^2 r = 3 \times \left(\frac{P}{\sqrt{3}V \times 0.8}\right)^2 r = \frac{1}{0.8^2} \times \left(\frac{P}{V}\right)^2 r$$

コンデンサを接続して，力率を100%に改善したときの電流 I' は，

$$I' = \frac{P}{\sqrt{3}V}$$

このときの電力損失 P_l' は，

$$P_l' = 3I'^2 r = 3 \times \left(\frac{P}{\sqrt{3}V}\right)^2 r = \left(\frac{P}{V}\right)^2 r$$

P_l' と P_l の比を求めると，

$$\frac{P_l'}{P_l} = \frac{\left(\frac{P}{V}\right)^2 r}{\frac{1}{0.8^2} \times \left(\frac{P}{V}\right)^2 r} = 0.8^2 = 0.64$$

7．短絡電流と遮断容量

【問い 1】答（イ）

〔解き方〕スタディポイント(1)式による．

短絡点 P より電源側を見た1線あたりの合成インピーダンス $\dot{Z}$ は，

$$\dot{Z} = (r + r_T) + j(x_T + x)$$
$$= (1.5 + 0) + j(0.2 + 1.8)$$
$$= 1.5 + j2.0$$

変圧器二次側の線間電圧を V とすると，三相短絡電流 I_s は，

$$I_s = \frac{V}{\sqrt{3}} \times \frac{1}{Z}$$
$$= \frac{6600}{\sqrt{3}} \times \frac{1}{\sqrt{1.5^2 + 2^2}} \approx 1524 〔A〕$$
$$\approx 1.5 〔kA〕$$

【問い 2】答（イ）

〔解き方〕受電電圧を V，三相短絡電流を I_s とすると，三相短絡容量 P_s はスタディポイント(2)式により求まる．

$$P_s = \sqrt{3} V I_s 〔V \cdot A〕$$

これより I_s を求めると，

$P_s = 66 〔MV \cdot A〕 = 66 \times 10^6 〔V \cdot A〕$ であるから

$$I_s = \frac{P_s}{\sqrt{3}V} = \frac{66 \times 10^6}{\sqrt{3} \times 6600} \approx 5774 〔A〕$$

$$\therefore \quad I_s \approx 5.8 〔kA〕$$

【問い 3】答（ニ）

〔解き方〕高圧交流遮断器の遮断容量は，スタディポイント(2)式より，

$$遮断容量 = \sqrt{3} \times 三相定格電圧〔kV〕\times 定格遮断電流〔kA〕$$
$$= \sqrt{3} \times 7.2 \times 12.5 \approx 155.9$$
$$= 160 〔MV \cdot A〕$$

なお，最近では定格遮断電流で表示される．

$$〔kV〕\times 〔kA〕 = 10^3〔V〕\times 10^3〔A〕 = 10^6〔V \cdot A〕 = 〔MV \cdot A〕$$

になる．

【問い 4】答（ハ）

〔解き方〕遮断容量 $= \sqrt{3} \times$（定格線間電圧）$\times$（三相短絡電流）である．

受電用遮断器が遮断しなければならない最も過酷な故障電流は三相短絡電流である．したがって，受電用遮断器の容量を決定するのは，受電点の三相短絡電流である．

【問い 5】答（イ）
〔解き方〕電源容量 P_n〔kV・A〕と線間電圧 V〔kV〕による定格電流 I〔A〕を求めると，

$$I=\frac{P_n}{\sqrt{3}\,V}\text{〔A〕}$$

スタディポイント(7)式より，三相短絡電流 I_s は，

$$I_s=\frac{I\times 100}{Z\text{〔\%〕}}=\frac{100}{Z}\times\frac{P_n}{\sqrt{3}\,V}$$
$$=\frac{100P_n}{\sqrt{3}\,VZ}$$

【問い 6】答（イ）
〔解き方〕基準容量における電流を I とすると，三相短絡電流 I_s はスタディポイント(5)式より 10〔MV・A〕$=10\times 10^6$〔V・A〕であるから，

$$I_s=\frac{100I}{Z}=\frac{100}{Z}\times\frac{10\times 10^6}{\sqrt{3}\times 6600}$$
$$=\frac{10^6}{6.6\sqrt{3}\,Z}\text{〔A〕}=\frac{1000}{6.6\sqrt{3}\,Z}\text{〔kA〕}$$

【問い 7】答（ニ）
〔解き方〕定格遮断電流としては，短絡電流を遮断できる能力が必要なので短絡電流を求める．

変圧器と配電線の合成％インピーダンス％Z は 8〔％〕であるから，定格電流を I とすると短絡電流 I_s はスタディポイント(5)式により

$$I_s=\frac{I}{\%Z}\times 100$$

$I=\dfrac{10\times 10^6}{\sqrt{3}\times 6.6\times 10^3}$〔A〕であるから，

$$I_s=\frac{\left(\dfrac{10\times 10^6}{\sqrt{3}\times 6.6\times 10^3}\right)}{8}\times 100$$
$$\fallingdotseq 10935\text{〔A〕}$$
$$\fallingdotseq 10.94\text{〔kA〕}$$

定格遮断電流は，10.94〔kA〕より大きい 12.5〔kA〕が適当である．

【問い 8】答（ロ）
〔解き方〕短絡電流 I_s は，I を定格電流とするとスタディポイント(5)式より，

$$I_s=\frac{100I}{\%Z}$$

三相短絡容量を P_s として求めると，

$$P_s=\sqrt{3}\,VI_s=\sqrt{3}\,V\times\frac{100I}{\%Z}$$
$$=\frac{\sqrt{3}\,VI}{\%Z}\times 100\text{〔V・A〕}$$

【問い 9】答（ロ）
〔解き方〕基準容量を P_n〔MV・A〕とすると，受電地点の短絡容量は次式で求められる．

$$P_s=P_n\times\frac{100}{\%Z_t+\%Z_l}=10\times\frac{100}{7+3}=100\text{〔MV・A〕}$$

変圧器および線路の％インピーダンスは同じ基準容量（10〔MV・A〕）で与えられているので，そのまま足し算することができる．

受電用遮断器の遮断容量は，短絡容量より大きければよい．したがって，受電用遮断器の遮断容量の最小値は 100〔MV・A〕となる．

〔配電施設〕

1. 架空配電線の施設

【問い 1】答（ハ）
〔解き方〕架空配電線路の支持物にはスタディポイント図1のような力が働き強度計算には，（イ）風圧，（ロ）電線の張力，（ニ）支持物及び電線への氷雪の付着などは必要である．しかし，（ハ）年間降雨量はとくに必要はない．

【問い 2】答（イ）
〔解き方〕低圧架空引込線の引留支持など，張力の加わる箇所には，（ロ）低圧引留がいし，（ハ）平形がいし，（ニ）多溝がいしなどを使用する．しかし，（イ）低圧ピンがいしは図のような形で電線を支えるだけで張力の加わる箇所には一般に使用しない．

【問い 3】答（ハ）
〔解き方〕引込柱の支線工事は図のように支線に亜鉛めっき鋼より線を用い，支線の途中に絶縁のために玉がいしを挿入する．また，大地と

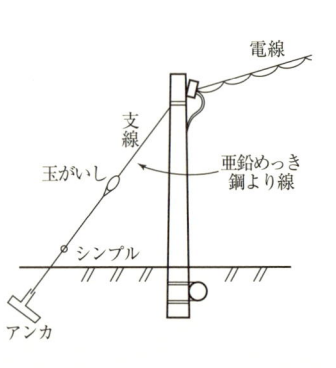

の固定はアンカを用いる．

【問い 4】答（イ）
〔解き方〕架空電線の両支持点に高低差のない場合，電線の電間のたるみ D〔m〕を表す式はスタディポイント(1)式で，

$$D = \frac{WS^2}{8T} \text{〔m〕}$$

S は径間長〔m〕である．なお，T は電線最低点に生じる水平張力〔N〕，W は電線の 1m あたりの合成荷重〔N/m〕である．

【問い 5】答（イ）
〔解き方〕電線 1m の重量を W，電線に加わる水平張力を T，径間を S とすると，たるみ D はスタディポイント(1)式より，

$$D = \frac{WS^2}{8T}$$

$$\therefore T = \frac{WS^2}{8D}$$

径間が 1/2 になったときの張力 T' を求めると，たるみ D は同じ値であるから，

$$T' = \frac{W}{8D}\left(\frac{S}{2}\right)^2 = \frac{WS^2}{8T} \times \frac{1}{4}$$

$$= \frac{1}{4}T$$

【問い 6】答（ロ）
〔解き方〕支線に加わる張力をベクトル図で表すと，スタディポイント図5より下図のようになる．

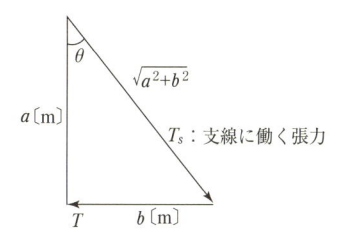

これより次式が成立する．

$$\sin\theta = \frac{T}{T_s} = \frac{b}{\sqrt{a^2+b^2}}$$

前式より，支線に加わる張力 T_s は，スタディポイント(4)式と同様に次式のようになる．

$$T_s = \frac{\sqrt{a^2+b^2}}{b} \cdot T$$

2．配電用ケーブル

【問い 1】答（ニ）
〔解き方〕図のような単心ケーブルの静電容量 C〔μF〕は，次式により求められる．

$$C = \frac{2\pi\varepsilon L}{\log\left(\frac{r+a}{r}\right)} \times 10^{-6}$$

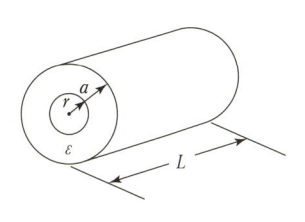

C は ε，L に比例し，$\log\left(\frac{r+a}{r}\right)$ に反比例する．r は導体の半径，a は絶縁体の厚さで $\frac{r+a}{r}$ は a が厚くなるほど大きくなり，C の値は小さくなる．しかし，地中深さに関係はない．

【問い 2】答（ハ）
〔解き方〕CV ケーブルはスタディポイント図1のように導体上と絶縁物上に半導電層を設けている．内部の半導電層は導体表面と金属しゃへい内面との電位の傾きを緩和する．外部の半導電層（テープ）は絶縁体表面の電位の傾きを緩和し，コロナ放電を阻止する役目がある．

【問い 3】答（イ）
〔解き方〕CV ケーブルは軟銅線に架橋ポリエチレン(a)を被覆して絶縁体とし，シースに塩化ビニル(b)を被覆したものである．C は架橋ポリエチレン (crosslinked polyethylene) の頭文字で V はビニル (vinyl) の頭文字である．なお，絶縁体に架橋ポリエチレンを使用し，シースにポリエチレンを使用したものは CE ケーブルである．

【問い 4】答（ハ）
〔解き方〕水トリーとは，架橋ポリエチレン絶縁体に何らかの原因で水分が浸入した場合，水分により絶縁体が樹枝状に破壊される現象をいう．したがって，水トリーが生ずるのは，架橋ポリエチレン絶縁体内部である．

【問い 5】答（ロ）
〔解き方〕引込用ケーブルで地絡事故が発生すると，電力会社の地絡継電器が動作して波及事故となる．（ロ）の方法では，遮へい層の接地線が ZCT の中を通っているので地絡電流を正確に検出でき，波及事故を防ぐことができる．

【問い 6】答（イ）
〔解き方〕負荷側で地絡事故が発生した場合，（イ）のよ

うに接地工事を施したときだけ図のように地絡電流 I_g を検出することができる.

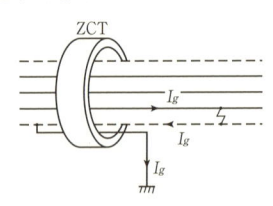

【問い 7】答（イ）
〔解き方〕ケーブルに直流高電圧を加えて漏れ電流を測定し,劣化診断を行う方法である.ケーブルが正常な場合は,スタディポイント図2のように電圧を加えた瞬時は充電電流と漏れ電流が流れるが,時間とともに充電電流が減少して最終的には小さな漏れ電流だけとなる.したがって,（イ）の特性が正常なケーブルである.

【問い 8】答（ロ）
〔解き方〕直流漏れ電流測定法は,ケーブル絶縁体に直流高電圧を印加して,検出される漏れ電流の時間的変化を測定し,スタディポイント図2のような曲線を描く.ケーブルが正常状態を示す測定チャートは,（ロ）の曲線のように漏れ電流が時間とともに指数関数的に減衰していく.

3. 配電線の電圧調整

【問い 1】答（ハ）
〔解き方〕電圧調整には（イ）電力用コンデンサ,（ロ）分路リアクトルにより無効電力を調整する方法と,（ニ）負荷時タップ切換器付変圧器などにより変圧比を換える方法がある.なお（ハ）避雷器は雷などによる異常電圧を低減させる効果があるが,電圧調整の機能はない.

【問い 2】答（ハ）
〔解き方〕負荷時タップ切換変圧器は負荷を接続したまま,タップを切替えて電圧を調整するもので,一次二次の巻数比を変え変圧比を変えて電圧を調整する.電力用コンデンサ,分路リアクトル,同期調相機はいずれも無効電力を変化させて電圧を調整するものである.

【問い 3】答（ハ）
〔解き方〕一次巻線のタップ電圧が 6750〔V〕のとき,定格二次電圧が 105〔V〕であるから,変圧比は 6750/105 である.このとき二次電圧が 98〔V〕であるから一次に加えられている電圧 E_1 は,

$$\frac{E_1}{98}=\frac{6750}{105}$$

$$\therefore\quad E_1=\frac{6750}{105}\times 98=6300〔V〕$$

タップ電圧を 6300〔V〕に変更した場合の変圧比は 6300/105 となる.一次 6300〔V〕であるから変圧比より二次は 105〔V〕となる.

【問い 4】答（ハ）
〔解き方〕タップ電圧が 6750〔V〕のときの変圧比は 6750/210 であり,このとき二次電圧が 200〔V〕であるから,変圧器の一次側に加わっている電圧 V_1 は,

$$\frac{V_1}{200}=\frac{6750}{210}$$

$$\therefore\quad V_1=\frac{6750}{210}\times 200$$

$$\fallingdotseq 6429〔V〕$$

タップ電圧を 6450〔V〕に変更したときの変圧比は 6450/210 となるので,二次電圧は,

$$6429\times\frac{210}{6450}\fallingdotseq 209〔V〕$$

【問い 5】答（ロ）
〔解き方〕変圧器の一次側タップを 6600〔V〕に設定してあるとき変圧比は 6600/210,二次側の電圧が 200〔V〕であるから一次側の電圧 V_1 は,

$$\frac{V_1}{200}=\frac{6600}{210}$$

$$V_1=\frac{6600}{210}\times 200\fallingdotseq 6286〔V〕$$

一次タップを V'〔V〕に変更すると,変圧比は $210/V'$ になる.これに 6286〔V〕の電圧を加えると,二次電圧は,

$$6286\times\frac{210}{V'}〔V〕$$

となり,この値が 210〔V〕であるから,

$$6286\times\frac{210}{V'}=210$$

$$V'\fallingdotseq 6286 \rightarrow 6300〔V〕$$

【問い 6】答（ロ）
〔解き方〕タップ電圧 6300〔V〕で使用しているということは,変圧比は 6300/210 ＝ 30 ということで,低圧側で 1〔V〕の変動は高圧側で 30〔V〕の変動になる.低圧側

で10〔V〕の電圧変動があったときの高圧側で変動する電圧は 10×30＝300〔V〕となる．

【問い　7】答（ハ）
〔解き方〕商用電源の瞬時電圧低下，瞬時停電に対応するにはバッテリーを電源とする必要があり，バッテリーよりの直流を交流に変換するインバータを使用する．この用途には定電圧定周波電源装置のバッテリー付 CVCF や UPS がある．他の電源（イ）（ロ）では速応性が不足で，（ニ）の直流電源のみでは交流の供給ができない．

4．配電設備の保護

【問い　1】答（ニ）
〔解き方〕送配電線路の雷害対策として，（イ）がいしにアークホーンを取り付ける，（ロ）避雷器を設置する，（ハ）架空地線を設置する，がいしの連結個数を増加する等はそれぞれ効果がある．
　しかし，がいしの連結個数を減らすと絶縁耐力は低下し，雷撃時にフラッシオーバしやすくなる．

【問い　2】答（ハ）
〔解き方〕がいし表面にシリコンコンパウンドを塗布するのは，塩じん害対策のためである．架空地線の設置は直撃雷の防止，誘導雷によるサージの減衰に効果があり，アークホーンの取り付け，避雷器の配置は，雷害対策として効果がある．したがって，（ハ）は誤りである．

【問い　3】答（イ）
〔解き方〕避雷器は，雷や開閉サージなどの異常な過大電圧が加わった場合，衝撃電流を大地に放電して電圧の異常上昇を制限し電気機器の絶縁破壊を防止する．過大電圧が過ぎ去った後に回路の絶縁を速やかに回復させる続流遮断能力をもっている．

【問い　4】答（イ）
〔解き方〕「雷等による衝撃性の過電圧」より①は「避雷器」であることがわかる．高圧受電設備の引込口付近に設置される避雷器は，雷による衝撃性の過電圧を大地に放電し，回路の絶縁強度より電圧を低レベルにすることによって受電設備の絶縁破壊を防止する．

〔電気機器・材料〕
1．変圧器の結線と出力

【問い　1】答（ハ）
〔解き方〕（ロ）は変圧器が2台であるから，まず除外できる．Δ－Δ結線は，（ハ）の結線である．なお（イ）の結線は一次二次とも巻線が1点に接続されているのでY–Y結線，（ロ）の結線はV–V結線，（ニ）の結線は一次巻線が1点で接続されているのでY–Δ結線である．

【問い　2】答（イ）
〔解き方〕負荷1台あたりの皮相電力を求めると，
$$\frac{消費電力}{力率}=\frac{12}{0.8}=15〔kV·A〕$$
150〔kV·A〕の変圧器から供給できる台数は，
$$\frac{150}{15}=10〔台〕$$

【問い　3】答（ロ）
〔解き方〕負荷の容量は，24/0.8＝30〔kV·A〕
　単相変圧器1台の出力を W〔kV·A〕とすると，2台をV接続したときの出力は $\sqrt{3}\,W$〔kV·A〕であるから，
$$\sqrt{3}\,W=30$$
$$W=\frac{30}{\sqrt{3}}=\sqrt{3}\times 10=17.3〔kV·A〕$$
この容量より大きくて最も近いものは20〔kV·A〕．

【問い　4】答（ハ）
〔解き方〕異容量V結線で，負荷はたとえば下図のように接続される．

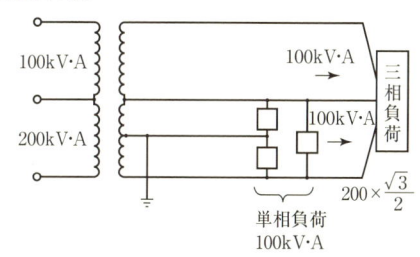

単相負荷 100kV·A

　容量200〔kV·A〕のうち三相負荷に使用できるのは100〔kV·A〕で，残る100〔kV·A〕は単相負荷に使用される．しかし，V結線では100〔kV·A〕の$\sqrt{3}$倍しか負荷を接続できない．したがって，
$$\sqrt{3}\times 100=173〔kV·A〕$$

【問い　5】答（ハ）
〔解き方〕Δ結線にしたときの出力は3×10＝30〔kV·A〕

V結線にした場合の1台の変圧器の出力は定格出力の$\frac{\sqrt{3}}{2}$倍であるから，2台の変圧器で供給できる負荷の設備容量は，

$$2 \times 10 \times \frac{\sqrt{3}}{2} = 10\sqrt{3} \fallingdotseq 17.3 \text{[kV·A]}$$

【問い 6】答（ハ）
〔解き方〕単相変圧器2台をV結線したときの三相分出力は$\sqrt{3} \times$(変圧器1台分の容量)であるから，1台あたりの最大利用率は$\frac{\sqrt{3}}{2}$になる．

【問い 7】答（ロ）
〔解き方〕負荷を増設した場合，有効電力の合計Pは，

$P = 90 + 70 = 160 \text{[kW]}$

無効電力Qは変化しないから，

$Q = 120 \text{[kvar]}$

変圧器にかかる負荷の容量$S \text{[kV·A]}$を求めると，

$$\begin{aligned} S &= \sqrt{P^2 + Q^2} \\ &= \sqrt{160^2 + 120^2} \\ &= 200 \text{[kV·A]} \end{aligned}$$

2. 変圧器の損失と効率

【問い 1】答（ロ）
〔解き方〕変圧器の銅損P_Cは，巻線の抵抗をr，流れる電流をIとすると，

$P_C = I^2 r$

となり電流の2乗に比例して増加する．したがって，負荷電流が2倍になれば，銅損は$2^2 = 4$倍になる．（イ）（ハ）（ニ）は正しい．

【問い 2】答（ニ）
〔解き方〕鉄損は渦電流損とヒステリシス損の和であるから（ロ）（ハ）は誤り．また，鉄損は電圧の1.6乗に比例し，周波数の0.6乗に反比例する．したがって，一次電圧が高くなると鉄損は増加するので（ニ）が正しい．

【問い 3】答（ロ）
〔解き方〕変圧器の鉄損L_iは，負荷の大きさに関係なく一定で，銅損L_cは電流の2乗に比例する．50％負荷のとき電流は定格電流の0.5になるから，銅損L_c'は，

$$\begin{aligned} L_c' &= 0.5^2 L_c = 0.5^2 \times 1200 \\ &= 300 \text{[W]} \end{aligned}$$

このときの全損失Lは，

$$\begin{aligned} L &= L_i + L_c' = 160 + 300 \\ &= 460 \text{[W]} \end{aligned}$$

【問い 4】答（ハ）
〔解き方〕鉄損を$P_i \text{[kW]}$とすると1日中の鉄損は，

$24 P_i \text{[kW·h]} = 24 \times 0.5 = 12 \text{[kW·h]}$

銅損は電流の2乗に比例し，負荷の力率が100％であるから，P_cを全負荷銅損とすると1日の銅損は，50％負荷時の電流は定格電流の0.5であるから，

$$\begin{aligned} 1^2 \times P_c \times 4 + 0.5^2 \times P_c \times 8 &= 4P_c + 2P_c = 6P_c \\ &= 6 \times 1.2 = 7.2 \text{[kW·h]} \end{aligned}$$

1日の損失電力量は，

$12 + 7.2 = 19.2 \text{[kW·h]}$

【問い 5】答（ロ）
〔解き方〕変圧器の効率が最大になるのは，無負荷損と負荷損が等しくなる負荷のときである．無負荷損は鉄損，負荷損は銅損とほぼ等しいので，鉄損と銅損が等しい負荷のときで問題の図で鉄損＝銅損となるのは50％負荷のときである．

【問い 6】答（ロ）
〔解き方〕変圧器の効率が最大になるのは，無負荷損と銅損が等しいときである．この問題では銅損が100[W]となる負荷を求めればよい．負荷率（定格負荷に対する割合）をmとすると，銅損は負荷率の2乗に比例するので，

$m^2 \times 400 = 100$

$m = \sqrt{\frac{100}{400}} = \frac{1}{2}$

定格容量の50％の出力のとき最大効率となる．

【問い 7】答（ロ）
〔解き方〕全日効率は1日の電力量[kW·h]から計算する．変圧器の損失は無負荷損（鉄損）と負荷損（銅損）であるから，1日の損失電力量は，

$$\begin{aligned} 300 \times 24 + 1200 \times 8 &= 16800 \text{[W·h]} \\ &= 16.8 \text{[kW·h]} \end{aligned}$$

1日の出力電力量は，

$75 \times 8 = 600 \text{[kW·h]}$

$$\begin{aligned} 全日効率 &= \frac{1日の出力}{1日の出力+1日の損失} \times 100 \text{[％]} \\ &= \frac{600}{600+16.8} \times 100 \fallingdotseq 97.3 \text{[％]} \end{aligned}$$

3. 誘導電動機の特性

【問い 1】答（ハ）
〔解き方〕電動機の電源周波数を f，滑りを s，極数を p とすると，電動機の回転数 N は，スタディポイント(1)(3)式より，

$$N = \frac{120f}{p}(1-s)$$
$$= \frac{120 \times 50}{4}(1-0.06)$$
$$= 1410 \,[\text{min}^{-1}]$$

【問い 2】答（ハ）
〔解き方〕電動機の極数を p，電源周波数を f とすると，同期速度 N_s は，スタディポイント(1)式より，

$$N_s = \frac{120f}{p} = \frac{120 \times 60}{4} = 1800 \,[\text{min}^{-1}]$$

滑り s で運転しているときの回転数は，スタディポイント(3)式より，

$$N = N_s(1-s) = 1800(1-0.05) = 1710 \,[\text{min}^{-1}]$$

【問い 3】答（ロ）
〔解き方〕一次周波数を f，極数を p，滑りを s とすると，回転速度 n はスタディポイント(1)(3)式より，

$$n = \frac{120f}{p}(1-s)$$
$$= \frac{120f}{6}(1-0.04) = 20f \times 0.96$$
$$= 384 \,[\text{min}^{-1}]$$

前式より f を求めると，

$$f = \frac{384}{20 \times 0.96} = 20 \,[\text{Hz}]$$

【問い 4】答（ロ）
〔解き方〕負荷トルクが 20〔%〕減少して $0.8T$ になったときの滑りを s' とすると，

$$s' = \frac{0.8T}{T}s = \frac{0.8T}{T} \times 0.05 = 0.04$$

滑り0.05が0.04と0.01減少したので，回転数はほぼ1%増加する．（イ）または（ロ）が正解．
また，電動機出力 P とトルク T の間には，

$$P = \omega T$$

の関係があり，ω は回転角速度である．
トルク減少により ω の変化はわずかに1%で，P と T はほぼ比例関係にある．
トルクが20%低下すると電動機出力も20%減少し，当然，負荷電流も20%減少する．

【問い 5】答（ロ）
〔解き方〕電圧を V，負荷電流を I，力率を $\cos\theta$，効率を η とすると，出力 P〔W〕は，スタディポイント(5)式より，

$$P = \sqrt{3}VI\cos\theta \cdot \eta$$
$$= \sqrt{3} \times 200 \times 10 \times 0.8 \times 0.8$$
$$\fallingdotseq 2217 \,[\text{W}]$$
$$\fallingdotseq 2.2 \,[\text{kW}]$$

【問い 6】答（ハ）
〔解き方〕定格電圧を V〔V〕，全負荷時の電流を I〔A〕，力率を $\cos\theta$，効率を η とすると，出力 P〔W〕は，スタディポイント(5)式より，

$$P = \sqrt{3}VI\cos\theta \cdot \eta$$

I を求めると，

$$I = \frac{P}{\sqrt{3}V\cos\theta \cdot \eta}$$
$$= \frac{11 \times 10^3}{\sqrt{3} \times 200 \times 0.8 \times 0.85}$$
$$\fallingdotseq 47 \,[\text{A}]$$

【問い 7】答（ロ）
〔解き方〕三相誘導電動機の出力 P は，電圧を V，電流を I，力率を $\cos\theta$，効率を η とすると，スタディポイント(5)式より，

$$P = \sqrt{3}VI\cos\theta \cdot \eta$$

効率 η を求めると，

$$\eta = \frac{P}{\sqrt{3}VI\cos\theta}$$
$$= \frac{15 \times 10^3}{\sqrt{3} \times 200 \times 60 \times 0.84}$$
$$\fallingdotseq 0.859$$

$$\eta = 86 \,[\%]$$

---

4. 三相誘導電動機の始動

【問い 1】答（ニ）
〔解き方〕始動トルクは電圧の2乗に比例する．Y結線で始動するとき電動機の各相にかかる電圧は Δ 結線時の電圧の $1/\sqrt{3}$ であるから，トルクは $(1/\sqrt{3})^2 = 1/3$ になる．

【問い 2】答（ニ）
〔解き方〕リアクトル始動装置である．かご形誘導電動機の始動電流を制限するためにリアクトルが用いられ

る．始動時には MC_1 のみを投入しリアクトルを直列に挿入して始動電流を制限し，正常運転時には MC_2 も投入してリアクトルを短絡して運転する．

【問い　3】答（ロ）
〔解き方〕三相誘導電動機が運転中に1相が欠相した場合，単相運転となるので，滑り，電流ともに増加し，やがては停止する．なお，一般的には，過電流リレー（サーマルリレーなど）や欠相リレーが設置してあるので，これらの保護装置が動作し電動機を保護している．

5.　電気材料

【問い　1】答（ニ）
〔解き方〕電技解釈第146条により，許容電流補正係数は次による．600V ビニル絶縁電線（1.00），600V 2種ビニル絶縁電線（1.22），600V エチレンプロピレンゴム絶縁電線（1.29），600V 架橋ポリエチレン絶縁電線（1.41）．以上より許容電流が最も大きいのは 600V 架橋ポリエチレン絶縁電線である．

【問い　2】答（ロ）
〔解き方〕絶縁電線の許容電流は，電流が流れることによる発熱が，絶縁物に著しい劣化をきたさないようにするための限界の電流値をいう．

〔応　　用〕

1.　照明と照明の計算

【問い　1】答（ハ）
〔解き方〕照度はスタディポイント(1)式より単位面積当たりに入射する光束である．したがって照度 E は，入射光束を F，被照面積を A とすると次式で求められる．

$$E=\frac{F}{A}=\frac{1}{1}=1 \text{〔lx〕}$$

（イ）照度は被照面の色には無関係である．（ロ）光束が2倍になれば照度は2倍．（ニ）距離が2倍になると照度は $\frac{1}{4}$ になる．

【問い　2】答（ニ）
〔解き方〕メタルハライドランプは，高圧水銀ランプと同じような構造であり，管内に水銀，希ガスの他にハロゲン化物が封入されている．水銀ランプと比較すると演色性が優れている．

【問い　3】答（イ）
〔解き方〕メタルハライドランプ，高圧水銀ランプ，ナトリウムランプは放電灯なので，スイッチインから水銀蒸気圧が上昇し放電が安定して点灯までに数分間の時間を要する．しかし，ハロゲン電球は封入ガスにヨウ素，臭素などと不活性ガスを封入した白熱電球なので瞬時に点灯する．

【問い　4】答（ロ）
〔解き方〕床面上 r〔m〕の高さに，光度 I〔cd〕の点光源があるとき，光源直下の床面照度 E〔lx〕はスタディポイント(2)式の距離の逆2乗の法則により求められる．

$$E=\frac{I}{r^2}\text{〔lx〕}$$

【問い　5】答（イ）
〔解き方〕光度 I〔cd〕の光源から r〔m〕離れた点の照度 E は，スタディポイント(2)式の距離の逆2乗の法則により，a 点の照度は 100〔lx〕であるから，光源の光度 I〔cd〕は，

$$I=r^2 E=1^2 \times 100$$
$$=100\text{〔cd〕}$$

光源から 2〔m〕離れた b 点の照度 E_b は，光度が $2I$ であるから，

$$E_b=\frac{2I}{2^2}=\frac{2\times100}{4}$$
$$=50\text{〔lx〕}$$

【問い　6】答（ニ）
〔解き方〕面積が S〔m²〕の床に入る全光束が F〔lm〕であるとき，床の平均照度 E〔lx〕はスタディポイント(1)式より，

$$E=\frac{F}{S}$$

2.　蛍光灯と点灯回路

【問い　1】答（ロ）
〔解き方〕発光効率は，ランプの消費電力1Wあたりの光束〔lm〕をいい，白熱電球は 10〜15〔lm/W〕程度であるが，蛍光灯は 70〜90〔lm/W〕である．したがって，蛍光灯の発光効率が白熱電球より良い．

（イ）（ハ）（ニ）はスタディポイントより正しいことがわかる．

【問い 2】答 (ニ)
〔解き方〕ラピッドスタート形蛍光灯は，磁気漏れ変圧器を用いてランプ端子に高電圧を印加し，フィラメントの予熱なしに始動させる方式であり，即時点灯が可能である．なお，また，ランプもラピッドスタート形を使用する．グロー放電管やインバータは不要であるが，アーク放電を利用する機器には放電を安定させる安定器が必要である．

【問い 3】答 (ニ)
〔解き方〕高周波点灯方式は，インバータを用いて20～70〔kHz〕の高周波で蛍光灯を点灯させる方式で，高効率，ちらつきを感じない，即時点灯，小形軽量，騒音が小さいなどが特徴である．

騒音は安定器の鉄心の振動で発生するが，高周波点灯では振動周波数が可聴周波数より高くなり，騒音は小さくなる．

3. 電気加熱

【問い 1】答 (ニ)
〔解き方〕電子レンジの加熱は誘電加熱で，誘電体損による発熱を利用している．使用周波数 915〔MHz〕と 2450〔MHz〕のマイクロ波帯を利用するので，マイクロ波加熱とも呼ばれている．

【問い 2】答 (ハ)
〔解き方〕電源電圧が定格電圧より低下しているところに注意する．電熱器の定格電圧を V，定格消費電力を P とすると，電熱器の抵抗 R は，

$$R = \frac{V^2}{P} = \frac{100^2}{1000} = 10 \, [\Omega]$$

電圧が $V' = 90$〔V〕に変化したときの消費電力を P' とすると，

$$P' = \frac{(V')^2}{R} = \frac{90^2}{10} = 810 \, [W]$$

電熱器を10分間使用したときの発生熱量 H は，1〔W·s〕= 1〔J〕であるから，

$$H = P' \times t = 810 \times 10 \times 60 = 486\,000 \, [J] = 486 \, [kJ]$$

【問い 3】答 (イ)
〔解き方〕電熱器の1時間当たりの発生熱量は，

$$18 \times 60 = 1\,080 \, [kJ]$$

1〔kW·h〕= 3600〔kJ〕であるから，電熱器の〔kW·h〕は，

$$\frac{1080}{3600} = 0.3 \, [kW \cdot h]$$

これが1時間で発生したのであるから出力は $\frac{0.3}{1} = 0.3$〔kW〕

【問い 4】答 (ニ)
〔解き方〕直列接続したときの各電熱器の発生熱量を比較する．定格電圧が 100〔V〕で，定格容量 1〔kW〕の電熱器の抵抗を R_A，200〔W〕の電熱器の抵抗を R_B とすると，

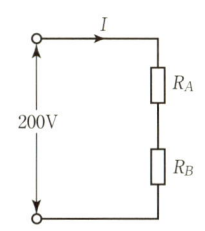

$$R_A = \frac{100^2}{1000} = 10 \, [\Omega]$$

$$R_B = \frac{100^2}{200} = 50 \, [\Omega]$$

これらの抵抗を直列に接続して，200〔V〕を加えたときに流れる電流 I は，

$$I = \frac{200}{R_A + R_B} = \frac{200}{10 + 50}$$
$$= \frac{10}{3} \, [A]$$

このときの消費電力 P_A'，P_B' を求めると，

$$P_A' = I^2 R_A = \left(\frac{10}{3}\right)^2 \times 10 = 111 \, [W]$$

$$P_B' = I^2 R_B = \left(\frac{10}{3}\right)^2 \times 50 = 556 \, [W]$$

定格容量 200〔W〕の電熱器が 556〔W〕の電力を消費するので過負荷となり，電熱線が断線しやすい．

【問い 5】答 (ロ)
〔解き方〕1〔kW〕の電熱器を1時間使用したときの発生熱量は，

$$1 \times 60 \times 60 = 3\,600 \, [kJ]$$

10〔ℓ〕の水が 43〔℃〕上昇したときの増加熱量は，水の比熱が 4.19 であるから，

$$10 \times 4.19 \times 43 ≒ 1\,800 \, [kJ]$$

効率は $\frac{1800}{3600} \times 100 = 50$〔％〕

4. 電池の種類と特性

【問い 1】答 (イ)
〔解き方〕鉛蓄電池はスタディポイントより負極が鉛，正極が二酸化鉛で構成されており，電解液には希硫酸が用いられている．

【問い 2】答（イ）
〔解き方〕鉛蓄電池は，放電によって硫酸が減少して水ができ硫酸の比重が下がる．このことを利用して残存容量の概略を知ることができる．したがって，（イ）は誤りである．

【問い 3】答（イ）
〔解き方〕シール形クラッド式据置鉛蓄電池や一般の鉛蓄電池の電解液には希硫酸が用いられる．
　（ハ）（ニ）の正しいことはすぐわかる．
　（ロ）について，定格容量 25〔A・h〕（10 時間率）ということは，10 時間連続して 25〔A〕の放電ができることで，$25 \times 10 = 250$〔A・h〕である．だから 2.5〔A〕で使用すれば $250/2.5 = 100$〔h〕となる．

【問い 4】答（ハ）
〔解き方〕1セル当たりの鉛蓄電池の公称電圧は 2.0〔V〕，アルカリ蓄電池の公称電圧は 1.2〔V〕である．したがって（ハ）は正しい．
　充放電の全反応を通して電解液の濃度が変化せず，電圧が一定しているのが特徴の一つである．

【問い 5】答（イ）
〔解き方〕鉛蓄電池は電解液の比重を測定することにより，蓄電池の放電の程度が分かる．しかし，アルカリ蓄電池は特性上，充放電によって比重は変化せず（ロ）（ハ）（ニ）のように電解液から状態を知ることはできない．したがって，電池電圧を比較用の放電曲線と照合して，放電状態（残容量）を知る方法がある．

【問い 6】答（ハ）
〔解き方〕ニッケル－カドミウム電池は，アルカリ電池の一種であり，カドミウムを負極に，ニッケル酸化物を正極に用いている．なお，この電池の起電力は鉛蓄電池より小さく 1.2〔V〕である．

【問い 7】答（イ）
〔解き方〕浮動充電方式は，負荷と蓄電池および整流器を並列に接続する．負荷電流を主に整流器から供給しながら急激な負荷変動には蓄電池で対応し，また常に，蓄電池の自己放電や負荷変動による放電分を補う．したがって，構成としては整流器の負荷側に蓄電池と負荷が並列に接続されている（イ）が正しい．

5. 電動力応用

【問い 1】答（イ）
〔解き方〕巻上機で W〔kg〕の物体を v〔m/s〕の速度で巻き上げているとき，巻上用電動機の出力 P〔kW〕はスタディポイント(4)式より，

$$P = \frac{9.8Wv \times 10^{-3}}{\eta/100}$$
$$= \frac{9.8Wv \times 10^{-3} \times 100}{\eta}$$
$$= \frac{0.98Wv}{\eta} \text{〔kW〕}$$

〔発変送配電〕

1. 水力・風力・太陽光発電

【問い 1】答（イ）
〔解き方〕水力発電所の経路はスタディポイント図1のように取水口―水圧管路―水車―放水口となる．

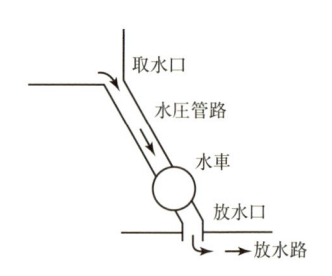

【問い 2】答（ニ）
〔解き方〕水力発電所の有効落差を H〔m〕，流量を Q〔m³/s〕，総合効率を η とすると，出力 P〔kW〕はスタディポイント(1)式より，

　　$P = 9.8QH\eta$〔kW〕

したがって，P は QH に比例する．

【問い 3】答（イ）
〔解き方〕全揚程が H〔m〕，揚水量が Q〔m³/s〕，ポンプの効率を η とすると，揚水ポンプの入力 P〔kW〕はスタディポイント(2)式より，

　　$P = \dfrac{9.8QH}{\eta}$〔kW〕

【問い 4】答（ハ）
〔解き方〕水力発電所の出力 P はスタディポイント(1)式より，

　　$P = 9.8QH\eta$〔kW〕

上式より効率 η を求めると，

$$\eta = \frac{P}{9.8QH}$$

【問い 5】答（ロ）
〔解き方〕4900〔kWh〕を5時間で発電したのであるから，出力 P〔kW〕は，
$$P = \frac{4900}{5} = 980\text{〔kW〕}$$

有効落差を H〔m〕，使用水量を Q〔m³/s〕，総合効率を η とすると，出力 P〔kW〕はスタディポイント(1)式より，
$$P = 9.8QH\eta = 9.8 \times 20 \times 6 \times \eta$$
総合効率 η を求めると，
$$\eta = \frac{P}{9.8QH} = \frac{980}{9.8 \times 6 \times 20} \fallingdotseq 0.833$$
∴ 83〔％〕

【問い 6】答（ハ）
〔解き方〕有効落差を H〔m〕，使用水量を Q〔m³/s〕，水車と発電機の総合効率を η とすると，水力発電所の発電機出力 P〔kW〕はスタディポイント(1)式より，
$$P = 9.8QH\eta$$
効率 η を求めると，
$$\eta = \frac{P}{9.8QH} = \frac{450}{9.8 \times 3.6 \times 15}$$
$$\fallingdotseq 0.85$$
∴ 85〔％〕

【問い 7】答（ロ）
〔解き方〕ペルトン水車の適用落差は 150～800〔m〕程度，フランシス水車の適用落差は 40～500〔m〕程度，プロペラ水車の適用落差は 70〔m〕以下である．

【問い 8】答（ニ）
〔解き方〕太陽電池モジュールの出力は 1〔m²〕あたり，およそ 100〔W〕である．

---

2. 火力発電・ディーゼル発電・コジェネ

【問い 1】答（ハ）
〔解き方〕汽力発電所のエネルギー変換は，燃料を燃焼させて給水を加熱し（燃料のエネルギー）蒸気を発生する．発生した蒸気（蒸気エネルギー）によりタービンを回転させて（機械的エネルギー）直結発電機により電力を発生する（電気エネルギー）．したがって，変換順序は（ハ）の順序となる．

【問い 2】答（ハ）
〔解き方〕ディーゼル機関の動作行程は，4サイクルの場合，吸気（空気と燃料を吸入する）→圧縮（混合空気を圧縮する）→爆発（混合空気を燃焼させる）→排気（燃焼ガスを排気する）である．

【問い 3】答（ロ）
〔解き方〕この重油の発生するエネルギーは
$$41900 \times 430 = 4.19 \times 10^4 \times 4.3 \times 10^2$$
$$= 18.017 \times 10^6 \text{〔kJ〕}$$
熱効率が30％であるから，電力量に変換されるのは
$$18.017 \times 10^6 \times 0.3 \fallingdotseq 5.41 \times 10^6 \text{〔kJ〕}$$
3時間は，
$$3 \times 60 \times 60 = 1.08 \times 10^4 \text{〔s〕}$$
1kJ ＝ 1kW・s であるから，この発電機の出力は，
$$\frac{5.41 \times 10^6}{1.08 \times 10^4} \fallingdotseq 500\text{〔kW〕}$$

【問い 4】答（ロ）
〔解き方〕毎時 50〔ℓ〕の重油を消費して 200〔kW・h〕の電力を発生させることになる．また，1〔kW・h〕＝ 3600〔kJ〕の関係があるので，この発電装置の理論出力は，
$$\frac{50 \times 41900}{3600} \fallingdotseq 582\text{〔kW〕}$$

実際の出力は 200〔kW〕であるから効率は，
$$\frac{200}{582} \times 100 \fallingdotseq 34.4\text{〔％〕}$$

【問い 5】答（ロ）
〔解き方〕〔問い2〕と同じ方法で計算できる．燃料から発生したエネルギーは，
$$200 \times 41900 = 2 \times 10^2 \cdot 4.19 \times 10^4 = 8.38 \times 10^6\text{〔kJ〕}$$
発電装置から発生するエネルギーは 1〔kW・s〕＝ 1〔kJ〕であるから，
$$100 \times 7 \times 60 \times 60 = 2.52 \times 10^6\text{〔kJ〕}$$
熱効率は
$$\frac{2.52 \times 10^6}{8.38 \times 10^4} \times 100 \fallingdotseq 30.0\text{〔％〕}$$

【問い 6】答（ニ）
〔解き方〕非常用ガスタービン発電設備をディーゼル発電設備と比較した場合の特徴は，次のようになる．
 (1) 燃料消費率が大きい．
 (2) 燃焼空気量が多い．

(3) NO_X 量が少ない．
(4) 振動が少なく，防振装置不要．
(5) 発電効率が低い．
(6) 冷却水が不要である．
(7) 体積，重量ともに小さく，また，軽い．
大量の冷却水を必要とするのは蒸気タービンを使用する汽力発電である．

【問い 7】答（ロ）
〔解き方〕（イ）（ハ）が適当であることはすぐにわかる．
コージェネレーション発電設備を電気事業者の系統と連系する場合，系統連系技術要件ガイドラインによると，系統の短絡容量が大きくなる場合は，限流リアクトル等を設けなければならない．短絡容量が小さいことは，短絡電流が小さいので，普通の遮断装置で対応でき，電流抑制のためのリアクトルは不必要である．

【問い 8】答（ニ）
〔解き方〕コージェネレーションシステムは，「熱電供給システム」である．石油やガスなどを燃料とし，内燃力発電装置などを用いて電力に変換して，その排熱を冷暖房や給湯などに利用するシステムで総合熱効率は高くなる．

---

3. 送電・配電

【問い 1】答（イ）
〔解き方〕わが国の送電系統の接地方式は，187〔kV〕以上の系統では直接接地，66〔kV〕～154〔kV〕の系統では抵抗接地，消弧リアクトル接地，補償リアクトル接地が採用されている．また，22～33〔kV〕の系統では抵抗接地が採用されている．中性点非接地となっているのは高圧配電線である．

【問い 2】答（イ）
〔解き方〕同じ容量の電力を送電する場合，送電電圧が高くなると，電流が少なくてよい．電力損失は電流の2乗に比例するから，送電電圧が高ければ電力損失は小さくなる．送電電力が大きくなると送電電圧が高くなるのは，まさにこのためである．

〔変電所の施設〕
1. 変電所の種類と機能

【問い 1】答（ニ）
〔解き方〕（イ）（ロ）（ハ）は正しい．（ニ）高圧配電線路は中性点非接地方式であり，大地とは絶縁されている．大地に直接接地されているのは，超高圧送電線である．

【問い 2】答（ハ）
〔解き方〕（イ）（ロ）（ニ）は正しい．断路器は高圧受電設備を点検する場合や保守をするときに，確実に回路を切離するために使用する遮断器で回路を遮断した後に断路器で回路を切離する．断路器は無電圧の回路を開閉するのみで故障電流や負荷電流を開閉する能力はない．

【問い 3】答（イ）
〔解き方〕（ロ）（ハ）（ニ）は正しい．断路器は充電されているだけで，負荷電流が流れていない高圧電路の開閉に用いられるが，負荷電流の開閉や故障電流の遮断はできない．したがって（イ）は誤りである．過負荷保護に使用できるのは，遮断器や電力用ヒューズである．

---

2. 受電設備の構成

【問い 1】答（ハ）
〔解き方〕（イ）（ロ）（ニ）はキュービクル式の特長である．このような利点があるので広く利用されている．キュービクル式高圧受電設備は，開放型受電設備に比較すると，据付面積は少なくてよい．

---

3. 高圧受電設備の機器

【問い 1】答（ハ）
〔解き方〕高圧交流負荷開閉器は，通常の負荷電流を開閉することはできるが，短絡電流や過負荷電流といった異常電流は遮断することができない．したがって高圧受電設備の主遮断装置として，単独で用いることは不適当である．限流ヒューズは，短絡電流を遮断する能力があるので（イ）（ロ）は適当，遮断器も同様の能力があるので（ニ）も適当である．

【問い 2】答（ハ）
〔解き方〕PF・Sとは，電力ヒューズと負荷開閉器の組合せである．主遮断装置としてPF・S形を用いた場合，過大電流で限流ヒューズが動作し欠相する可能性がある．欠相対策として，ヒューズの1相または2相が溶断したとき，三相とも開極する構造のストライカトリップ

方式が採用されている．また，溶断していないヒューズも劣化しているおそれがあるので，交換した方がよい．

【問い 3】答（ロ）
〔解き方〕地絡継電装置付高圧交流負荷開閉器は，電力会社との責任分界点に設置され，高圧自家用需要家内の高圧電路に地気を生じた場合，自動的に電路を遮断して，他の高圧需要家への波及事故を防止する目的で設置される．交流負荷開閉器上には短絡電流の遮断能力はなく，短絡事故の保護はできない．

【問い 4】答（ロ）
〔解き方〕断路器は負荷電流を開閉する能力がないので，開閉操作をするときは無負荷状態でなければならない．具体的には遮断器で負荷電流を遮断した後に断路器を開放する．

【問い 5】答（ロ）
〔解き方〕負荷設備が低圧のみの場合．図のようにコンデンサを低圧側の負荷端に設置すると，高圧側に設置した場合に比較して変圧器も含めて低圧側電路を流れる電流は $\dot{I}_c$ だけ少ない．したがって，電力損失も小さくなる．

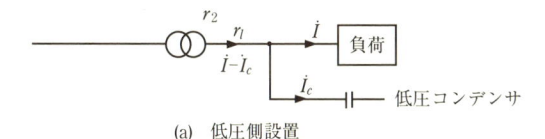

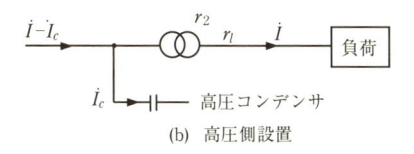

(a) 低圧側設置

(b) 高圧側設置

（ハ）（ニ）が正しいことはすぐわかる．（イ）のように直列リアクトルを接続すると，インピーダンスは $\left(\omega L - \dfrac{1}{\omega C}\right)$ となり $\left(-\dfrac{1}{\omega C}\right)$ 単体の場合より小さくなり，コンデンサに流れる電流は大きくなる．このためコンデンサの端子電圧はリアクトルを設置する前より高くなる．

【問い 6】答（ニ）
〔解き方〕放電抵抗内蔵形の高圧進相コンデンサはコンデンサと並列に放電抵抗が接続されている．このため絶縁の良否は，線路端子と外箱の絶縁抵抗を測定して判断する．線路端子間で絶縁抵抗を測定すると放電抵抗を測定することになり，コンデンサ本体の絶縁抵抗ではない．

これは誤りである．

【問い 7】答（ニ）
〔解き方〕高調波の発生源となるのは，整流器やインバータなど交流波形を高速で断続させる半導体応用機器と，アーク炉などのアークを利用する機器である．なお，進相コンデンサは高調波による障害を受ける代表的な機器である．

【問い 8】答（イ）
〔解き方〕整流器，サイリスタ装置などの半導体応用機器，アーク炉，溶接機などのアークを利用する負荷は電流波形をひずませて高調波電流の発生源となり，高調波抑制対策が必要である．

【問い 9】答（ハ）
〔解き方〕アクティブフィルタは，電源系統に含まれている高調波を，トランジスタやIGBTを使用して，高調波と逆位相の交流電流を作り出し電力系統へ供給して，電源系統に含まれている高調波分を取り除くための装置である．アクティブという名のように，装置内に高調波を発生させる電源をもっている．

4. 保護継電器と保護協調

【問い 1】答（ロ）
〔解き方〕線間電圧 3000〔V〕，100〔kV·A〕の三相負荷の負荷電流 I は，

$$I = \frac{100 \times 10^3}{\sqrt{3} \times 3000} \fallingdotseq 19.2 \text{〔A〕}$$

したがって，変流器一次電流は 19.2〔A〕より大きく，最も近い定格の 30〔A〕が適当である．

【問い 2】答（ニ）
〔解き方〕契約電力 470〔kW〕，線間電圧 6.6〔kV〕，力率 0.8 の三相負荷，線路電流 I〔A〕は，容量が $470 \times 10^3/0.8$〔V·A〕となることに注意して，

$$I = \frac{470 \times 10^3}{\sqrt{3} \times 6.6 \times 10^3 \times 0.8}$$
$$\fallingdotseq 51.4 \text{〔A〕}$$

全負荷時に変流器の一次側には 51.4〔A〕の電流が流れるので，変流器の定格一次電流は 51.4〔A〕以上で最も近い値の 75〔A〕が適当である．

— 291 —

【問い 3】答（イ）
〔解き方〕変流比が 50/5 [A] であるから，変流器一次側に 250 [A] の過電流が流れたときの二次電流 I_2 は，
$$I_2 = \frac{5}{50} \times 250 = 25 \text{ [A]}$$

タップ整定値が 5 [A] であるから，過電流の倍率は，25/5 = 5 倍である．問題図の過電流継電器の限時動作特性曲線の横軸は「タップ整定電流に対する倍率」であるから，この軸の 5 と「レバー1のときの特性曲線」との交点は 0.4 [s] である．

【問い 4】答（ハ）
〔解き方〕高圧受電設備の短絡保護装置は，短絡電流を過電流継電器で検出し，主遮断装置として真空遮断器を用いて保護を行う．これは CB 形主遮断装置の形式である．

【問い 5】答（ロ）
〔解き方〕大形変圧器の内部故障を検出する保護装置は，入出力電流の差で動作する比率差動継電器（ロ）である．なお，距離継電器（イ）は送電線の保護，不足電圧継電器（ハ）は停電検出，過電圧継電器（ニ）は発電機の保護などに用いられている．

【問い 6】答（ニ）
〔解き方〕事故点に最も近い点で回路を遮断するのが原則である．①の事故ではコンデンサ（PC）の電力ヒューズ（PF）が動作し，②の事故では VCB（真空遮断器）が動作する．③④で地絡事故が発生した時は，G 付 PAS が動作して高圧受電設備を保護しなければならない．G 付 PAS が遮断に失敗すると配電用変電所の遮断器が動作し，高圧配電線に接続されている他の需要家も停電となる波及事故になる．

【問い 7】答（ニ）
〔解き方〕×印の事故点で短絡事故が発生したときは，限流ヒューズⒹで保護するのが望ましい．なお，過負荷の場合は遮断器Ⓒで保護し，地絡事故の場合は，G 付 PASⒷで保護する．受電設備の事故では，配電用変電所の遮断器Ⓐを動作させないようにすることが事故波及を防ぐため保護協調上大切である．

【問い 8】答（ハ）
〔解き方〕限流ヒューズの許容時間-電流特性は，定電流を所定回数繰返して通電しても，溶断しない限界時間を示す特性である．負荷側の保護機器との動作協調をとる場合，限流ヒューズが不必要動作をしないようにするには，図のように限流ヒューズの許容時間-電流特性を負荷側保護機器の動作特性より遅くなるようにする．

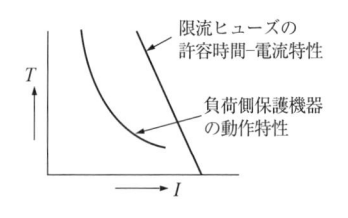

【問い 9】答（イ）
〔解き方〕CB は Circuit Breaker の略で遮断器である．高圧受電設備の内部事故では，受電設備内の過電流継電器＋CB の遮断時間②は，配電用変電所の過電流継電器の動作時間①より，どのような電流でも短くなければならない．したがって，（イ）が保護協調がとれている．

【問い 10】答（ニ）
〔解き方〕高圧受電設備の非方向性高圧地絡継電器が電源側の地絡事故によって不必要動作をするおそれがあるのは，需要家構内の電路の対地静電容量が大きい場合である．電路の静電容量に蓄えられた電荷が地絡により放電する場合に，地絡電流が ZCT を流れて地絡継電器が非方向性であるために，地絡と判断する．このような場合は，高圧受電設備指針 6 - 2 により地絡方向継電器（DGR）を施設することが望ましい．

【問い 11】答（ニ）
〔解き方〕地絡方向継電器は，自家用受電設備の内部事故のみに動作し，外部事故では動作しない．地絡点が継電器設置点より電源側か負荷側かの方向を判定する能力をもっている．地絡事故の発生時には零相変流器（ZCT）により検出した零相電流と接地用コンデンサより検出した零相電圧との位相関係（方向）により地絡方向継電器を動作させる．このとき零相電流と零相電圧の大きさは整定値以上が動作条件である．

【問い 12】答（ロ）
〔解き方〕高圧需要家の構内に布設されている高圧ケーブルが長いと，対地静電容量が大きくなる．受電点より高圧側で発生した地絡事故により，需要家から事故点に向かって対地静電容量に蓄えられた電荷に起因する電流が流れて需要家の方向性のない地絡継電装置（GR）が不

必要動作をする場合がある．これを防ぐために，方向性地絡継電装置(DGR)を使用する．

【問い 13】答（イ）

〔解き方〕高圧需要家構内の主遮断装置は，短絡事故や地絡事故による波及事故を防止するため，配電用変電所の遮断器より早く動作せねばならない．つまり，動作時間に差をつけている．地絡事故の場合は，需要家の地絡継電器の電流整定値を小さくして，配電用変電所の地絡継電器よりも早く動作するようにしている．

5. 電気工事と継電器の試験

【問い 1】答（ニ）

〔解き方〕高圧受電設備の停電作業を行う場合，引込口の主開閉器を開放した後に，検電器により電路や機器が充電されていないことを確認し，短絡接地器具により電路を接地しなければならない．（イ）（ロ）（ハ）は当然の作業であり，（ロ）ではコンデンサだけでなく電力用ケーブルも放電させる必要がある．

【問い 2】答（ロ）

〔解き方〕基本的に高圧電路に電荷が残っているおそれがあると考える．短絡接地器具の取付けは，接地側から行ったあとに高圧電路側を行う．取外しの場合は高圧電路側を行い，最後に接地側を行う．

【問い 3】答（ニ）

〔解き方〕過電流継電器の限時特性試験を行う場合に必要なものは，スタディポイント図2よりサイクルカウンタ，電圧調整器，電流計，電流調整用の抵抗器（水抵抗器）などである．しかし，電力計は必要としない．

【問い 4】答（ニ）

〔解き方〕（イ）（ロ）（ハ）は正しい．OCRの電流タップ値に対し，OCRの円板が回転し始める最小の動作電流を測定する試験（最小動作電流試験）を行うが，最小動作電圧試験ではない．

【問い 5】答（ニ）

〔解き方〕高圧地絡遮断装置の動作試験は，JIS C 4601によると，動作電流試験，不動作試験，動作時間特性試験，逆方向不動作確認試験などを行う．しかし，（ニ）の各整定電流値の 300〔％〕，500〔％〕等における動作時間を測定する反限時特性試験は行わない．反限時特性は過電流継電器の特性試験として行う．

〔検査方法〕

1. 自家用電気工作物の検査

【問い 1】答（ハ）

〔解き方〕変圧器の温度上昇試験は，変圧器に全負荷を加えて，巻線，油などの温度上昇を測定して許容限度内にあるのを確かめる試験なので，一般に工場内で行われる．なお（イ），（ロ），（ニ）の試験は 6600〔V〕の受電設備の竣工検査で一般に行われている．

【問い 2】答（ハ）

〔解き方〕電気工事の施工が完了したときに行う試験は，スタディポイントの「竣工検査」より電路の導通試験，電路の絶縁抵抗測定，接地抵抗の測定である．配線用遮断器の短絡遮断試験は，竣工時には一般に行わない．

【問い 3】答（ニ）

〔解き方〕高圧受電設備の定期点検には，作業安全のための高圧検電器，短絡接地用具，性能検証のための絶縁抵抗計などが必要である．

なお，検相器は改修工事や新築工事後の相順を確認するために用いるが，配線が固定している通常の定期点検には用いない．

【問い 4】答（ニ）

〔解き方〕高圧受電設備におけるシーケンス試験は制御・保護回路の動作をテストするもので，制御回路の絶縁状態および温度上昇の試験は行わない．制御回路の絶縁状態は絶縁抵抗の測定により判断する．

2. 絶縁抵抗と接地抵抗

【問い 1】答（ハ）

〔解き方〕電技第22条より，低圧電線路は使用電圧に対する漏えい電流が，1線当たりの最大供給電流の 1/2000 を超えないようにする．最大供給電流を求めると，

$$最大供給電流 = \frac{10 \times 10^3}{210} = 47.6 〔A〕$$

1線当たりの漏えい電流

$$= 47.6 \times \frac{1}{2000}$$
$$= 0.0238 〔A〕 = 23.8 〔mA〕$$

【問い 2】答（ニ）
〔解き方〕低圧屋内配線の絶縁抵抗は，電技第58条により開閉器または過電流遮断器で区切ることのできる電路ごとに，100V電路では0.1MΩ以上，200V電路では0.2MΩ以上，400V級電路では0.4MΩ以上と定められている．絶縁抵抗の測定が困難な場合は電技解釈第14条により，漏えい電流を測定し，1mA以下に保たなければならない．
（イ）は 0.2〔MΩ〕以上，（ロ）は 0.1〔MΩ〕以上必要で，（ハ）は 1〔mA〕以下に保たねばならない．

【問い 3】答（ロ）
〔解き方〕電技第58条による．200〔V〕であるから0.2〔MΩ〕以上が必要である．

【問い 4】答（ニ）
〔解き方〕電技第58条より，使用電圧が300Vを超える電路の絶縁抵抗は，線間絶縁抵抗，大地間絶縁抵抗ともに 0.4〔MΩ〕以上でなければならない．

【問い 5】答（イ）
〔解き方〕アーステスタで接地抵抗を測定する場合，スタディポイント図3より端子の接続は右図のように，Eは測定する接地極，Pは補助接地極（電圧電極），Cは補助接地極（電流電極）に接続する．

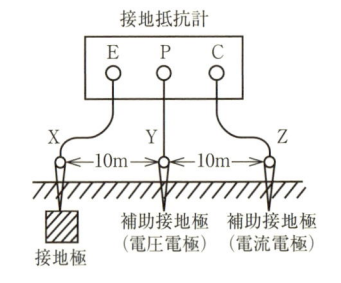

3. 接地工事と接地抵抗

【問い 1】答（イ）
〔解き方〕電技解釈第17条により，D種接地工事の接地工事は100〔Ω〕（低圧電路において，当該電路に地絡を生じた場合に0.5秒以内に自動的に電路を遮断する装置を施設するときは500〔Ω〕）以下である．1秒をこえ2秒以内と1秒以内と遮断時間を2段階に分けているのは「B種接地工事」である．

【問い 2】答（イ）
〔解き方〕電技解釈第29条より，定格電圧 400〔V〕の電動機の鉄台はC種接地工事を施さなければならない．なお，高圧計器用変圧器の二次側巻線はD種接地工事，高圧変圧器の低圧側の中性点はB種接地工事，避雷器はA種接地工事を施す．

【問い 3】答（ロ）
〔解き方〕接地抵抗値の計算に直接関係のあるものをあげればよい．B種接地工事の接地抵抗値は，電技解釈第17条により，高圧側の1線地絡電流 I で150を除した値以下とする（高圧電路と低圧電路が混触した場合に1秒を超えて2秒以内に高圧側電路を遮断する装置を設けるときは300，1秒以内に高圧側電路を遮断する装置を設けるときは600）．1線地絡電流を求めるときに低圧側電路の長さ（イ）が関係するが，これは考えなくてもよいであろう．

【問い 4】答（ニ）
〔解き方〕高，低圧電路の混触時に，1秒以内に自動的に電路を遮断する装置が取り付けられているので，B種接地工事の接地抵抗値の最大 R は電技解釈第17条により，次式で求められる．
$$R = \frac{600}{1\text{線地絡電流}} = \frac{600}{2}$$
$$= 300〔Ω〕$$

【問い 5】答（イ）
〔解き方〕接地極の材料として一般に用いられるのは，銅覆鋼棒，亜鉛メッキ鋼管，亜鉛メッキ鋼棒，ステンレス鋼管，銅板，亜鉛メッキ網板などである．しかし，アルミ板は電食を受けやすいので通常用いない．

4. 地絡事故と遮断装置の設置

【問い 1】答（ハ）
〔解き方〕スタディポイント「漏電電圧の計算」による．問題の回路を図のように表すと，a点が外箱の対地電圧となる．漏れ電流 I_g を求めると， 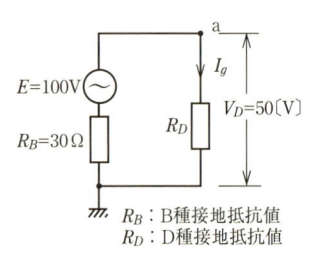
$$I_g = \frac{E}{R_B + R_D} = \frac{100}{30 + R_D} 〔A〕$$
V_D は，
$$V_D = I_g R_D = \frac{100 R_D}{30 + R_D} = 50 〔V〕$$
$$100 R_D = 50(30 + R_D)$$
$$\therefore R_D = \frac{1500}{50} = 30 〔Ω〕$$

5. 絶縁耐力試験

【問い 1】答（ニ）
〔解き方〕最大使用電圧 6900〔V〕の高圧受電設備を一括して，交流で絶縁耐力試験を行う場合は，スタディポイント図 2(a)より電技解釈第 15 条により，最大使用電圧の 1.5 倍の電圧を加えて，10 分間耐えなければならない．したがって，$6900 \times 1.5 = 10350$〔V〕の試験電圧を 10 分間加える．

【問い 2】答（ロ）
〔解き方〕変圧器の結線はスタディポイント図のように低圧側を並列にし，高圧側を直列に接続する．((イ)と(ニ)が除外できる) また，試験電圧の測定は，変圧器の低圧側で測定する．測定する箇所は電圧調整後でなければならない．したがって，(ロ)が正しい．(ハ)の接続は電圧調整前を測定している．

【問い 3】答（ニ）
〔解き方〕最大使用電圧 6900〔V〕の電路の絶縁耐力試験は，電技解釈第 15 条により，交流を用いる場合最大使用電圧の 1.5 倍の電圧を印加するので，試験電圧は $6900 \times 1.5 = 10350$〔V〕．2 台の変圧器が直列に接続されているので，1 台あたり

$$10350 \times 0.5 = 5175 \text{〔V〕}$$

変圧比が 210/6300〔V〕であるから，一次側の電圧は

$$5175 \times \frac{210}{6300} = 172.5 \text{〔V〕}$$

〔電気工事の施工法〕

1. 施設場所と工事の種別

【問い 1】答（ロ）
〔解き方〕高圧屋内配線を乾燥し展開した場所で，かつ，接触防護措置を施す場合は，電技解釈第 168 条により，がいし引き工事およびケーブル工事でなければならない．絶縁電線を使用する場合はがいし引き工事に限られる．

【問い 2】答（イ）
〔解き方〕電技解釈第 156 条により，乾燥して展開した場所に施工する金属線ぴ工事は，使用電圧が 300V 以下でなければならない．

【問い 3】答（ロ）
〔解き方〕電技解釈第 156 条による．湿気のある展開した場所には金属ダクト工事はできない．

【問い 4】答（イ）
〔解き方〕電技解釈第 156 条より，金属線ぴ工事は 300〔V〕以下で，乾燥していて，展開した場所，または点検できる隠ぺい場所のみに施設できる．したがって，点検できない隠ぺい場所に施設してはならない．

【問い 5】答（ハ）
〔解き方〕低圧屋内配線を湿気のある点検できる隠ぺい場所に施設する場合は，電技解釈第 156 条により，金属管工事，ケーブル工事，合成樹脂管工事（CD 管を除く），可とう電線管工事（1 種金属製可とう電線管を除く），がいし引き工事でなければならない．ダクト工事は，いずれも湿気のある場所には施設できない．

【問い 6】答（イ）
〔解き方〕点検できない隠ぺい場所において使用電圧 400〔V〕の低圧屋内配線工事を行う場合，電技解釈第 156 条により，合成樹脂管工事，金属管工事，ケーブル工事，可とう電線管工事は施工できるが，金属ダクト工事は施工できない．

【問い 7】答（ニ）
〔解き方〕可燃性ガスの存在する場所に施設する金属管工事において電動機の端子箱との接続部において可とう性を必要とする部分の配線は，電技解釈第 176 条により耐圧防爆型又は安全増防爆型のフレクシブルフィッチングを使用しなければならない．

3. 屋内配線の離隔距離

【問い 1】答（ロ）
〔解き方〕電技解釈第 167 条により，低圧屋内配線を合成樹脂管工事，金属管工事，可とう電線管工事などの電線管により施設する場合は，電線と弱電流電線とを同一の管に施設してはならない（ケーブルの場合も適用）．ただし，(ハ)，(ニ)の記述のように施設してあるか，(イ)の記述のように接触していなければよい．

5. 管工事の施設

【問い 1】答（イ）
〔解き方〕電技解釈第159条により，金属管工事には屋外用ビニル絶縁電線（OW）は使用できない．

【問い 2】答（イ）
〔解き方〕ユニバーサル（ユニバーサルエルボ）は露出金属管工事の屈曲部に使用されている．なお，TS カップリングは硬質ビニル管工事，ストレートボックスコネクタは金属製可とう電線管工事，インサートマーカはフロアダクト工事に使用されている．

【問い 3】答（イ）
〔解き方〕電技解釈第160条より，1種金属製可とう電線管は，2種にくらべ強度が劣るので，展開した場所または，点検できるいんぺい場所であって，乾燥した場所以外は使用できない．防湿性も1種は2種より劣っている．

6. ダクト工事

【問い 1】答（ニ）
〔解き方〕電技解釈第167条により，金属ダクト工事において，低圧屋内配線と弱電流電線は原則として同一のダクトに施設してはならない．しかし，低圧屋内配線と弱電流電線との間に堅ろうな隔壁を設けて，ダクトにC種接地工事を施す場合は除かれる．300V以下であってもC種接地工事である．

【問い 2】答（ロ）
〔解き方〕電技解釈第165条により，ライティングダクトに電気を供給する電路には，電路に地絡を生じたときに自動的に電路を遮断する装置（漏電遮断器）を施設する．ただし，ライティングダクトに簡易接触防護措置（金属製のものは例外あり）を施す場合は省略できる．

【問い 3】答（ニ）
〔解き方〕鉄骨造建築物の床コンクリートの床構造材として使用するデッキプレート（波形鋼板）の溝を配線用のダクトとして使用する工事は，セルラダクト工事である．

7. ケーブル工事・地中電線路

【問い 1】答（ニ）
〔解き方〕電技解釈第168条により，高圧屋内配線と他の低圧屋内配線との離隔距離は15cm以上でなければならない．高圧屋内配線に高圧CVケーブルを使用し，低圧屋内配線に低圧ケーブルを使用する場合もこれに該当する．

【問い 2】答（ハ）
〔解き方〕電気専用のパイプシャフト内にCVTケーブルを垂直に施設する場合は，電技解釈第164条のケーブルを接触防護措置を施した場所に垂直に取付ける場合に該当するので，支持点間距離は6〔m〕以下に施設しなければならない．

【問い 3】答（ニ）
〔解き方〕電技解釈第111条により，高圧屋側電線路を展開した場所において，接触防護措置を施し，ケーブルを造営材の下面に沿って取付ける場合は，支持点間の距離を2.0〔m〕以下としなければならない．

【問い 4】答（イ）
〔解き方〕電技解釈第165条より，平形保護層工事による低圧屋内配線における電路の対地電圧は150V以下でなければならない．なお（ロ），（ハ），（ニ）の記述は正しい．

8. 電熱装置の施設

【問い 1】答（ニ）
〔解き方〕フロアヒーティングに用いる発熱線は，電技解釈第195条により，MIケーブルまたは，JIS C 3651に規定する第2種発熱線でなければならない．

〔保安に関する法令〕

1. 電気事業法

【問い 1】答（イ）
〔解き方〕スタディポイントより，出力50〔kW〕未満の太陽電池発電設備，出力20〔kW〕未満の風力発電設備，水力発電設備，および出力10〔kW〕未満の内燃力発電設備，燃料電池発電設備を有する電気工作物は一般用電気工作物である．また，高圧で受電する電気工作物は自家用電気工作物である．

したがって，受電電圧200〔V〕，受電電力35〔kW〕で，発電電圧100〔V〕，出力5〔kW〕の太陽電池発電設備を有する事務所の電気工作物は一般用電気工作物に該当する．

【問い 2】答（イ）
〔解き方〕一般用電気工作物の適用を受ける小出力発電設備は，スタディポイントより，出力50〔kW〕未満の太陽電池発電設備，出力20〔kW〕未満の風力発電設備および水力発電設備，出力10〔kW〕未満の内燃力を原動機とする発電設備および燃料電池発電設備である．

【問い 3】答（イ）
〔解き方〕受電電圧10〔kV〕以上の需要設備を新設する場合は，電気事業法施行規則第62条，65条により，工事計画の届出が必要である．しかし，受電電圧6.6〔kV〕の需要設備を新設する場合は，これに該当しないので，電気主任技術者選任に関する手続と保安規程を届出ればよい．

【問い 4】答（ハ）
〔解き方〕電気事業法により，第一種電気工事士試験合格者が電気主任技術者として選任の許可が受けられる事業場または設備は，出力500〔kW〕未満の発電所，電圧10〔kV〕未満の変電所，最大電力500〔kW〕未満の需要設備，電圧10〔kV〕未満の送電線路または配電線路を管理する事業場などである．

【問い 5】答（ロ）
〔解き方〕スタディポイント「事故報告」より，自家用電気工作物を設置する者は，感電死事故が発生したときは，概要を事故の発生を知ったときから24時間以内に，詳細を30日以内に所轄産業保安監督部長に報告しなければならない．

【問い 6】答（イ）
〔解き方〕スタディポイント「事故報告」より，自家用電気工作物を設置する者は，感電死傷事故が発生したとき，事故の発生を知ったときから24時間以内に概要を，30日以内に詳細を所轄産業保安監督部長に報告しなければならない．

【問い 7】答（ニ）
〔解き方〕自家用電気工作物設置者が，自家用電気工作物について，感電死傷事故，電気火災事故，一般電気事業者に供給支障事故を発生させた事故が発生したときには，電気関係報告規則第6条により所轄産業保安監督部長に報告しなければならない．報告の方式は，事故の発生を知ったときから24時間以内に概要を，事故の発生を知った時から起算して30日以内に詳細を報告する．なお，停電作業中における高所作業車からの墜落死傷事故の報告義務は電気関係報告規則にはない．

---

2. 電気工事業法

【問い 1】答（ハ）
〔解き方〕電気工事業法により，次のように定められている．
① 営業所ごとに，次の事項を記載した帳簿を備えなければならない．
　注文者の氏名または名称と住所，電気工事の種類および施工場所，施工年月日，主任電気工事士および作業者の氏名，配線図，検査結果．
② 営業所ごとに，絶縁抵抗計，接地抵抗計，回路計を備えなければならない．
③ 営業所および電気工事の施工場所ごとに，次の事項を記載した標識を掲示しなければならない．
　氏名または名称および法人の場合は代表者の氏名，営業所の名称および電気工事の種類，登録の年月日および登録番号，主任電気工事士等の氏名．
なお，電気主任技術者の選任は定められていない．

【問い 2】答（ロ）
〔解き方〕自家用電気工事の業務を行う営業所ごとに，第一種電気工事士を「主任電気工事士」として置かなければならないが，「主任電気技術者」は必要ない．したがって（ロ）は誤りである．

【問い 3】答（ハ）
〔解き方〕スタディポイント「電気工事業の年限」より，登録電気工事業者の登録の有効期間は5年である．なお，登録電気工事業者とは，一般用電気工作物に係わる電気工事と自家用電気工作物に係る工事も併せて営もうとする者をいう．

【問い 4】答（ニ）
〔解き方〕スタディポイント「検査器具の備え付け」より，自家用電気工作物の工事を行う電気工事業者が営業所に備えることと必要なときに使用できることを義務づけられているものは，(1)絶縁抵抗計，(2)接地抵抗計，(3)回路計，(4)低圧検電器，(5)高圧検電器，(6)継電器試験装置，(7)絶縁耐力試験装置である．したがって，(ニ)の特別高圧検電器は義務づけられていない．

【問い 5】答（イ）
〔解き方〕電気工事が適正に行われたかどうかを検査するため，電気工事業法で，電気工事業者が一般用電気工事のみの業務を行う事業所に備えなければならないのは，絶縁抵抗計，接地抵抗計，回路計（交流電圧と抵抗が測定できるもの）である．

3. 電気工事士法

【問い 1】答（ハ）
〔解き方〕電気工事士法により，最大電力 500〔kW〕未満の需要設備に係る電気工事は，第一種電気工事士免状の交付を受けている者でなければ従事できない．（イ）（ロ）は 500〔kW〕以上で，（ニ）は特別高圧で，いずれも第一種電気工事士の範囲外である．

【問い 2】答（ニ）
〔解き方〕電気工事士法 第3条により，最大電力 500〔kW〕未満の需要設備に係わる電気工事は，第一種電気工事士の免状の交付を受けている者でなければ従事してはならない．（イ）（ハ）は需要設備ではなく，（ロ）は 500〔kW〕以上で範囲外である．

【問い 3】答（ハ）
〔解き方〕スタディポイント「第一種電気工事士」より，第一種電気工事士免状の交付を受けた日から5年以内に，自家用電気工作物の保安に関する講習を受けなければならない．

【問い 4】答（ハ）
〔解き方〕自家用電気工作物の低圧側の工事で，ローゼットに絶縁電線を接続する作業，金属管に電線を収める作業は，電気工事士法施行規則第2条により，第一種電気工事士または認定電気工事従事者でなければならない．

【問い 5】答（ニ）
〔解き方〕スタディポイント「特種電気工事資格者」より，非常用予備発電装置の電気工事，ネオン設備に係る電気工事は，特種電気工事資格者でなければ従事できない．

【問い 6】答（ニ）
〔解き方〕スタディポイント「電気工事士法」より，電気機器の端子に電線をねじ止め接続する作業などは，政令で定める軽微な電気工事として，資格がなくても従事できる．

【問い 7】答（ニ）
〔解き方〕地中電線用の管を設置する工事又は変更する工事はスタディポイント「電気工事士法」より，電気工事士でなくともできる軽微な作業又は工事に該当する．

【問い 8】答（ロ）
〔解き方〕スタディポイント「第一種電気工事士」より，第一種電気工事士は，自家用電気工作物の保安に関する講習を，免状の交付を受けた日から5年以内ごとに受けなければならない．

4. 電気用品安全法

【問い 1】答（イ）
〔解き方〕スタディポイント「電気用品安全法」より，100〔V〕携帯発電機は特定電気用品の適用を受ける．なお，電線管は特定電気用品以外の電気用品である．

【問い 2】答（ロ）
〔解き方〕ここでいう「電気用品」は特定電気用品とそれ以外の電気用品を含んでいる．電気用品の適用を受けるケーブルは，導体の公称断面積が 100〔mm²〕以下，線心が7本以下，外装がゴムまたは合成樹脂のもので，定格電圧が 100〔V〕以上 600〔V〕以下のものである．したがって，600〔V〕，100〔mm²〕3心のキャブタイヤケーブルは，電気用品の適用を受ける．

【問い 3】答（ロ）
〔解き方〕電気用品安全法により，配線用遮断器で定格電流が 100〔A〕以下のものは，特定電気用品の適用を受ける．

〔配線図〕

問 題 1

【問い 1】答（ニ）
〔解き方〕この機器は，自家用設備側の地絡事故を検出して自動遮断する DG（方向地絡継電器）付高圧交流負荷開閉器である．ここでは区分開閉器として用いている．

【問い 2】答（ロ）
〔解き方〕この部分は構内用の高圧ケーブルであるから，CVT（トリプレックス形高圧架橋ポリエチレン絶縁ビニルシースケーブル）が適当である．なお，OCは屋外用架橋ポリエチレン絶縁電線，VCTは電力需給用計器用変成器，VVRはビニル外装ケーブル（丸形）である．

【問い 3】答（ロ）
〔解き方〕この機器は，主回路の高電圧・大電流を電力量計に使用するレベルの電圧（110V），電流（15A）に変成する電力需給用計器用変成器である．VCTとも呼ばれる．

【問い 4】答（イ）
〔解き方〕この部分に設置する機器は計器用変圧器（VT）であり，高電圧を低電圧に変成する．二次側に電圧計と切替スイッチが接続されている．

【問い 5】答（ハ）
〔解き方〕この機器は避雷器である．役割は，雷や電路の開閉による異常電圧を大地に放電して，機器にかかる電圧を低下させ電気設備を保護することである．

【問い 6】答（ハ）
〔解き方〕この機器は直列リアクトルである．役割はコンデンサ回路投入時の突入電流の抑制，高調波障害の拡大防止，回路電圧波形のひずみ軽減などである．なお，コンデンサの残留電荷を放電するのは，放電抵抗や放電コイルである．

【問い 7】答（ニ）
〔解き方〕この部分は 6.6〔kV〕/210 − 105〔V〕，1φ3W から，一次単相 6.6〔kV〕・二次単相 3 線式 210 − 105〔V〕で単相 3 線式用の変圧器なので，複線図は（ニ）が正しい．

【問い 8】答（イ）
〔解き方〕高圧用変圧器の金属製外箱に施設する接地工事は，電技解釈第29条によりA種接地工事である．

【問い 9】答（ニ）
〔解き方〕この部分は遮断器の一部で過電流継電器と組み合わされているので，引外しコイル（トリップコイル）である．

【問い 10】答（ハ）
〔解き方〕MCCBは配線用遮断器の記号であるから，低圧電路の過負荷および短絡を検出して電路を遮断する．

問題 2

【問い 1】答（ハ）
〔解き方〕この部分に設置されるのは，地絡継電器，または地絡過電流継電器であるから，（ハ）の図記号 $I\underset{=}{\Rightarrow}$ である．なお（イ）は過電流継電器，（ロ）は電流方向継電器，（ニ）は不足電流継電器の図記号である．

【問い 2】答（イ）
〔解き方〕断路器の図記号は，（イ）の である．なお，（ロ）は交流遮断器，（ハ）はヒューズ付断路器，（ニ）はヒューズ付負荷開閉器の図記号である．

【問い 3】答（ニ）
〔解き方〕計器用変圧器（VT）の高圧側のヒューズであるから，この設置目的は計器用変圧器の短絡事故が主回路に波及するのを防止するためである．

【問い 4】答（イ）
〔解き方〕三相計器用変流器（CT）結線であり，複線図用の図記号は（イ）の である．（ロ）（ハ）（ニ）はいずれも三相の1線のみの電流を変成している．

【問い 5】答（ロ）
〔解き方〕変流器（CT）と遮断器のトリップコイルに接続されているので，過電流継電器（OC）である．

【問い 6】答（ロ）
〔解き方〕計器用変圧器（VT）と計器用変流器（CT）の両変成器に接続されているので，力率計と電力計である．

【問い 7】答（イ）
〔解き方〕この機器は電流計切換スイッチで，1個の電流計で各相の電流を測定するために相を切換えるのに用いる．

【問い 8】答（イ）
〔解き方〕この部分は高圧進相用コンデンサの金属製ケースの接地工事であるから，電技解釈第29条により，A種接地工事を施さなければならない．

【問い 9】答（ニ）
〔解き方〕高圧カットアウトスイッチは，ヒューズを使用し変圧器の過負荷保護や高圧電路の開閉に用いられる．高圧受電設備指針によると，300〔kV・A〕以下のバンク容量の変圧器の一次側開閉器に使用される．

【問い 10】答（イ）
〔解き方〕1台が故障してV結線としたときの変圧器利用率は$\sqrt{3}/2$であるから，次式が成立する．

$$100〔kV・A〕×2台×\frac{\sqrt{3}}{2}$$
$$\simeq 173〔kV・A〕$$

したがって，173〔kV・A〕の負荷容量まで使用できる．

問題 3

【問い 1】答（ニ）
〔解き方〕
$\boxed{I \overset{\bot}{\rightarrow} >}$の図記号は地絡方向継電器（DGR）である．$\overset{\bot}{\equiv}$は地絡，$I>$は過電流，$\mapsto$は方向を示す．

【問い 2】答（ロ）
〔解き方〕この機器の名称は，電力需給用計器用変成器である．用途は高圧回路の電圧や電流を変成して，取引用電力量計を動作させるのに用いる．

【問い 3】答（ロ）
〔解き方〕断路器の図記号は である．なお は高圧交流遮断器， はヒューズ付高圧交流負荷開閉器である．

【問い 4】答（ハ）
〔解き方〕高圧計器用変圧器（VT）の高圧側ヒューズはVT1台につき2個取付けられている．高圧計器用変圧器が2台V結線となっているので，高圧側ヒューズの総個数は4個となる．

【問い 5】答（ハ）
〔解き方〕この機器の図記号は計器用変流器（CT）であるから，高圧電路の電流を変成するために用いる．

【問い 6】答（ロ）
〔解き方〕 の図記号は，ヒューズ付高圧交流負荷開閉器である．

【問い 7】答（ニ）
〔解き方〕この変圧器は一次側がY結線，二次側がΔ結線であるから，複線図は（ニ）のようになる．（イ）はΔΔ結線，（ロ）はΔY結線，（ハ）はYY結線である．

【問い 8】答（ニ）
〔解き方〕この機器は高圧進相用コンデンサと直列に接続されているので，直列リアクトルである．電圧波形のひずみの軽減，コンデンサへの高調波電流流入の抑制，コンデンサ投入時の突入電流を抑制するために用いる．

【問い 9】答（ロ）
〔解き方〕電流計切換スイッチと組み合わされているので，この機器は電流計である．したがって，Ⓐの図記号である．

【問い 10】答（イ）
〔解き方〕この部分に設置するのは配線用遮断器（MCCB）である．短絡や過電流により遮断し，電路や機器の保護を行う．

〔制御回路図〕

問題 1

【問い 1】答（ロ）
〔解き方〕この部分に設置する機器は配線用遮断器であるから，ロの図記号となる．なお，イはナイフスイッチ，ハは手動操作の断路器である．

【問い 2】答（ニ）
〔解き方〕②は押ボタンスイッチのb接点で，押し操作によって開路し，手を離すと自動復帰する．

【問い 3】答（ハ）
〔解き方〕サーマルリレー（THR）は電動機が過負荷になると，リレーのヒータにより発生する熱が大きくなり，バイメタル接点（③の接点）を開き，電磁接触器の励磁を解き，電動機を停止させる．

【問い 4】答（イ）
〔解き方〕ここには，遠方にある電動機の運転・停止表示

用の接点を設ける．運転表示灯は⑤の部分にあるので，④は停止表示灯のイ接点（b接点）を設ける．

【問い　5】答（ニ）
〔解き方〕⑤は運転表示灯である．シーケンス制御において主機（この場合，三相誘導電動機）が運転中の場合，その表示灯は赤色を用いる．なお，停止中の場合は緑色，白色は電源表示灯，透明色は接地系統に用いる．

問　題　2

【問い　1】答（ロ）
〔解き方〕$\boxed{MC_1}$は③の押ボタンスイッチを押すと励磁され，MC_1のa接点①により自己保持される．

【問い　2】答（イ）
〔解き方〕MC_2のb接点②と$\boxed{MC_1}$コイルが直列に接続され，MC_1のb接点⑤と$\boxed{MC_2}$が直列に接続されているので，インターロック接点である．

【問い　3】答（ロ）
〔解き方〕③は押ボタンスイッチのa接点であるから，手動操作自動復帰接点のa接点である．

【問い　4】答（ニ）
〔解き方〕⑥の接点はサーマルリレー（THR）のb接点であるから，電動機の過負荷を検出して電動機を停止させる．

【問い　5】答（イ）
〔解き方〕④の接点は押ボタンスイッチのb接点であるから，手動操作自動復帰接点のb接点である．

問　題　3

【問い　1】答（イ）
〔解き方〕①の機器は熱動過電流継電器（サーマルリレー）で電動機の過負荷保護に用いられる．この部分は過電流検出部である．

【問い　2】答（イ）
〔解き方〕②の接点は押ボタンスイッチ（手動操作自動復帰接点）のb接点であり，スイッチを押しているときはOFFし，離すとONする．

【問い　3】答（ロ）
〔解き方〕③の回路は自己保持回路である．押ボタンスイッチのa接点を押すとMCXのコイルが励磁され，MCX-a接点で自己保持される．

【問い　4】答（ハ）
〔解き方〕④の接点の名称は限時動作接点のa接点である．$\boxed{TLR}$（タイマ）に電圧が加わると，設定時間後に④の接点はONする．電圧が切れると瞬時に復帰する．

【問い　5】答（イ）
〔解き方〕⑤の名称は運転表示用ランプである．運転表示は一般に赤色（RD），停止用は緑色（GN）である．

問　題　4

【問い　1】答（ハ）
〔解き方〕Y－△始動の三相誘導電動機の定格運転時は△結線であるから，ⒶとⒸの電磁接触器が動作していればよい．

【問い　2】答（ニ）
〔解き方〕SL_2は，MC-Yのa接点または，MC-△のa接点で点灯する．したがって，Yで始動中または，△で運転中に点灯する．

【問い　3】答（イ）
〔解き方〕②の図記号は，手動操作自動復帰接点のa接点である．押ボタンスイッチを押しているときだけ閉じる．

【問い　4】答（ニ）
〔解き方〕③はサーマルリレー（THR）のb接点（引き外し接点）であるから，電動機の過負荷状態を検出して接点を開き電動機を停止させる．

【問い　5】答（ニ）
〔解き方〕④はb接点であるから，回路名はNOT回路である．

〔施工方法等〕
問題 1

【問い 1】答（ハ）
〔解き方〕高圧架空引込線を引き留める際に使用するがいしは高圧耐張がいしである．高圧ピンがいしは頂部で電線を固定する．また高圧中実クランプがいしは頂部に放電クランプ金具を取り付け，雷による電線の切断を防止する．

【問い 2】答（ロ）
〔解き方〕6 600V 高圧電路用のケーブルであるから，架橋ポリエチレン絶縁ビニルシースケーブル（CV）が用いられる．なお，ビニル絶縁ビニルシースケーブル，ポリエチレン絶縁ポリエチレンシースケーブルは低圧用のケーブルである．また，ポリエチレン絶縁ビニルシースケーブルは，3 300V 用と低圧用のケーブルである．

【問い 3】答（ニ）
〔解き方〕支線に取り付ける玉がいしは，支線相互をがいし部分で絶縁して，支線からの感電事故を防止するために用いる．

【問い 4】答（イ）
〔解き方〕支線は電技解釈第61条により，地中の部分および地表上 30〔cm〕までの地表部分に亜鉛めっきを施した鉄棒を使用し，腐食し難い根かせに取り付ける．

【問い 5】答（ロ）
〔解き方〕全長 15〔m〕で，設計荷重 6.87〔kN〕以下の鉄筋コンクリート柱の根入れの最小値は，電技解釈第59条により，全長の 1/6 である．

問題 2

【問い 1】答（ロ）
〔解き方〕高圧架空電線（高圧絶縁電線）と看板との離隔距離は，電技解釈第71条により 0.8〔m〕以上でなければならない．

【問い 2】答（ロ）
〔解き方〕ケーブルの立下り，立上り部分は堅ろうな管などで防護し，防護範囲は地表上2〔m〕以上，地表下 20〔cm〕以上とする．（高圧受電設備規程）

【問い 3】答（ロ）
〔解き方〕架空電線路の支持物に施設する支線をより線とする場合は，電技解釈第61条により，3条以上でなければならない．

【問い 4】答（ハ）
〔解き方〕長さが 15〔m〕を超える構内地中電線路のケーブル埋設シートにおおむね2〔m〕間隔で施さなければならない表示事項は，電技解釈第120条により，物件の名称，管理者名および電圧（需要場所に施設する場合にあっては電圧）を表示する．この問は需要場所に施設する場合に該当するので，電圧を表示すればよい．

【問い 5】答（ロ）
〔解き方〕管路式地中電線路に使用する管材としては，鋼管（ポリエチレン被覆鋼管，防食処理を施した鋼管），遠心力鉄筋コンクリート管（ヒューム管），合成樹脂（硬質ビニル電線管，硬質塩化ビニル管，波付硬質ポリエチレン管）等を使用する．なお，薄鋼電線管は防食処理を施しても使用できない．（高圧受電設備規程）

問題 3

【問い 1】答（ロ）
〔解き方〕高圧電路の絶縁抵抗の測定には，定格電圧が 1 000〔V〕または 2 000〔V〕の絶縁抵抗計（メガ）を用いる．

【問い 2】答（ハ）
〔解き方〕高圧受電設備規程により，容量が 300〔kV·A〕超過の変圧器の保護は電力ヒューズ付負荷開閉器（LBS）でなければならない．

【問い 3】答（ロ）
〔解き方〕この部分はB種接地工事であるから，接地抵抗値は電技解釈第17条により，次の値以下でなければならない．
$$\frac{150}{1線地絡電流} = \frac{150}{5} = 30〔\Omega〕$$

【問い 4】答（ニ）
〔解き方〕この機器は高圧進相用コンデンサであるから，高圧回路の遅相無効電力を補償する．すなわち，高圧電路の遅れ無効電流を少なくする．

【問い 5】答（ロ）
〔解き方〕パイプフレームは一般に 32A のガス管を使用

する．ガス管には STK（一般構造用炭素鋼鋼管）と SGP（配管用炭素鋼鋼管）がある．

【問い 6】答（イ）
〔解き方〕低圧の架空ケーブル工事をちょう架用線で支持する場合は，電技解釈第 67 条により，ちょう架用線には断面積 22mm² 以上の亜鉛めっき鉄より線でなければならない．

【問い 7】答（ロ）
〔解き方〕重量物の圧力を受けるおそれのない場所に地中電線路を直接埋設式で施設する場合は，地表面から 60〔cm〕以上の深さに埋設しなければならない．

【問い 8】答（ニ）
〔解き方〕CT の二次側を開放してはならないので，CT の二次側にヒューズを挿入してはならない．

【問い 9】答（ニ）
〔解き方〕高圧電路に使用される VT の定格二次電圧の標準は 110〔V〕である．

【問い 10】答（イ）
〔解き方〕LA は避雷器であるから，雷などの外雷や開閉サージなどの内雷による過電圧を放電し，高圧機器の絶縁を保護する．

【問い 11】答（ニ）
〔解き方〕ZCT を貫通している地中電線の被覆金属体を一括した接地線は，高圧受電設備規程より，ZCT を貫通させて接地する．接地工事は電技解釈第 123 条により，D 種接地工事を施す．

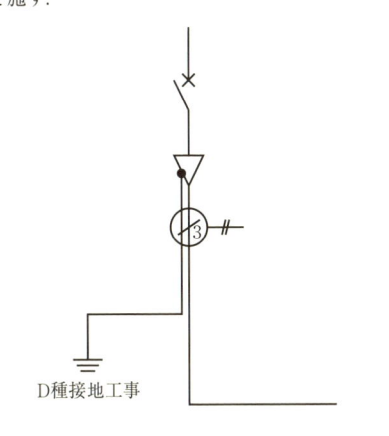

【問い 12】答（ハ）
〔解き方〕高圧母線の太さは高圧受電設備規程より，負荷電流，短絡電流，短絡時許容電流により検討する．
　短絡時許容電流 I は短絡電流通電時間を t，比例定数を k とすると，次式で求められる．

$$I = k / \sqrt{t}$$

　前式より t は遮断器の遮断時間が関係する．したがって，高圧母線の太さを決めるのに関係がないのは地絡電流である．

問 題 4

【問い 1】答（イ）
〔解き方〕このケーブルは 6 600〔V〕，CVT ケーブルであるから，金属遮へい層に施す接地工事は，電技解釈第 168 条により A 種接地工事を施す．また接地線は軟銅線を使用する場合は直径 2.6〔mm〕以上である．なお，接触防護措置を施す場合は D 種接地工事でよい．

【問い 2】答（ニ）
〔解き方〕①の部分は 6 600〔V〕，CVT ケーブルの端末で圧着端子接続となっているので，接続は圧着接続工法による．

【問い 3】答（イ）
〔解き方〕②の部分はストレスコーンであるから，この役割は電気力線の集中緩和である．ケーブルの絶縁部を段むきにした場合，図 a のように電気力線は切断部に集中し，耐電圧特性を低下させる．これを改善するため図 b のようにストレスコーン部を設けて電気力線の集中を緩和させている．

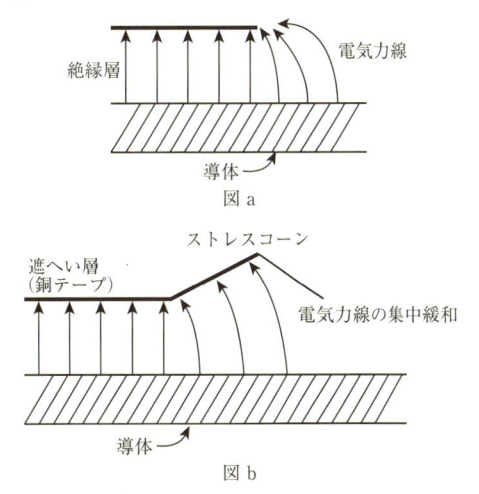

【問い 4】答（ロ）
〔解き方〕③の部分は半導電層であるから，遮へい銅テープと半導電層を接続するために，半導電性融着テープを使用する．

【問い 5】答（ロ）
〔解き方〕④の部分はケーブルの立ち上がりの最外層であるから，テープの巻き方は下部から上部に向かって巻く．上部から下部に巻くと，ちりやほこりが堆積する．

© 電気書院 2013

改訂2版　第一種電気工事士筆記試験パーフェクトブック

2003年　8月30日	第1版第1刷発行
2006年　7月15日	改訂第1版第1刷発行
2013年　6月　5日	改訂第2版第1刷発行
2020年　2月17日	改訂第2版第3刷発行

著　者　電気工事士問題研究会

発行者　田　中　久　喜

発行所
株式会社　電気書院
ホームページ　www.denkishoin.co.jp
（振替口座　00190-5-18837）
〒101-0051　東京都千代田区神田神保町1-3 ミヤタビル2F
電話(03)5259-9160／FAX(03)5259-9162

印刷　株式会社シナノパブリッシングプレス
Printed in Japan／ISBN978-4-485-20658-4

・落丁・乱丁の際は，送料弊社負担にてお取り替えいたします．
・正誤のお問合せにつきましては，書名・版刷を明記の上，編集部宛に郵送・FAX (03-5259-9162) いただくか，当社ホームページの「お問い合わせ」をご利用ください．電話での質問はお受けできません．また，正誤以外の詳細な解説・受験指導は行っておりません．

JCOPY〈出版者著作権管理機構　委託出版物〉
本書の無断複写（電子化含む）は著作権法上での例外を除き禁じられています．複写される場合は，そのつど事前に，出版者著作権管理機構（電話：03-5244-5088，FAX：03-5244-5089，e-mail：info@jcopy.or.jp）の許諾を得てください．また本書を代行業者等の第三者に依頼してスキャンやデジタル化することは，たとえ個人や家庭内での利用であっても一切認められません．

［本書の正誤に関するお問い合せ方法は，最終ページをご覧ください］

書籍の正誤について

万一，内容に誤りと思われる箇所がございましたら，以下の方法でご確認いただきますようお願いいたします．

なお，正誤のお問合せ以外の書籍の内容に関する解説や受験指導などは**行っておりません．**
このようなお問合せにつきましては，お答えいたしかねますので，予めご了承ください．

正誤表の確認方法

最新の正誤表は，弊社Webページに掲載しております．「キーワード検索」などを用いて，書籍詳細ページをご覧ください．

正誤表があるものに関しましては，書影の下の方に正誤表をダウンロードできるリンクが表示されます．表示されないものに関しましては，正誤表がございません．

弊社Webページアドレス
http://www.denkishoin.co.jp/

正誤のお問合せ方法

正誤表がない場合，あるいは当該箇所が掲載されていない場合は，書名，版刷，発行年月日，お客様のお名前，ご連絡先を明記の上，具体的な記載場所とお問合せの内容を添えて，下記のいずれかの方法でお問合せください．
回答まで，時間がかかる場合もございますので，予めご了承ください．

郵便で問い合わせる　郵送先　〒101-0051
東京都千代田区神田神保町1-3
ミヤタビル2F
㈱電気書院　出版部　正誤問合せ係

FAXで問い合わせる　ファクス番号　03-5259-9162

ネットで問い合わせる　弊社Webページ右上の「**お問い合わせ**」から
http://www.denkishoin.co.jp/

お電話でのお問合せは，承れません

（2015年10月現在）